CAE技术工程应用典型案例

汪中厚 著

科学出版社

北 京

内 容 简 介

随着计算机技术的高速发展，CAE 技术在世界范围内日益得到普及，并且正在向 CAE 与设计的一体化和智能化方向飞速发展。本书以 CAE 软件为载体，针对典型工程问题进行案例分析和讲解，主要内容包括膜片橡胶块联轴器强度及静刚度性能分析、联轴器动刚度性能和振级落差特性分析、膜片橡胶块联轴器温度场分析、气胎摩擦离合器动态结合特性分析、渐开线斜齿轮的滚齿加工仿真与加载接触分析、摆线针轮减速器加载接触分析、谐波齿轮加载接触分析等。

本书可以为 CAE 领域的本科生、研究生和工程技术人员提供系统性 CAE 解决方案。

图书在版编目(CIP)数据

CAE技术工程应用典型案例 / 汪中厚著. —北京：科学出版社，2022. 8

ISBN 978-7-03-066925-4

Ⅰ. ①C… Ⅱ. ①汪… Ⅲ. ①计算机辅助制造-应用软件 Ⅳ. ①TP391.7

中国版本图书馆CIP数据核字(2022)第142582号

责任编辑：耿建业 李 策 / 责任校对：王萌萌
责任印制：吴兆东 / 封面设计：赫 健

科 学 出 版 社 出版
北京东黄城根北街 16 号
邮政编码: 100717
http://www.sciencep.com
北京捷迅佳彩印刷有限公司 印刷
科学出版社发行 各地新华书店经销
*
2022 年 8 月第 一 版 开本：720 × 1000 1/16
2024 年 1 月第二次印刷 印张：14
字数：280 000

定价：96.00 元

(如有印装质量问题，我社负责调换)

前　言

计算机辅助工程(computer aided engineering，CAE)是利用计算机辅助求解复杂工程和产品结构的强度、刚度、屈曲稳定性、动力响应、热传导、三维多体接触、弹塑性等力学性能的分析计算以及结构性能的优化设计等问题的一种近似数值分析方法。CAE 软件功能强大，不仅能解决线性问题，还能解决非线性问题，现已成为航空、航天、航海、高铁、新能源汽车等领域必要的数值分析工具。因此，在计算机技术日益发达的今天，熟练掌握 CAE 软件，能够为工程问题的分析和求解夯实基础。

作者曾经在美国参数技术公司(PTC 公司)担任过 CAE 咨询工程师，为很多大型公司做过 CAE 项目，回国后又在国内继续完成多项 CAE 项目，具有丰富的实际工程经验。本书是著作《Pro/ENGINEER 机构仿真分析与高级设计》的进阶版，总结了作者在国内外丰富的实战经验，两本书结合起来，可以为 CAE 领域的本科生、研究生和工程技术人员提供系统性 CAE 解决方案。

全书共 7 章，第 1 章对膜片橡胶块联轴器强度及静刚度性能进行介绍，第 2 章对联轴器动刚度性能和振级落差特性进行介绍，第 3 章对膜片橡胶块联轴器温度场进行介绍，第 4 章对气胎摩擦离合器动态结合特性进行介绍，第 5 章对渐开线斜齿轮的滚齿加工仿真与加载接触进行介绍，第 6 章对摆线针轮减速器加载接触进行介绍，第 7 章对谐波齿轮加载接触进行介绍。其中，有部分图片附有二维码，读者可以通过扫描识读彩色原图，了解更多细节。

本书的出版得到了国家自然科学基金项目(项目编号：51875360)的支持。

本书在撰写过程中，作者的近几届研究生，特别是刘欣荣、杨勇明、王一霖、吴晗、李葭鑫、何中原、黄从阳、刘合涛、王学军、何文杰、刘兵、常智豪、张凯杰、吕泽苗等，做了大量的资料整理工作，同时也得到了很多专家学者的帮助，在此一并表示衷心感谢。

由于时间仓促，加上作者学识有限，书中难免存在疏漏之处，请同行学者不吝批评指教。

汪中厚
2022 年 6 月

目　录

第1章 膜片橡胶块联轴器强度及静刚度性能分析

1.1 研究背景及意义

大型膜片橡胶块联轴器是一种用来改善轴系的运行情况，调整传动装置轴系的扭转振动、补偿振动、冲击所引起的主动轴线和从动轴线位移的高弹性联轴器，也是一种不间断地传递转矩和运动的扭转弹性复合橡胶联轴器装置。它具有很高的弹性和一定的阻尼，能够补偿连接机构的轴向位移、径向位移和角位移，并能够较好地解决轴系的扭振问题，起到缓冲减振和降低噪声等作用。高弹性联轴器广泛应用于船舶、重型汽车等具有较大力矩的传动装置中，达到减振降噪的目的，并起到保护主动机、从动机和提高整个传动装置运行可靠性的作用。

弹性元件是高弹性联轴器的关键部件，它通过吸收能量实现衰减振动、缓和冲击的功能，同时其高弹性、低刚度的物理性能可以实现位移补偿和调节传动装置的固有频率，达到避免共振和降低结构噪声的目的。因此，弹性元件的发展在很大程度上决定了高弹性联轴器的发展。

目前，弹性联轴器按弹性元件分类，可以分为金属弹性元件弹性联轴器和非金属弹性元件弹性联轴器两大类。金属弹性元件弹性联轴器主要有膜片联轴器、蛇形弹簧联轴器等，它们的共同特点为疲劳强度高、承载能力大、耐久性好、使用寿命长、性能稳定，但制造要求严格、成本较高。非金属弹性元件弹性联轴器主要有弹性套柱销联轴器、梅花形弹性联轴器、轮胎式联轴器等，它们的共同特点为成型性能好、内摩擦大、阻尼性能好、单位体积储存的变形能大、无机械摩擦且无需润滑，但强度低、耐高温和耐低温性能差。

为了适应各类机器的工作要求，联轴器的改进和发展一直受到人们的重视。在中小转矩工况和环境比较恶劣的条件下，人们更多的是采用非金属弹性元件弹性联轴器。常用的非金属弹性元件有橡胶弹性元件和工程塑料弹性元件，而应用最广泛的是橡胶弹性元件。

因此，本章旨在紧密结合国民经济和社会发展的需求，瞄准机械工程及相关科学技术的发展前沿，针对目前传统联轴器普遍存在的缺陷，分析橡胶块-帘线层复合(rubber-cord fabric，R-CF)结构联轴器，该橡胶弹性元件联轴器基于新型工程复合材料，具有传动噪声低、减振效果好、补偿位移大及使用寿命长等优点，能有效改进传统联轴器输出扭矩不均匀而造成的轴系扭转振动、弹性体易发生疲劳破坏等缺点，从根本上解决动力传动系统中所出现的一系列问题。

1.2　弹性联轴器发展现状

我国联轴器的技术和生产主要经历了四个阶段：第一阶段是20世纪50～60年代，工业发展初期为配合各种机械设备而制造的一些联轴器，它们的特点是功率较小、品种少、不成规模；第二阶段是20世纪70～80年代，随着对外开放，我国引进国外一些先进的技术专利和机械设备，对联轴器技术的发展和在国内的推广起到了重要的作用；第三阶段是20世纪90年代到21世纪初，在国内技术人员的共同努力下，已形成联轴器的专业化、标准化的行业体系，联轴器基本能够满足国内的要求；第四阶段是21世纪初至今，随着国内科技自主研发能力和技术创新能力的增强，我国联轴器的发展与国际接轨，甚至在某些关键技术上处于国际领先水平。

国外从20世纪50年代开始对橡胶弹性联轴器进行研究，生产联轴器的厂商大多数以专业化为主，联轴器生产厂商的共同特点为产品技术高、适应重型机械的技术需要、加工设备先进。德国研制了伏尔康EZS型、RATO型等新型联轴器；澳大利亚专家盖斯林格研制的新型联轴器安装在柴油机油船上，取得了良好的效果；日本生产的CA型轮胎式联轴器和德国生产的RF型轮胎式联轴器中的弹性元件用富有弹性的橡胶和增强轮胎强度的尼龙线布制成；日本研制的压缩应力型联轴器借助变形应力实现扭矩的传送，该联轴器适用于正反方向运转、启动频繁、断续运转的机器；1962年由日本机械学会研制的橡胶套筒联轴器在泵、鼓风机和压缩机中得到了广泛应用。

高弹性联轴器由于传动性能优良、品种繁多，被广泛应用于柴油机动力装置中。弹性联轴器的非金属弹性元件在受压缩、剪切的状态下传递扭矩。橡胶是联轴器采用的非金属弹性元件中应用最多的材料，橡胶与金属表面通过硫化方法进行牢固黏结，它具有内摩擦大、质量小、单位体积储存的变形能大、阻尼性能好、无机械摩擦和滑动、无需润滑、弹性模量变化范围大、可以满足各种刚度要求等优点。

国内对弹性联轴器的研究是从20世纪70年代后期开始的，国内生产的弹性联轴器大多是在国外联轴器的基础上改进而成的。国内生产的TD型轮胎式联轴器的结构与CA型、RF型轮胎式联轴器的结构相似。XL系列高弹性橡胶联轴器是我国用系列化、标准化和通用化观点设计研制的第一个国家标准的高弹性橡胶联轴器，曾荣获全国科学大会成果奖。梅花形弹性联轴器是将一个整体的梅花形弹性环装在两个形状相同的半联轴器的凸爪之间，实现两个半联轴器的连接，通过凸爪与弹性环之间的挤压传递动力，弹性环的弹性变形可以补偿两轴的相对偏移，实现减振缓冲的效果。此外，非金属弹性元件弹性联轴器还有国内某研究所研制的 LC(扭转剪切型)、LB(挤压式)系列高弹性联轴器等。

为了使联轴器具备减振、降噪、寿命长、散热快等良好的性能，国内外对弹性联轴器的研究方向主要是：采用新材料，尤其是对橡胶元件采用新材料，通过硫化工艺等来改善其材料力学性能；采用新结构，通过新结构的研发来满足特定工况下传递转矩或运动的需求；采用新技术，如采用金属与橡胶的黏结技术等来提高联轴器的性能；采用新的计算方法、先进的精确算法使结构尺寸大大减小及价格下降。

为了能够准确地对传动轴系进行扭转振动分析，正确地选择弹性联轴器应用在实际传动系统中，必须掌握弹性联轴器的有关特性参数(如动态扭转刚度和动态阻尼系数)。一般情况下，常常通过在实验台上进行实验研究来分析获取弹性联轴器的特性参数。为了改善动力传动系统的扭振特性，通过在发动机和传动系统之间增加弹性联轴器来调整系统扭振频率，降低振幅，使系统满足扭振性能要求。联轴器的模态分析是为了得到固有频率和振型。通过结构优化可以改变固有频率和振型，从而能够避免在应用中产生共振造成不必要的损失；通过对复杂结构的模态分析可以为结构系统的振动特性分析、振动故障诊断以及结构动态特性的优化设计提供依据。

1.3　高弹性联轴器基本结构

本章研究的联轴器为 RATO 型，RATO 型联轴器与传统联轴器的不同之处在于橡胶块中增加了帘线增强结构，因此适用于船舶传动系统中，能够起到传递扭矩、减振降噪、补偿轴系错动等作用。如图 1-1 所示，大型橡胶式联轴器由橡胶块、膜片、挡板、压板、法兰等零部件组成。

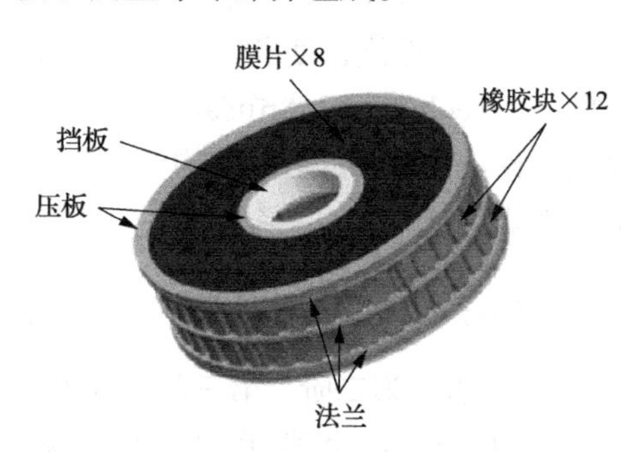

图 1-1　大型橡胶式联轴器结构示意图

本章研究的联轴器主体结构由 12 块橡胶块(2 层)，8 片膜片(上下各 4 片)，若干挡板、压板、法兰组成，其中法兰与压板、挡板、膜片之间采用螺栓连接，橡胶块与法兰之间采用胶体黏结。

联轴器中的帘线嵌入橡胶块中，如图 1-2 所示。这种结构有助于提高联轴器的刚度，减小橡胶块的变形，防止橡胶块变形过大(应力过大)或生热过多软化引起失效。

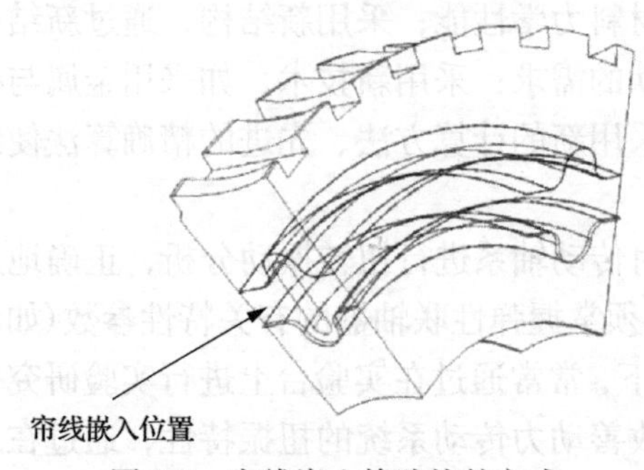

图 1-2 帘线嵌入橡胶块的方式

1.4 橡胶材料的超弹性本构模型

由于橡胶材料在整个变形过程中的应力-应变呈非线性关系，为了更加准确地表征这种关系，学者做了大量的研究工作。若要全面地描述橡胶的力学性质，就要确定它在最一般纯均匀应变类型下的应变能函数。Morman 等[1]从纯数学角度出发，考虑了应变能函数可采用的最一般形式，Rivlin 的基本假设认为：橡胶是不可压缩的，并且在无应力状态下是各向同性的；各向同性条件要求应变能函数 W 对三个主拉伸比 λ_1、λ_2、λ_3 是对称的；此外，两个主拉伸比改变符号时相当于物体旋转 180°，应变能函数应该是不变的，因此应变能函数只能是拉伸比的偶次幂函数。Rivlin 所推导的橡胶本构模型作为最基本的橡胶本构模型，被学者广泛引用，并在此基础上发展了多种形式的超弹性材料的应变能密度函数模型，如 Mooney-Rivlin 模型、van der Waals 模型、Ogden 模型、Yeoh 模型、Arruda-Boyce 模型、Neo-Hookean 模型、Marlow 模型等[1]。本章将讨论应用较多的五种本构模型及其模型常数。

应变能密度函数的一般表达式[2]为

$$W = W(I_1, I_2, I_3, C_1, C_2, \cdots, C_k, d_1, d_2, \cdots, d_n) \tag{1-1}$$

式中，I_1、I_2、I_3 分别为第一阶、第二阶、第三阶应变不变量，它们是三个主拉伸比的函数；$C_i(i=1,2,\cdots,k)$ 为 k 个表示超弹性材料剪切特性的常数；$d_j(j=1,2,\cdots,n)$ 为 n 个表示超弹性材料压缩特性的常数。

1. Mooney-Rivlin 模型

高斯统计理论是应变能函数的最简单形式，它给出小应变时线性的应力-应变关系，Rivlin 将其称为 Neo-Hookean 模型。Neo-Hookean 模型为常剪切模型，一般它只适用于近似预测 30%～40%的单轴拉伸和 80%～90%的纯剪切的橡胶力学行为[2]。Neo-Hookean 模型的应变能密度函数表达式为

$$W = C_{10}(I_1 - 3) + (J_{el} - 1)^2 / D_1 \tag{1-2}$$

式中，C_{10} 为和温度有关的材料参数；D_1 为材料模型常数；J_{el} 为弹性体积比。

研究表明，在橡胶发生大变形时，Neo-Hookean 模型预测的橡胶性能与实际的橡胶性能相差较大。但该模型是在不同的前提下得出的与统计理论相同的形式，这体现了 Neo-Hookean 模型存在的重要性。

按照 Mooney-Rivlin 模型，人们常把其进一步简化为使用二项(N=1)的展开式，即 Mooney-Rivlin 方程。最早有价值的大弹性形变的唯象理论是 Mooney 提出的，他的理论对此领域内以后的工作有重要的影响。Mooney 理论的提出基于以下两个假设：橡胶是不可压缩的，它在未应变状态下是各向同性的；在剪切形变中遵循胡克定律，在垂直单向拉伸或压缩轴的平面内叠加剪切时也遵循胡克定律。

根据上述假设，Mooney-Rivlin 模型的应变能密度函数为

$$W = C_{10}(I_1 - 3) + C_{01}(I_2 - 3) + (J_{el} - 1)^2 / D_1 \tag{1-3}$$

式中，C_{01} 为材料模型常数；J_{el} 为弹性体积比；I_1、I_2 为第一阶、第二阶应变不变量。初始剪切模量、体积模量表达式如下：

$$\begin{aligned} \mu_0 &= 2(C_{10} + C_{01}) \\ K_0 &= 2 / D_1 \end{aligned} \tag{1-4}$$

若在式(1-3)中忽略应变的二阶以上的项，则 Mooney-Rivlin 方程就是一个用于小应变的完全的次级理论，它能说明在单轴拉伸实验中高斯统计模型与实验数据的偏差。

2. Yeoh 模型

1993 年 Yeoh[3]提出了一种较准确的三次应变能函数，用于解决 Mooney-Rivlin 模型的偏差问题，该函数的表达式如下：

$$W = C_{10}(I_1 - 3) + C_{20}(I_1 - 3)^2 + C_{30}(I_1 - 3)^3 \tag{1-5}$$

式中，C_{20}、C_{30} 为材料模型常数。

在小应变区域，Yeoh 模型和实验数据存在一些偏差，但绝对误差很小，因此在有限元分析中这些偏差无关紧要。Yeoh 模型能描述随着形状的变化而变化的剪切模量的填充橡胶材料，可以用来预测其他变形的力学形式，适用于计算大变形，但是不能很好地拟合等双轴拉伸实验过程。

3. Ogden 模型

Ogden 否定了应变能密度函数 W 是主拉伸比 λ_i 偶函数的假设，直接把主拉伸比 λ_i 作为自变量，将应变能密度函数表达为[4]

$$W=\sum_{i=1}^{n}\frac{2\mu_i}{\partial_i}(\lambda_1^{\partial_i}+\lambda_2^{\partial_i}+\lambda_3^{\partial_i}-3)+\sum_{i=1}^{n}\frac{1}{D_i}(J_{\mathrm{el}}-1)^{2i} \tag{1-6}$$

式中，μ_i、∂_i 为实验数据确定的材料常数；D_i 为表征材料可压缩性的体积模量；J_{el} 为弹性体积比。在 Ogden 模型中，∂_i 并非一定是整数，通过设定 $\mu_i\partial_i>0$ 使模型保持稳定。Ogden 较好地处理了单向拉伸、等双轴拉伸以及平面剪切的实验数据，其中六个参数都得到了较好的拟合结果。

4. van der Waals 模型

Valanis 提出了另一种本构模型假设，认为应变能密度函数也可以表示为主拉伸比 λ_1、λ_2 及 λ_3 的多项式，此种应变能密度函数表达式如下：

$$W=W(\lambda_1)+W(\lambda_2)+W(\lambda_3) \tag{1-7}$$

虽然这个假设没有普遍的物理意义，但是高斯网络理论、非高斯网络理论和 Mooney 公式都满足以上假设。Valanis 根据各种实验数据得出了一种可应用的应变能密度函数，该函数称为 van der Waals 模型，其应变能密度函数为[4]

$$W=\mu\left\{-(\lambda_m^2-3)\left[\ln(1-\eta)+\eta\right]-\frac{2}{3}\alpha\left(\frac{I-3}{2}\right)^{3/2}\right\}+\frac{1}{D}\left(\frac{J_{\mathrm{el}}^2-1}{2}-\ln J_{\mathrm{el}}\right) \tag{1-8}$$

式中，$I=(1-\beta)I_1+\beta I_2$；$\eta=\sqrt{(I-3)/(\lambda_m^2-3)}$；$\mu$ 为剪切模量；λ_m 为锁闭伸缩率；α 为全局相互作用常数；β 为不变量混合常数；J_{el} 为弹性体积比；D 为压缩特性体积模量。初始剪切模量和体积模量分别为

$$\begin{cases}\mu_0=\mu\\ K_0=2/D\end{cases} \tag{1-9}$$

5. Arruda-Boyce 模型

Arruda 和 Boyce 基于一种八链模型得出的应变能密度函数[4]为

$$W=\mu\sum_{i=1}^{n}\frac{C_i}{\lambda_m^{2i-2}}(I_1^i-3^i)+\frac{1}{D}\left(\frac{J_{\mathrm{el}}^2-1}{2}-\ln J_{\mathrm{el}}\right) \tag{1-10}$$

式中，μ、λ_m 为实验数据确定的材料常数；J_{el} 为弹性体积比；D 为压缩特性体积

模量；C_i 为超弹性材料剪切特性的常数；I_1^i 为二阶张量基本不变量。

除了以上几种常用的本构模型，许多学者从实验或分子理论假设出发，得出了不同的应变能密度函数形式。从超弹性橡胶材料的有限元分析的角度来说，应变能密度函数无论是用应变不变量表示，还是用主拉伸比表示，只要通过拟合系数可以比较准确地表达橡胶超弹性材料的力学特性，就具有较广的工程实际应用价值。

目前，常用的有限元分析软件——Abaqus 的超弹性橡胶本构模型主要有 Mooney-Rivlin 模型、van der Waals 模型、Marlow 模型、Ogden 模型、Yeoh 模型、Arruda-Boyce 模型。本章选取最优的本构模型对膜片橡胶块联轴器静态特性进行仿真分析。

1.5 橡胶材料不同本构模型的材料常数

橡胶材料不同本构模型的材料常数不同，合理选择橡胶材料本构模型，获取较准确的本构模型的材料常数，是膜片橡胶块联轴器静力学特性分析的重要工作。本节通过结合联轴器橡胶块变形特性，利用不同应力-应变状态和不同最大应变下的应力-应变数据组合，根据最小二乘法拟合原理获得不同本构模型中的材料常数。本章通过对比各种本构模型拟合曲线与实测曲线(下面用 Test 表示)的误差，得出橡胶材料最优的本构模型及其对应的材料常数。

1.5.1 橡胶材料的应力-应变关系

联轴器橡胶块材料的应力-应变关系体现了橡胶块材料的超弹性特征，此关系可以表示为应变能密度函数对其主拉伸比求偏导。此关系是由 Piola-Kirchhoff 和 Cauchy-Green 定义的，也可以称为 Piola-Kirchhoff 应力张量 t_{ij} 和 Cauchy-Green 应变张量 γ_{ij}，表达式如下[5]：

$$t_{ij}=\frac{\partial W}{\partial \gamma_{ij}}=\frac{\partial W}{\partial I_1}\frac{\partial I_1}{\partial \gamma_{ij}}+\frac{\partial W}{\partial I_2}\frac{\partial I_2}{\partial \gamma_{ij}}+\frac{\partial W}{\partial I_3}\frac{\partial I_3}{\partial \gamma_{ij}} \tag{1-11}$$

可以推导出主应力 t_i 和主拉伸比 λ_i 之间的关系为

$$\begin{aligned}
t_1&=2\lambda_1\left(\frac{\partial W}{\partial I_1}+\lambda_2^2+\lambda_3^2\frac{\partial W}{\partial I_2}+\lambda_2^2\lambda_3^2\frac{\partial W}{\partial I_3}\right)\\
t_2&=2\lambda_2\left(\frac{\partial W}{\partial I_1}+\lambda_3^2+\lambda_1^2\frac{\partial W}{\partial I_2}+\lambda_1^2\lambda_3^2\frac{\partial W}{\partial I_3}\right)\\
t_3&=2\lambda_3\left(\frac{\partial W}{\partial I_1}+\lambda_1^2+\lambda_2^2\frac{\partial W}{\partial I_2}+\lambda_1^2\lambda_2^2\frac{\partial W}{\partial I_3}\right)
\end{aligned} \tag{1-12}$$

根据橡胶超弹性材料的不可压缩特性及 Piola-Kirchhoff 应力张量 t_{ij} 和 Cauchy-Green 应变张量 γ_{ij} 的关系，对于不可压缩橡胶材料主应力 t_i 和主拉伸比 λ_i 之间的关系为

$$t_1 = \frac{2}{\lambda_1}\left(\lambda_1^2 - \frac{1}{\lambda_1^2\lambda_2^2}\right)\left(\frac{\partial W}{\partial I_1} + \lambda_2^2\frac{\partial W}{\partial I_2}\right)$$
$$t_2 = \frac{2}{\lambda_2}\left(\lambda_2^2 - \frac{1}{\lambda_1^2\lambda_2^2}\right)\left(\frac{\partial W}{\partial I_1} + \lambda_1^2\frac{\partial W}{\partial I_2}\right) \tag{1-13}$$

橡胶材料假设为不可压缩材料，其静水压力不会改变材料的应变状态。由此假设，可在材料的原应力-应变状态上施加任意一个静水压力[6]。若施加的静水压力为 t_3，则它的三个主应力分别为 t_1+t_3、t_2+t_3、t_3。

根据橡胶材料的应变能密度函数，对主拉伸比 λ_1、λ_2、λ_3 三个参数求导，通过计算可以得到橡胶材料在单轴拉伸变形、等双轴拉伸变形和平面剪切变形状态下的工程应力[2]分别为

$$\sigma_i = \frac{\partial W}{\partial \lambda_U} = \frac{\partial W}{\partial I_1}\frac{\partial I_1}{\partial \lambda_U} + \frac{\partial W}{\partial I_2}\frac{\partial I_2}{\partial \lambda_U} \quad (\text{单轴拉伸变形})$$
$$\sigma_i = \frac{1}{2}\frac{\partial W}{\partial \lambda_B} = \frac{1}{2}\left(\frac{\partial W}{\partial I_1}\frac{\partial I_1}{\partial \lambda_B} + \frac{\partial W}{\partial I_2}\frac{\partial I_2}{\partial \lambda_B}\right) \quad (\text{等双轴拉伸变形}) \tag{1-14}$$
$$\sigma_i = \frac{\partial W}{\partial \lambda_P} = \frac{\partial W}{\partial I_1}\frac{\partial I_1}{\partial \lambda_P} + \frac{\partial W}{\partial I_2}\frac{\partial I_2}{\partial \lambda_P} \quad (\text{平面剪切变形})$$

式中，λ_U、λ_B 和 λ_P 分别为测试得到的单轴拉伸变形、等双轴拉伸变形和平面剪切变形状态下的收缩率。三种不同变形方式的应变不变量(I_1、I_2)与主拉伸比(λ_U、λ_B、λ_P)之间的关系为

$$I_1 = \lambda_U^2 + 2\lambda_U^{-1},\ I_2 = \lambda_U^{-2} + 2\lambda_U \quad (\text{单轴拉伸变形})$$
$$I_1 = 2\lambda_B^2 + \lambda_B^{-4},\ I_2 = 2\lambda_B^{-2} + \lambda_B^4 \quad (\text{等双轴拉伸变形}) \tag{1-15}$$
$$I_1 = \lambda_P^2 + \lambda_P^{-1} + 1,\ I_2 = I_1 \quad (\text{平面剪切变形})$$

根据最小二乘法原理，通过拟合橡胶材料实测应力-应变曲线和各种本构模型计算出的应力-应变曲线，可以得出橡胶材料不同本构模型的材料常数，如式(1-16)所示[7]：

$$S = \sum_{j=1}^{3}\left[\sum_{i=1}^{N}(\sigma_k^t - \sigma_k^t \lambda_i^j)^2\right] \tag{1-16}$$

式中，σ_k^t 为实验测试的工程应力；j 为实验类型序号，单轴拉伸时 j=1，平面剪切时 j=2，等双轴拉伸时 j=3；S 为实验测试应力与计算得出应力的相对误差。式(1-16)是本构模型常数的函数，采用最小二乘法，可以找到一组合适的材料常数使式(1-16)取得最小值。

1.5.2　橡胶材料应力-应变关系的实验测试

橡胶材料不同本构模型的材料常数，是由实测应力-应变和各本构模型理论计算应力-应变通过最小二乘法拟合得到的。在对联轴器橡胶块材料进行应力-应变测试时，可对橡胶试片进行单轴拉伸实验、等双轴拉伸实验以及平面剪切实验[6]，以获得橡胶块在不同最大应变、不同应力-应变状态下的应力-应变关系。

图 1-3 是橡胶试片在不同应力-应变状态下的测试示意图。实验用的橡胶试片的邵氏硬度为 50HA，橡胶材料的应力-应变实验在室温(23℃)下进行。实验过程中对橡胶试片进行缓慢循环加载(加载速度为 0.01mm/s)，橡胶试片被拉伸到设定的应变水平后，以相同的速度卸载到无应力状态，并在相同的应变水平下重复多次(通常为 5 次)。根据膜片橡胶块联轴器的实际载荷工况，橡胶块在受扭时的应变范围为 0～1，因此在对橡胶试片进行应力-应变测试实验时，选取具有代表性的两种应变水平(分别为 0.5、1.0)，分别测试橡胶试片在这两种应变水平下的应力-应变关系。

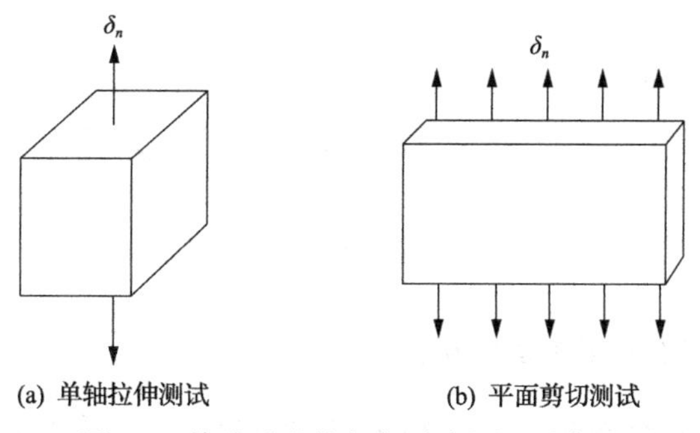

(a) 单轴拉伸测试　　(b) 平面剪切测试

图 1-3　橡胶试片的应力-应变测试示意图

大型膜片橡胶块联轴器在实际工作时主要受到扭矩作用，橡胶块以剪切变形为主，根据文献[6]，等双轴拉伸实验对橡胶主要受剪切变形作用时适用度较低，因此本章取三种橡胶材料进行单轴拉伸实验和平面剪切实验。根据三种橡胶材料的应力-应变实验结果，得到三种橡胶材料在单轴拉伸、平面剪切两种应力-应变状态下和最大应变为 1 的工程应力-工程应变关系曲线，如图 1-4 和图 1-5 所示。

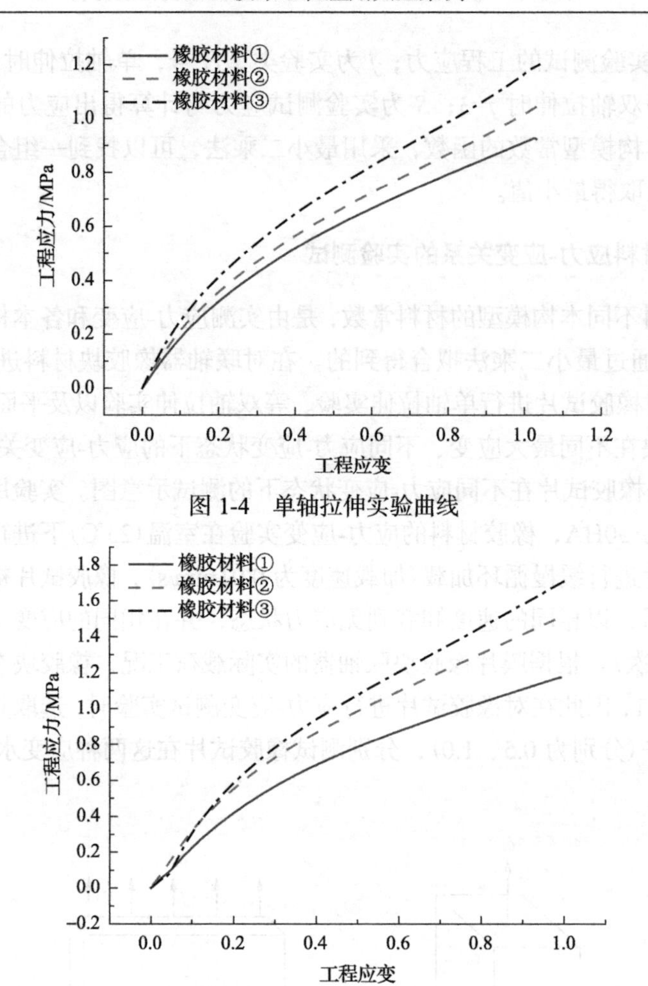

图 1-4　单轴拉伸实验曲线

图 1-5　平面剪切实验曲线

1.5.3　应力-应变状态及最大应变组合

为了获取联轴器橡胶块的五种超弹性橡胶材料本构模型的材料常数，选取不同的应力-应变状态和最大应变组合下的工程应力-工程应变来计算各本构模型中的材料常数。根据膜片橡胶块联轴器的受载变形特性，本章研究的联轴器橡胶块变形所产生的应变小于 1，因此单轴拉伸和平面剪切应变最大值取 1。为了得到与测试值最相近的橡胶块材料本构模型，取其中不同应力-应变状态和最大应变进行组合，以得到不同本构模型在相同应力-应变状态和最大应变下的本构模型材料常数。其中，单轴拉伸实验选取两种应变水平(分别为 0.5、1.0)，平面剪切实验选取一种应变水平(为 1.0)，然后对三种橡胶材料的两种应变状态及不同的最大应变水平进行组合。

基于 Abaqus 平台，对联轴器的橡胶块应力-应变状态和最大应变进行组合，通过拟合可以得到三种材料的五种本构模型的材料常数。通过分析相对误差，可以选出与实测值最接近的橡胶块材料本构模型。由于组合类型较多，根据本章所选取的膜片橡胶块联轴器的实际应力-应变水平，选取应力-应变状态和最大应变组合中具有代表性的 9 组进行分析。选取的应变组合如表 1-1 所示，对这 9 种组合进行重新编号，其中 1、2、3 号组合属于橡胶材料①，4、5、6 号组合属于橡胶材料②，7、8、9 号组合属于橡胶材料③。表 1-1 中“√”表示组合中包含此应变状态，“×”表示不包含此应变状态。

表 1-1　应力-应变状态和最大应变组合

材料编号	组合编号	应力-应变状态			最大应变		
		单轴拉伸	等双轴拉伸	平面剪切	单轴拉伸	等双轴拉伸	平面剪切
①	1	√	×	√	0.5	—	1.0
	2	√	×	√	1.0	—	1.0
	3	×	×	√	—	—	1.0
②	4	√	×	√	0.5	—	1.0
	5	√	×	√	1.0	—	1.0
	6	×	×	√	—	—	1.0
③	7	√	×	√	0.5	—	1.0
	8	√	×	√	1.0	—	1.0
	9	×	×	√	—	—	1.0

1.5.4　应力-应变拟合曲线和实测曲线误差

在 Abaqus 平台上对三种橡胶材料的应力-应变曲线拟合时，需要先将实验得到的应力和应变导入材料属性。数据输入完毕后，选择需要拟合的超弹性本构模型的类型。本章选择常用的橡胶超弹性本构模型，包括 Mooney-Rivlin、Ogden、Yeoh、Arruda-Boyce、van der Waals 五种本构模型。

图 1-6 为邵氏硬度是 50HA 的橡胶材料①在以上九种应变状态组合下实测的工程应力-工程应变拟合曲线及五种本构模型拟合的工程应力-工程应变曲线。通过分析实测曲线(Test)与本构模型拟合曲线误差，可得到橡胶块最优的材料本构模型，为联轴器的计算建模打下基础。

对橡胶材料①实测与拟合的工程应力-工程应变曲线进行分析，由图 1-6 可知：

(1) 单轴拉伸应力-应变时，1 号应变组合中，Mooney-Rivlin 本构模型拟合总体效果相对较好，Ogden、Arruda-Boyce、Yeoh、van der Waals 四种本构模型拟合效果相对较差；应变大于 0.3 时，Ogden 本构模型拟合曲线有上升趋势，逐渐偏离实测曲线(Test)。2 号应变组合中，Mooney-Rivlin 本构模型拟合效果最好，几乎与实测曲线(Test)变化趋势一致；van der Waals 本构模型拟合材料常数效果较好；应变大于 0.5 时，Yeoh、Arruda-Boyce、Ogden 三种本构模型拟合效果相对较差。

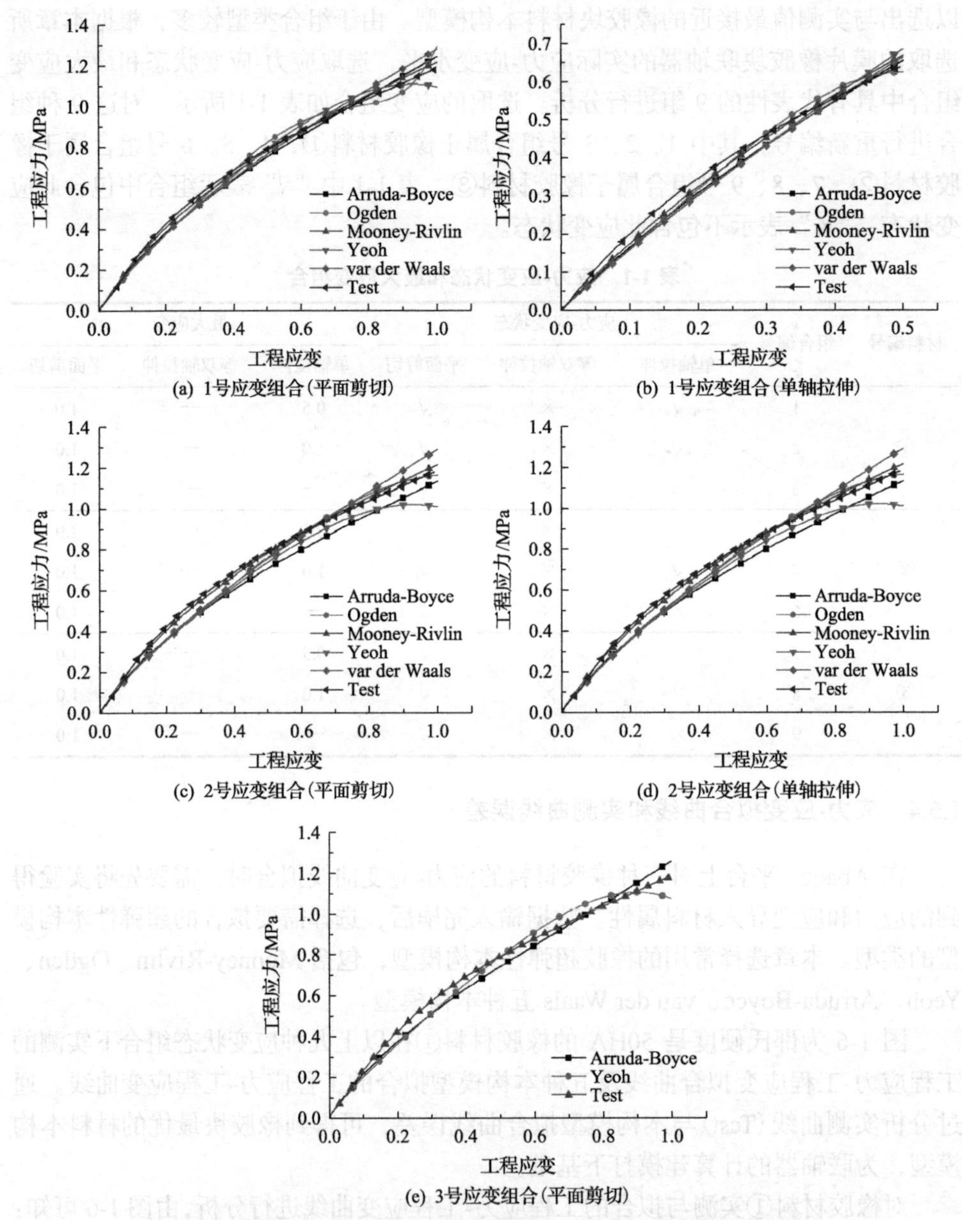

(a) 1号应变组合(平面剪切)　(b) 1号应变组合(单轴拉伸)

(c) 2号应变组合(平面剪切)　(d) 2号应变组合(单轴拉伸)

(e) 3号应变组合(平面剪切)

图 1-6　橡胶材料①实测与拟合的工程应力-工程应变曲线对比图

(2) 平面剪切应力-应变状态下，1 号应变组合中，Mooney-Rivlin 本构模型拟合精度最高，几乎与实测曲线(Test)变化趋势一致；van der Waals 本构模型和 Arruda-Boyce 本构模型的拟合精度与拟合趋势都较好；Yeoh、Ogden 两种本构模型拟合效果较差，特别是 Ogden 本构模型随着应变的增大与实测曲线(Test)的偏差也越大。2 号应变组合中，Mooney-Rivlin 本构模型拟合总体效果相对较好且精度最高，Yeoh 本构模型拟合效果一般，其他本构模型拟合效果较差。3 号应变组合中，Arruda-Boyce 本构模型和 Yeoh 本构模型拟合效果都比较差。

材料②和材料③也按照以上方法进行拟合，发现 Mooney-Rivlin 本构模型拟合曲线最接近橡胶材料的实测曲线(Test)。综合以上分析，得出 Mooney-Rivlin 本构模型最适合作为联轴器橡胶块材料的本构模型。

根据拟合结果，表 1-2 列出了在九种应力-应变状态和最大应变组合下三种橡胶材料的五种本构模型的材料常数。

表 1-2　三种橡胶材料的五种本构模型的材料常数

编号		五种本构模型对应的材料常数				
材料编号	组合编号	Mooney-Rivlin	var der Waals	Ogden	Yeoh	Arruda-Boyce
①	1	$C_{10} = 0.3019$ $C_{01} = 0.0212$	$\mu = 0.5724$ $\lambda_m = 370.6737$ $\alpha = 0.1755$ $\beta = 0$	$\mu_1 = 2.3241$ $\alpha_1 = 6.7577$	$C_{10} = 0.2888$ $C_{20} = 3.9889$	$\mu = 0.5498$ $\lambda_m = 2.6138$
	2	$C_{10} = 0.1991$ $C_{01} = 0.1240$	$\mu = 0.5440$ $\lambda_m = 300.1947$ $\alpha = -0.2427$ $\beta = 0.3388$	$\mu_1 = 1.1276$ $\alpha_1 = 4.5699$	$C_{10} = 0.2745$ $C_{20} = 3.1456$	$\mu = 0.5458$ $\lambda_m = 3.4165$
	3	—	—	—	$C_{10} = 0.2735$ $C_{20} = 5.3374$	$\mu = 0.5163$ $\lambda_m = 2.2783$
②	4	$C_{10} = 0.1323$ $C_{01} = 0.2779$	$\mu = 0.8814$ $\lambda_m = 10.0117$ $\alpha = 0.2596$ $\beta = 0.7903$	$\mu_1 = -9.2836$ $\alpha_1 = 2.4842$	$C_{10} = 0.4045$ $C_{20} = -1.5989$	$\mu = 0.7835$ $\lambda_m = 7.0003$
	5	$C_{10} = 0.1445$ $C_{01} = 0.2641$	$\mu = 0.8500$ $\lambda_m = 9.9927$ $\alpha = 0.2139$ $\beta = 0.6697$	$\mu_1 = -36.1226$ $\alpha_1 = 1.5738$	$C_{10} = 0.4090$ $C_{20} = -5.3568$	$\mu = 0.7231$ $\lambda_m = 12.6133$
	6	—	—	—	$C_{10} = 0.4429$ $C_{20} = -2.8056$	$\mu = 0.8317$ $\lambda_m = 39.5789$
③	7	$C_{10} = 0.1912$ $C_{01} = 0.2560$	$\mu = 0.7330$ $\lambda_m = 274.2811$ $\alpha = -0.2974$ $\beta = 0.5391$	$\mu_1 = -1.4586$ $\alpha_1 = 4.5259$	$C_{10} = 0.3728$ $C_{20} = 2.1739$	$\mu = 0.7270$ $\lambda_m = 3.6080$
	8	$C_{10} = 0.4095$ $C_{01} = 0.3935$	$\mu = 0.7431$ $\lambda_m = 250.059$ $\alpha = -0.2726$ $\beta = 0.5938$	$\mu_1 = 3.0308$ $\alpha_1 = 0.7147$	$C_{10} = -0.23615$ $C_{20} = 5.5439$	$\mu = 0.6017$ $\lambda_m = 1.8176$
	9	—	—	—	$C_{20} = 8.4242$	$\lambda_m = 1.9155$

在五种本构模型中，Mooney-Rivlin 本构模型与实测曲线(Test)变化趋势最为接近，综合拟合效果最好，此本构模型可以较准确地模拟联轴器橡胶块材料实际的应变与应力关系。因此，将 Mooney-Rivlin 本构模型材料常数用于膜片橡胶块联轴器的仿真计算。

1.6　联轴器有限元模型的建立

对大型膜片橡胶块联轴器分析之前，需要准确建立联轴器的分析模型。本章研究的联轴器具有橡胶块-帘线层复合结构，因此运用 Abaqus 完成其模型的建立。联轴器建模所需模块如图 1-7 所示。

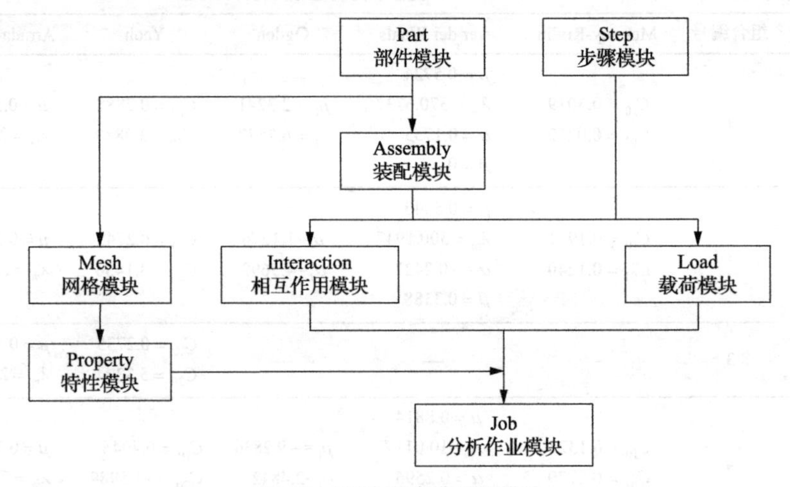

图 1-7　联轴器建模所需模块

1.6.1　大型橡胶式联轴器的额定工况

对大型橡胶式联轴器进行非线性分析，需要对大型橡胶式联轴器进行三种工况下的力学分析，包括：额定扭矩；额定扭矩&18mm 径向位移；额定扭矩&18mm 轴向位移，如图 1-8 所示。符号“&”表示在联轴器的主动端和被动端，扭矩和位移同时加载。表 1-3 列出了大型橡胶式联轴器的三种常规工况及参数。

1.6.2　联轴器网格划分

联轴器中各零部件材料分为橡胶、金属、帘线三大类。联轴器中的橡胶弹性元件大变形使得结构有限元计算中的网格出现扭曲，严重的网格畸变将导致仿真计算程序收敛失败。大型橡胶式联轴器在受到大扭矩时，具有大变形、大应变及强非线性特点。在实际使用过程中，橡胶材料往往承受拉伸、压缩或剪切的单项或多项复合载荷的共同作用，而利用有限元技术模拟其承载特性时，橡胶单元出现体积自锁、大变形使得程序的收敛性及对自由面形变的正确模拟受到极大影响。为了保证联轴器分析时能有效收敛，有必要根据联轴器的受力变形对联轴器的网格进行合理划分。

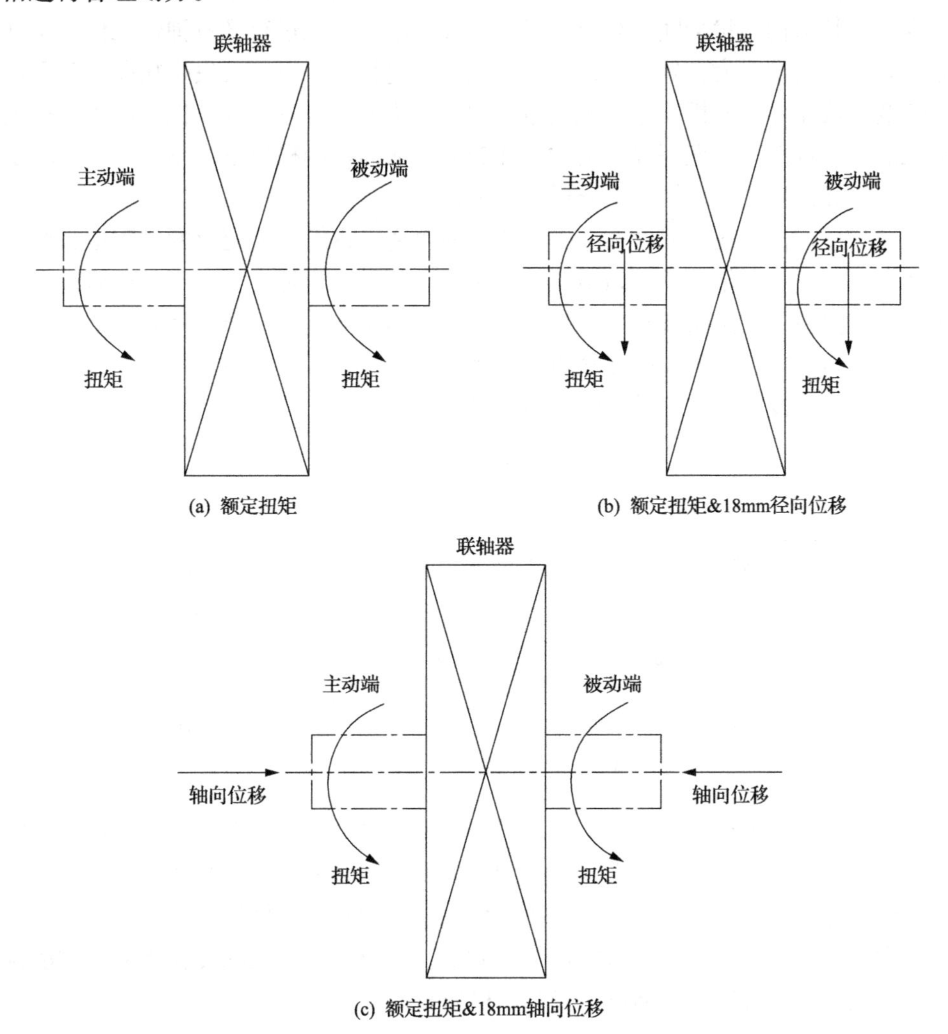

图 1-8　联轴器工况示意图

表 1-3　大型橡胶式联轴器的三种常规工况及参数

工况	扭矩及位移	静刚度	强度
额定扭矩	9×10^8N·mm	扭转刚度	应力分布
额定扭矩&18mm 径向位移	9×10^8N·mm&18mm	轴向刚度	应力分布
额定扭矩&18mm 轴向位移	9×10^8N·mm&18mm	径向刚度	应力分布

1. 橡胶元件网格划分技术

1) 橡胶单元的变形特性

橡胶材料与金属材料的小应变特性不同，具有大应变特性的橡胶材料在承载过程中，其结构形状会随着载荷的增加而发生改变。在进行橡胶弹性元件的承载分析时，初始设置为良好质量的单元，在变形过程中，可能会发生扭曲，甚至严重畸变，从而导致分析程序收敛失败。因此，为改善程序的收敛性，应理解橡胶单元的变形特性，并把握好网格的整体布局，从而使网格质量在整个分析阶段都能保持较好的水平，确保计算分析成功进行。

橡胶材料在承载过程中，结构形状不断改变，在模拟大变形的过程中，橡胶单元会经历一个变化过程，如图 1-9 所示，首先是小变形、大变形，然后进入一定量的小扭曲、大扭曲(畸变)，甚至发展到负体积的这样一个网格质量不断恶化的过程。因此，为确保有限元分析的顺利进行，应根据橡胶弹性元件的结构特性及加载特点，设置与其相适应的网格布局。

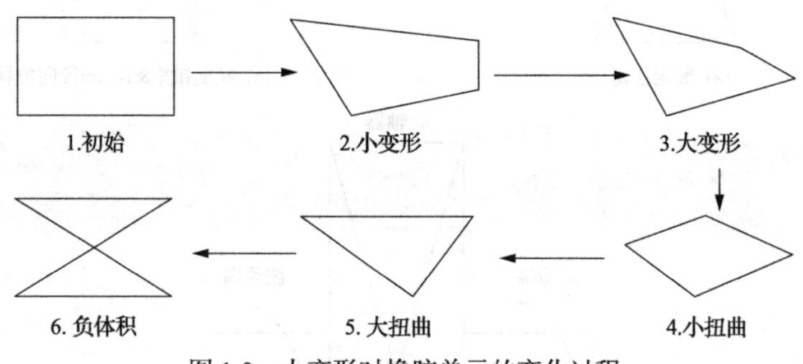

图 1-9　大变形时橡胶单元的变化过程

显然，相比于相同结构下小变形问题的网格设置，大变形问题的网格布局和网格设计更加复杂，难度更大。这是因为大变形问题的网格必须保证单元形状在整个分析过程中是合理的。因此，为确保大变形问题的网格设计满足分析要求，应在理解橡胶元件结构及承载特性的基础上，充分预估模型的变化趋势，才能设计出有限元计算所需要的网格布局和网格质量。

2) 橡胶弹性元件的网格重划技术

为有效解决橡胶大变形后的分析问题，针对结构及载荷均呈轴对称特点的某些元件，可进行网格重划处理，使有限元分析能够重新进行下去，并获得所需要的变形结果、整体的承载和位移曲线。网格重划是目前处理橡胶大变形有限元分析的一个重要思路和有效途径，Abaqus 目前的版本均具有橡胶分析的网格重划功能。

网格重划技术的基本过程为：首先进行初始建模及网格处理，并施加一个合适的载荷，然后将初步分析得到的结果进行变形模拟提取，模型提取成功后进行网格重划、增加载荷，并进行二次分析；若二次分析网格重划前后的刚度点与第一次分析的刚度点基本重合，则说明二次分析完成；若刚度点出现较大的偏移，则说明初始分析时单元出现了过大的网格畸变，需要施加一个更小的载荷重新进行计算。橡胶弹性元件网格重划的基本过程如图 1-10 所示。另外，若橡胶变形过大，则需要二次甚至多次网格重划来完成整个分析，以便得到一个较真实的计算结果。

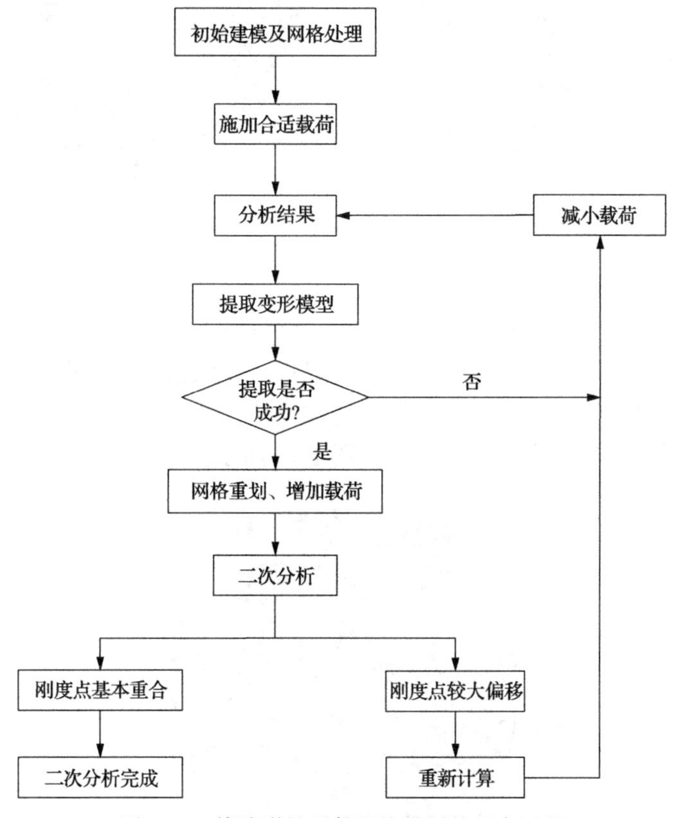

图 1-10　橡胶弹性元件网格重划的基本过程

2. 联轴器各零部件的网格划分

大型橡胶式联轴器各零部件在划分网格和选择单元时需要充分考虑材料特性、受力变形趋势、数值计算可靠性、计算收敛的难易程度等因素，合理划分网格及选择单元。下面介绍联轴器各零部件的网格划分方式。

1) 橡胶块网格划分及单元选择

由于橡胶块为超弹性材料，橡胶块在受到扭矩时会发生较大的变形，可能出现计算不收敛的情况。因此，在网格划分时需要充分考虑橡胶块各个区域变形趋势及大小，在变形较大的位置对网格进行细化，并采用六面体单元进行划分，联轴器橡胶块网格初步划分结果如图 1-11 和图 1-12 所示。

图 1-11 橡胶块网格

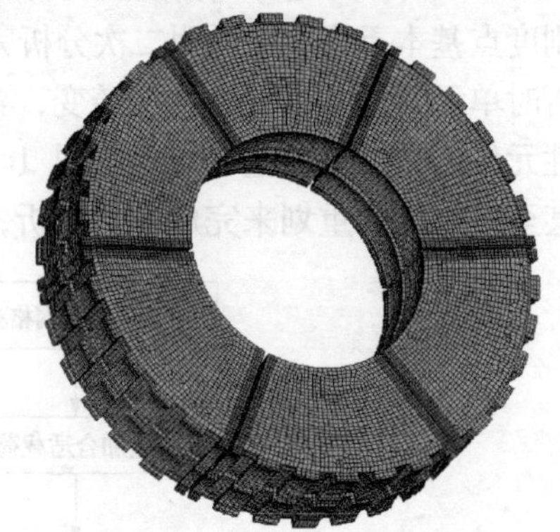

图 1-12 橡胶块完整网格模型

2) 膜片网格划分

膜片材料采用金属材料，在变形时相对橡胶块小很多，不产生大变形趋势。由于膜片厚度约为膜片外径的 1/4000，可以将膜片网格简化为平面壳单元网格。同时，为了提高计算收敛性和计算结果的准确性，划分网格时需要将膜片与其接触零部件的网格节点重合，膜片网格如图 1-13 所示。

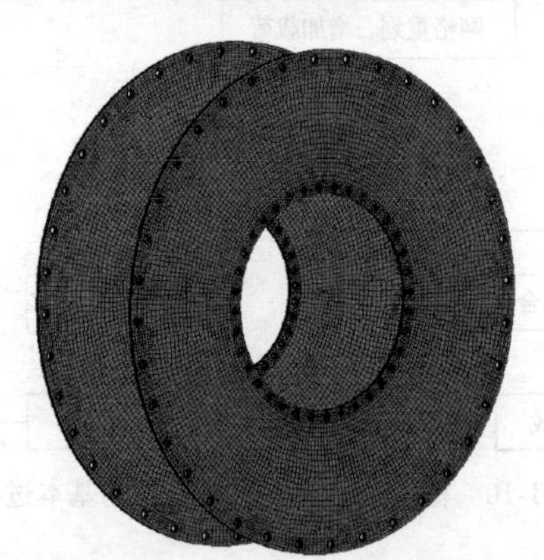

图 1-13 膜片网格

3) 其他金属零部件网格划分

其他金属零部件包括挡板、压板、法兰、螺栓，均为金属材料。在划分网格时，需要保证各零部件连接处的网格节点重合，充分保证联轴器有限元模型的中心对称，尽量避免由网格分布不同导致分析结果的不同。网格采用六面体单元，各零部件网格模型如图 1-14～图 1-21 所示。

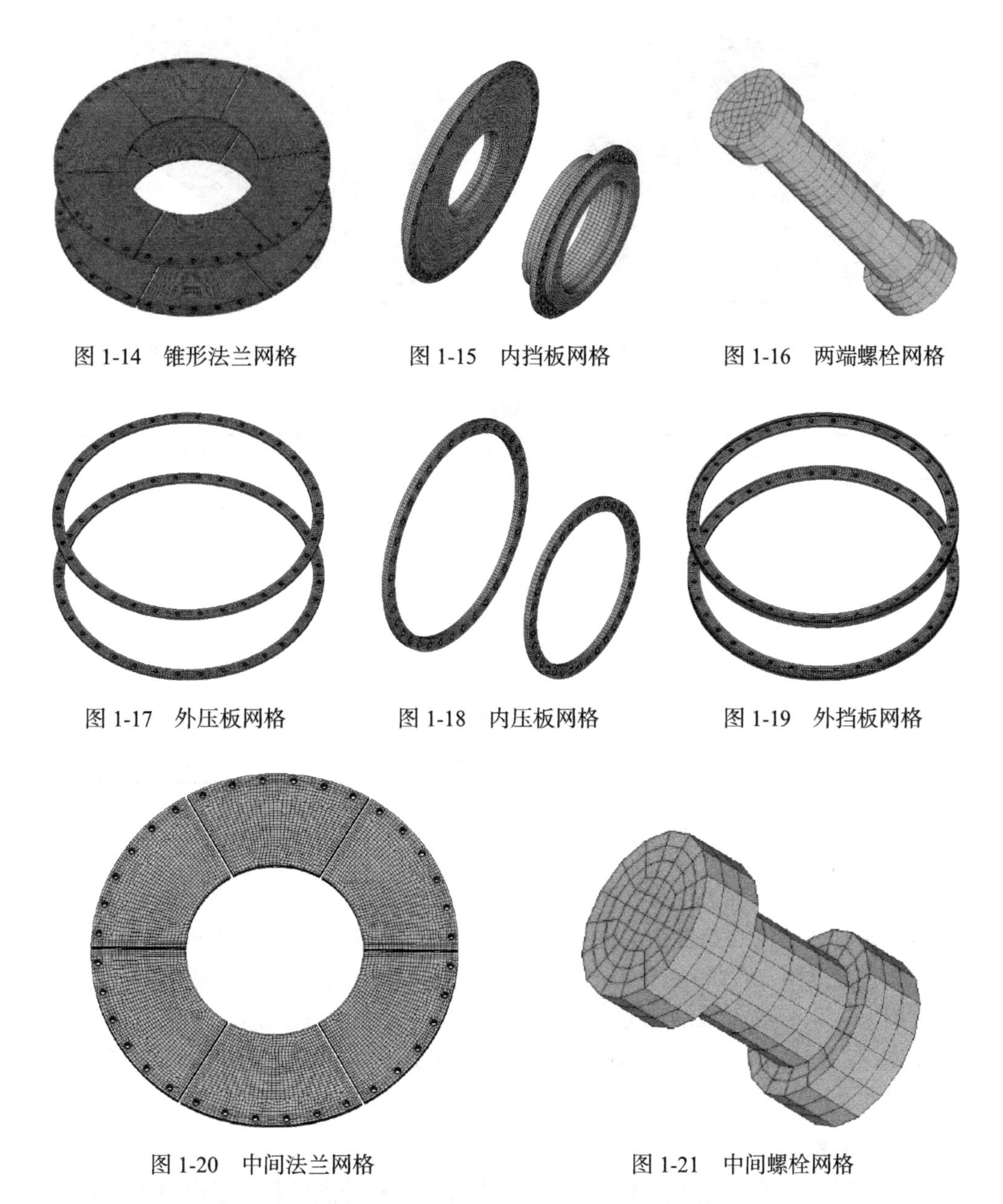

图 1-14　锥形法兰网格　图 1-15　内挡板网格　图 1-16　两端螺栓网格

图 1-17　外压板网格　图 1-18　内压板网格　图 1-19　外挡板网格

图 1-20　中间法兰网格　图 1-21　中间螺栓网格

各零部件网格划分完毕后，需要完成各网格模型的装配工作。根据各零部件三维(3D)模型的坐标位置，在 Abaqus 平台上完成装配。装配完毕后，需要对网格进行检查，修复网格重叠、网格畸形等不合理之处，装配完成的联轴器网格模型如图 1-22 和图 1-23 所示。

对大型橡胶式联轴器的各零部件网格数量进行统计，结果如表 1-4 所示。

图 1-22　联轴器整体网格模型

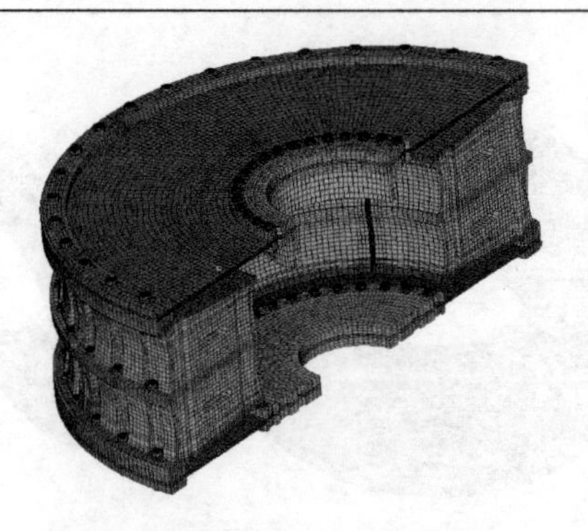

图 1-23　联轴器网格剖面图

表 1-4　大型橡胶式联轴器各零部件的网格数量

零部件名称	网格类型	网格数量
橡胶块×12	六面体	219480
膜片×8	四边形	89560
锥形法兰	六面体	57204
中间法兰	六面体	38136
内/外压板	六面体	34128
内/外挡板	六面体	70104
螺栓	六面体	126720

3. 联轴器网格单元类型选择

大型橡胶式联轴器由多个零部件组成，每个零部件的受力位置和受力变形不同，在对其分析时需要为它们选择合适的单元类型。Abaqus/Standard 的实体单元库包括二维(2D)和三维的一阶(线性)插值单元和二阶(二次)插值单元，它们应用完全积分或者减缩积分。二维单元包含三角形和四边形，三维单元包含四面体、三角楔形体和六面体(砖型)。Abaqus 还提供了修正的二阶三角形和四面体单元。

1) 完全积分

完全积分是指单元具有规则形状时，全部高斯积分点的数目足以对单元刚度矩阵中的多项式进行精确积分。对于六面体和四边形单元，“规则形状”是指单元的边是直线，并且边与边相交或为直角，在任何边上的节点都位于边的中点上。完全积分的线性单元在每一个方向上都采用两个积分点。因此，三维单元 C3D8 在单元中采用 2×2×2 个积分点，完全积分的二次单元在每一个方向上都采用三个积分点。对于采用完全积分的二维四边形单元，积分点位置如图 1-24 所示。

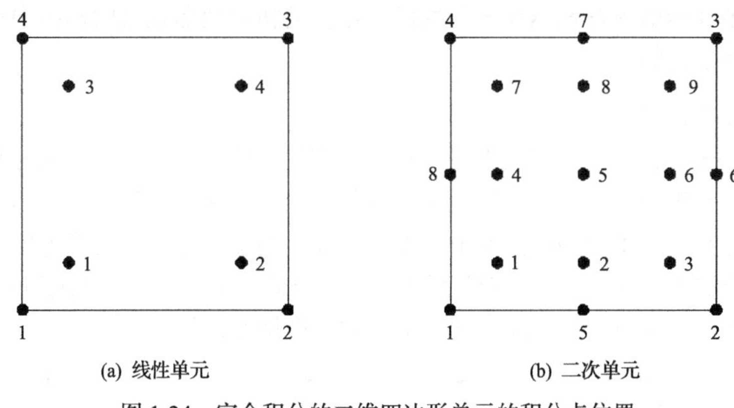

(a) 线性单元　　(b) 二次单元

图 1-24　完全积分的二维四边形单元的积分点位置

只有当载荷在模型中产生很小的弯曲时，才可以采用完全积分的线性单元，若对载荷产生的变形类型有所怀疑，则应采用不同类型的单元。在复杂应力状态下，完全积分的二次单元也有可能发生自锁。因此，若在模型中应用这类单元，则应仔细检查计算结果。

2) 减缩积分

只有四边形和六面体单元才能采用减缩积分，所有楔形、四面体和三角形实体单元只能采用完全积分，尽管它们与采用减缩积分的四边形或六面体单元可以在同一网格中使用。减缩积分单元比完全积分单元在每个方向少用一个积分点。减缩积分的线性单元只在单元的中心有一个积分点。对于采用减缩积分的四边形单元，积分点位置如图 1-25 所示。

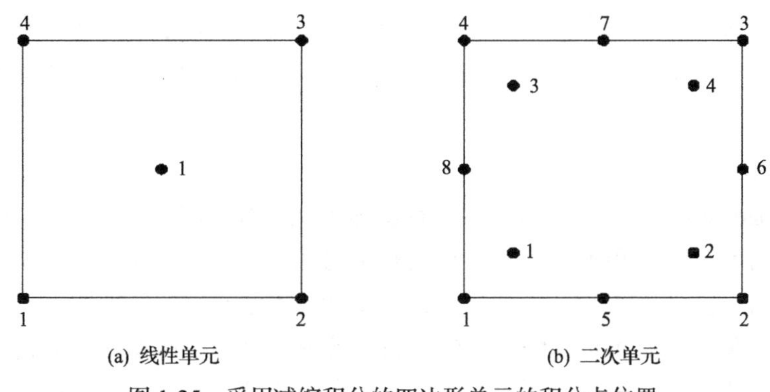

(a) 线性单元　　(b) 二次单元

图 1-25　采用减缩积分的四边形单元的积分点位置

Abaqus 在一阶减缩积分单元中引入了一个小量的人工“沙漏刚度”，以限制沙漏模式的扩展。在模型中应用的单元越多，这种刚度对沙漏模式的限制越有效，说明只要合理采用细化的网格，线性减缩积分单元就能给出可接受的结果。线性减缩积分单元能够很好地承受扭曲变形，在任何扭曲变形很大的模拟中都可以采用这类网格细化的单元。

3) 非协调模式单元

Abaqus/Standard 中有非协调模式单元，它的目的是克服在完全积分和一阶单元中的剪力自锁问题。剪力自锁是单元的位移场不能模拟与弯曲相关的变形而引起的，因此在一阶单元中增强变形梯度的附加自由度。这种对变形梯度的增强可以允许变形梯度在一阶单元的单元域上有一个线性变化，如图 1-26(a)所示。而标准单元数学公式在单元中只能得到一个常数变形梯度，如图 1-26(b)所示。

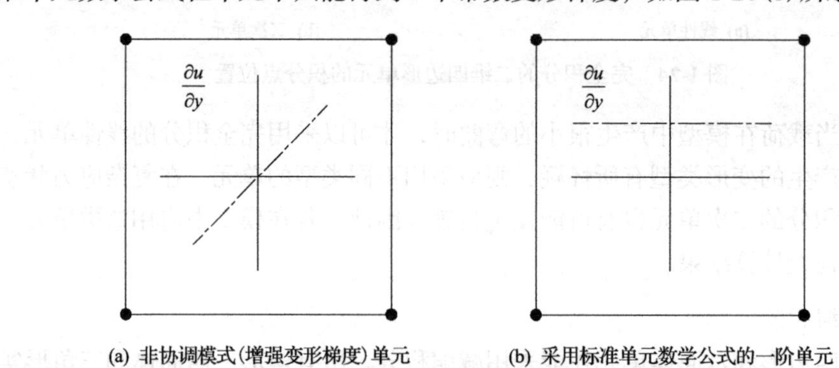

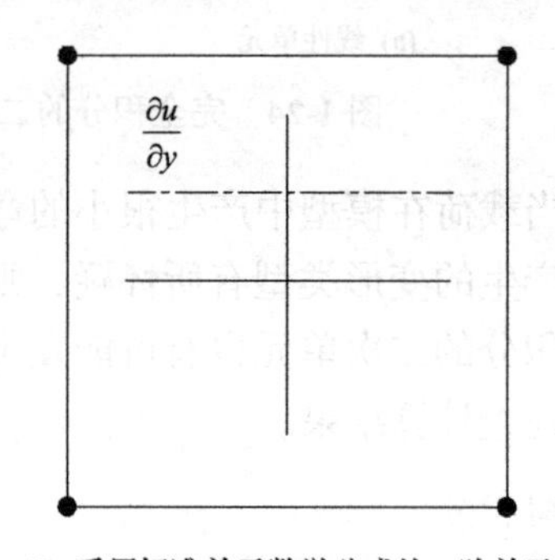

(a) 非协调模式(增强变形梯度)单元　　(b) 采用标准单元数学公式的一阶单元

图 1-26　变形梯度的变化

这些对变形梯度的增强完全在一个单元的内部，与位于单元边界上的节点无关。与直接增强位移场的非协调模式公式不同，在 Abaqus/Standard 中采用的数学公式不会导致沿着两个单元交界处的材料重叠或者开裂。若应用得当，则非协调模式单元是很有用的，可以以很低的成本获得较高精度的结果。但是，非协调模式单元必须确保单元扭曲是非常小的，当为复杂的几何体划分网格时，这可能是难以保证的。

4) 杂交单元

在 Abaqus/Standard 中，对于每一种实体单元都有相应的杂交单元，包括所有的减缩积分和非协调单元。当材料行为是不可压缩(泊松比=0.5)或者非常接近不可压缩(泊松比＞0.475)时，需要采用杂交单元。本章研究的联轴器中的橡胶块组件是一种典型的具有不可压缩性质的材料。若材料是不可压缩的，则其体积在载荷作用下并不改变。因此，压应力不能由节点位移计算得到。对于具有不可压缩材料性质的任何单元，一个纯位移的数学公式是不适用的。

根据以上原则，综合考虑大型橡胶式联轴器各零部件的受力变形趋势、计算量大小、计算准确度等因素，初步为各零部件选择网格单元类型，如表 1-5 所示。

表 1-5　大型橡胶式联轴器各零部件网格单元类型

零部件名称	网格单元类型	零部件名称	网格单元类型
橡胶块×12	杂交单元	膜片×8	壳单元
锥形法兰	非协调单元	中间法兰	非协调单元
内/外压板	非协调单元	内/外挡板	非协调单元
螺栓	非协调单元	—	—

橡胶块网格单元选择杂交单元，是因为橡胶材料本身的近似不可压缩性，需要采用杂交单元的数值计算程序。膜片的厚度比外径小很多，因此可将膜片网格单元简化为壳单元，受力特点符合将板简化成壳的原则。其他零部件由于其本身为金属材料，受力变形趋势较小，综合衡量计算成本和计算准确度，网格单元类型选择非协调单元。

1.6.3　橡胶块模型中帘线的定义

有限元模型建立过程中的难点是如何在橡胶块模型中定义具有一定分布规律的帘线层。帘线层主要起增强整个联轴器刚度的作用，帘线是由交错的细线编织而成的，通过直接三维建模再划分网格是不可能达到帘线所表现的几何及物理性能的。因此，需要通过 Abaqus 自带的“Rebar”定义模块解决帘线建模问题。帘线的分布区域可以视为一类三维曲面，称为双曲空间面，如图 1-27(b) 所示，R-CF 结构中帘线分布区域如图 1-27(a) 所示。

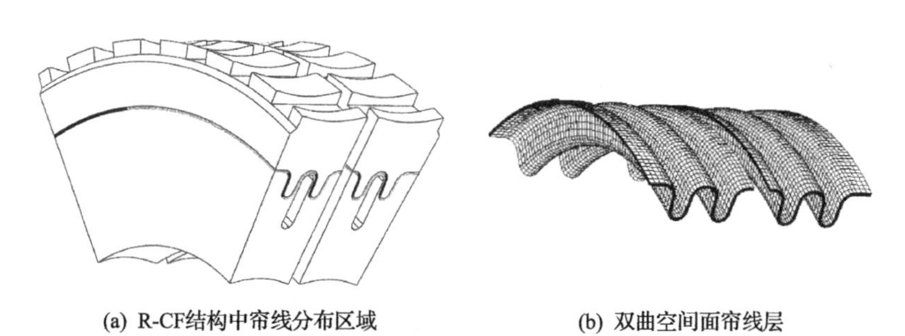

(a) R-CF结构中帘线分布区域　　(b) 双曲空间面帘线层

图 1-27　R-CF 结构

明确帘线在橡胶块中嵌入的位置后，需要在 Abaqus 软件平台上对帘线的几何及材料性能参数进行定义。在定义相关参数之前，需要对帘线中每根线条的真实分布进行分析。按规则分布所形成的双曲空间面帘线层实质是由成千上万根帘线交错叠加而成的，如图 1-28(a) 和 (b) 所示，帘线交错叠加方式如图 1-28(c) 所示。

基于 Abaqus 的 R-CF 结构模型建立方法是先通过 Abaqus 中的“Rebar”定义

模块，将帘线定义在双曲空间面的壳上，内容包括帘线三维材料参数、帘线间距、帘线方向角等，如图 1-29 所示，再将带有帘线的壳嵌入橡胶块，就完成了 R-CF 结构的建立。R-CF 结构中帘线层参数包括：单根面积(帘线截面积)为 0.43mm^2；帘线间距为 1.136mm；帘线方向角为±45°；帘线层数为 8 层，每层的方向角互为相反数，上下相隔 1mm 交错分布。

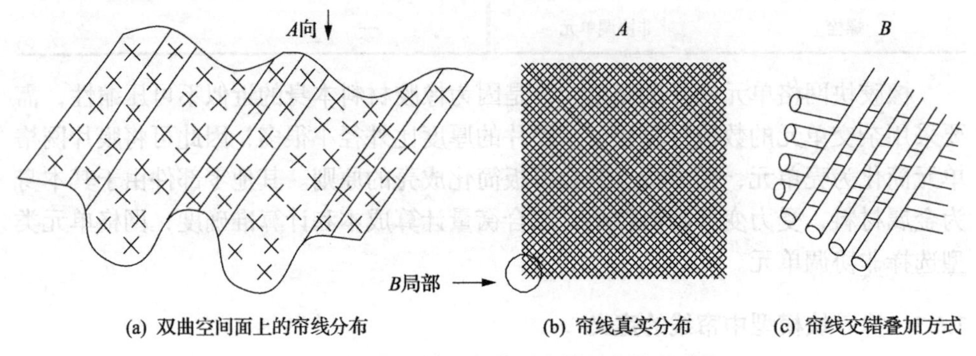

图 1-28　双曲空间面帘线层中单根帘线的分布

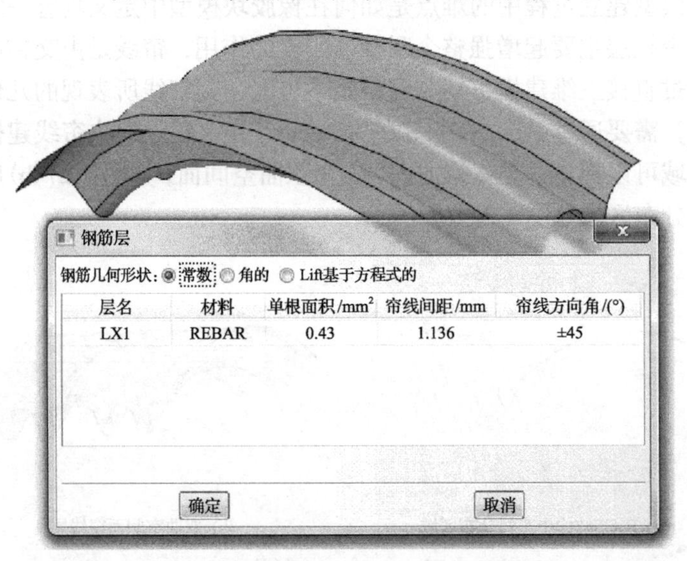

图 1-29　帘线在双曲空间面壳上的定义

帘线方向角的确定法则：帘线方向角是相对于某一坐标系而言的，对其定义之前需要建立 Rebar 局部坐标系，Rebar 局部坐标系包括轴 1、轴 2 及轴 3，如图 1-30 所示。帘线在 Rebar 局部坐标系上帘线方向角的定义参照轴 1[1]，图 1-31 中帘线在 1-2 平面上的投影线条与轴 1 的夹角 α 为帘线方向角。

R-CF 结构模型的建立：联轴器中 R-CF 结构的建立就是将帘线嵌入橡胶块，使两者成为一个整体。这需要运用 Abaqus 平台装配模块中的 Embedded region 功能，将所有定义好的帘线层选为嵌入对象，将橡胶块选为主体，完成帘线嵌入橡胶块模型的建立，如图 1-32 所示。

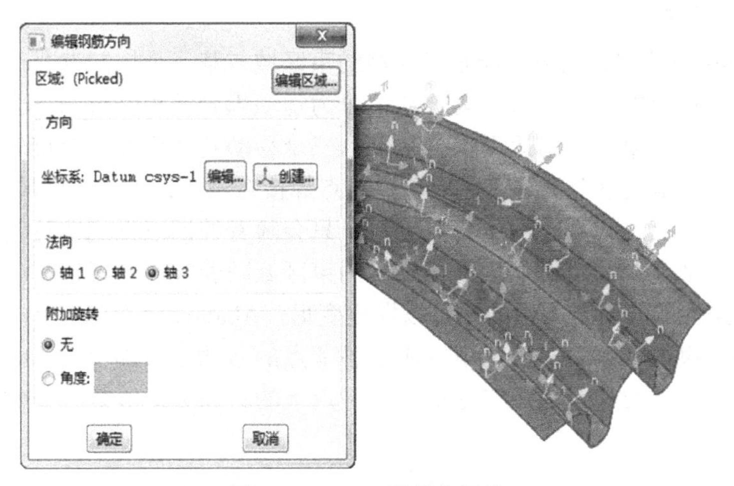

图 1-30　Rebar 局部坐标系

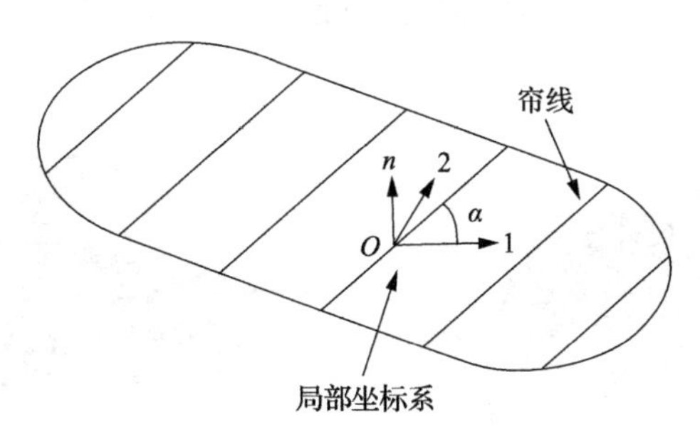

图 1-31　帘线方向角的确定法则

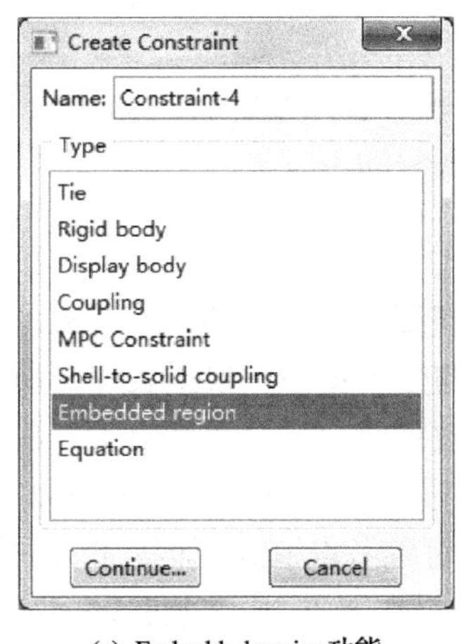

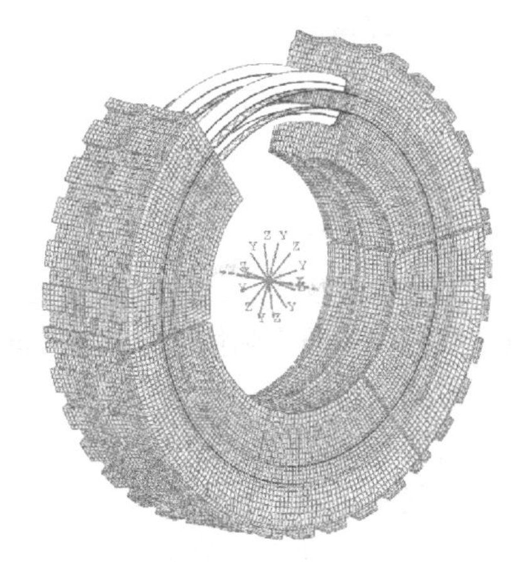

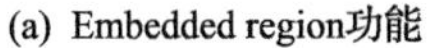

(a) Embedded region功能　　(b) 帘线嵌入橡胶块位置

图 1-32　R-CF 结构模型的建立

1.6.4　联轴器模型约束、载荷的施加

1) 耦合约束施加

Abaqus 中的耦合约束功能是指在被约束区域与某一个控制点(control point)之间建立运动上的约束关系。耦合约束分为运动耦合约束和分布耦合约束，一般默认的耦合约束类型为运动耦合约束，三个移动自由度和三个旋转自由度都被选中，目的是把整个被约束区域和控制点焊接在一起，被约束区域变为刚性，此区域的各节点之间不会发生相对位移，只会随着控制点做刚体运动。分布耦合约束与运动耦合约束类似，同样是被约束区域随着控制点运动，但被约束区域不再是刚性的，而是柔性的，可以发生变形。Abaqus 将控制点上受到的载荷分布到被约束区域上，对被约束区域上各节点的运动进行加权平均处理，使此区域上受到的合力和合力矩与施加在参考点上的力和力矩等效，通常称为柔性约束。

首先在 Abaqus 中的 Interaction 模块中建立联轴器轴线方向的参考点 RP-1、RP-2，其位置由输入空间坐标得到。通过耦合约束将参考点与联轴器内挡板内圈进行耦合，如图 1-33 所示。

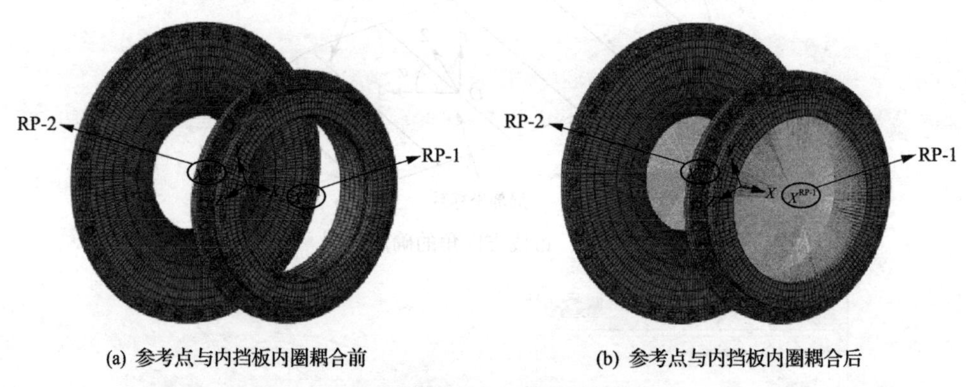

(a) 参考点与内挡板内圈耦合前　　(b) 参考点与内挡板内圈耦合后

图 1-33　联轴器点面耦合约束定义

2) 载荷和约束的施加

在有限元分析过程中，约束和载荷的施加都与分析步的设置有关，因此所施加的约束和载荷应按照实际情况定义在不同的分析步中。根据表 1-3 所示的载荷大小及加载方式，将扭矩和强制位移载荷等效加载至耦合控制点上。将扭矩定义在第一个分析步(Step1)中，径向/轴向位移定义在第二个分析步(Step2)中，加载方式为线性加载。在第一个分析步(Step1)中对参考点 RP-1 加载 X 方向扭矩，大小为 9×10^{8}N·mm，在第二个分析步(Step2)中对参考点 RP-2 加载轴向或径向位移 18mm，如图 1-34 所示。

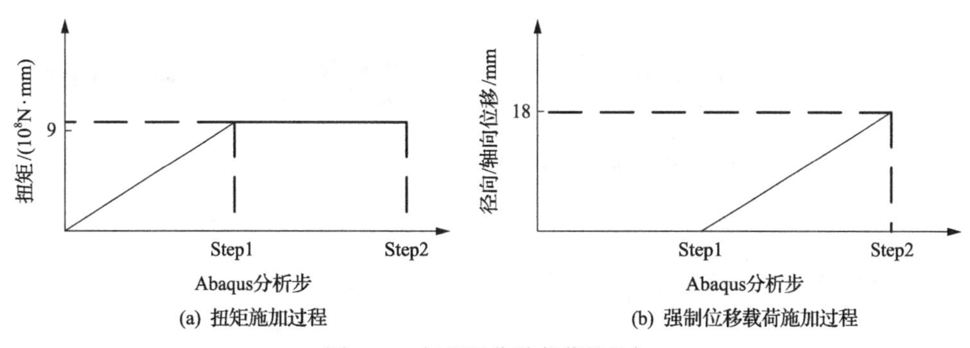

图 1-34　扭矩及位移载荷的施加

根据联轴器的实际工况，在第一个分析步中，联轴器的一端轴孔为固定约束，对其参考点 RP-1 进行六个方向的自由度约束，联轴器的另一端释放参考点 RP-2 绕 X 方向的旋转自由度；在第二个分析步中，释放参考点 RP-1 在 X 或 Z 方向的移动自由度用于加载轴向或径向位移。

膜片橡胶块联轴器的零部件在受载时，会出现较小的相互错动、间隙、摩擦等现象。联轴器的膜片、内/外挡板、内/外压板及法兰的固定通过螺栓实现连接。为更准确地模拟出零部件的受载变形等特性，需要在 Abaqus 平台上定义每个接触零部件间的接触属性及参数。在 Abaqus 的 Interaction 模块中，将联轴器金属件之间的摩擦系数设定为 0.1，且为硬接触模式[8]，接触区域为面与面接触，零部件之间的滑移方式为小滑移(small sliding)，即可完成接触的定义。

1.7　大型膜片橡胶块联轴器静力学特性研究

大型膜片橡胶块联轴器的强度及静刚度性能与联轴器的众多因素有关，主要包括材料的选用和 R-CF 结构中帘线方向角等因素。为了设计出性能符合指标的联轴器，需要研究以上因素对联轴器性能的影响方式。基于 Abaqus 平台，通过研究得出联轴器各个参数的最佳匹配方式，使联轴器模型达到设计指标。联轴器的主要设计指标包括扭转角度、径向刚度、轴向刚度及橡胶块最大应力，如表 1-6 所示。本节重点研究橡胶材料、帘线方向角对联轴器整体刚度及强度的影响规律，通过分析最终确定一种符合设计指标的联轴器模型，大型膜片橡胶块联轴器静力学性能研究方案如图 1-35 所示。

表 1-6　大型膜片橡胶块联轴器主要性能指标

工况组	扭矩及位移	模型整体刚度	橡胶块最大应力
额定扭矩	9×10^8N·mm	扭转角度 $\theta\leqslant18°$	$\sigma\leqslant$3.5MPa
额定扭矩&18mm 径向位移	9×10^8N·mm&18mm	径向刚度 $K_J\leqslant$1750N/mm	$\sigma\leqslant$3.5MPa
额定扭矩&18mm 轴向位移	9×10^8N·mm&18mm	轴向刚度 $K_Z\leqslant$800N/mm	$\sigma\leqslant$3.5MPa

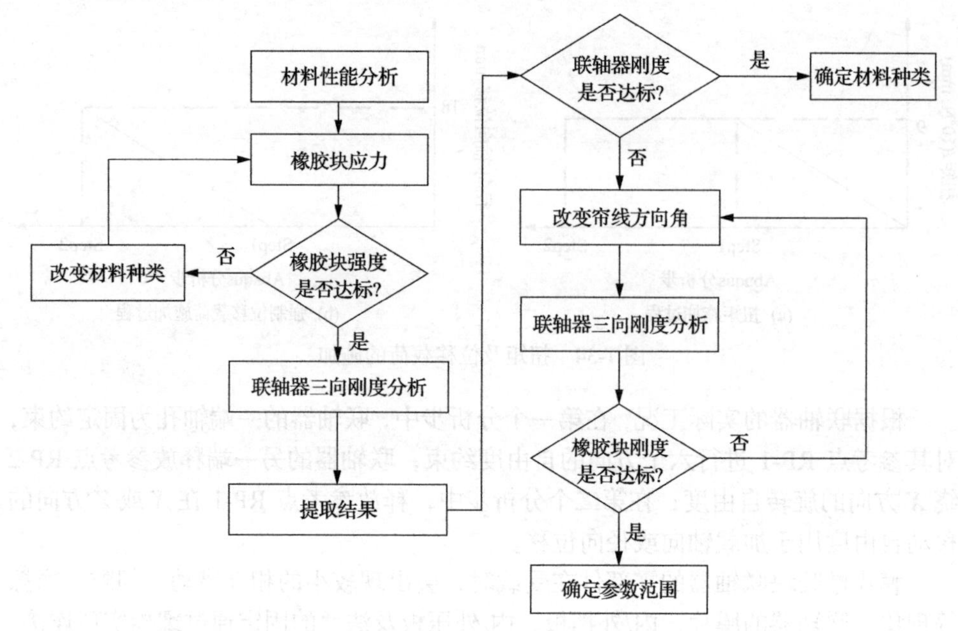

图1-35 大型膜片橡胶块联轴器静力学性能研究方案

1.7.1 联轴器数值计算的非线性问题及解决方案

非线性问题是指结构的刚度随其变形而改变的问题。橡胶式联轴器由于橡胶材料的超弹性、零部件接触边界具有非线性等特征，必须应用非线性算法求解才能得到合理的结果。按照引起计算非线性问题的原因，非线性问题包括材料非线性问题、几何非线性问题和边界条件非线性问题。下面针对膜片橡胶块联轴器在Abaqus平台上计算时出现的强烈非线性问题导致模型计算难以收敛的情况进行分析，并给出相应的解决方案。

1. 材料非线性问题

在橡胶材料非线性问题中，橡胶材料的物性方程中的应力-应变关系不再是线性的[9]。计算的非线性代数方程如下：

$$\varphi(\alpha)=P(\alpha)-Q=0 \tag{1-17}$$

式中，α为待求的未知参数；$P(\alpha)$为α的非线性函数向量；Q为独立于α的已知向量。在以位移为未知量的有限元分析中，α为节点位移向量，Q为节点载荷向量。方程的具体形式通常取决于问题的性质和离散的方法。

材料非线性方程组直接迭代法求解如下。

假设式(1-17)可以改写为

$$K(\alpha)\cdot\alpha = Q \tag{1-18}$$

其中

$$K(\alpha)\cdot\alpha = P(\alpha) \tag{1-19}$$

直接迭代法需要假定有某个初始的试探解:

$$\alpha = \alpha^{(0)} \tag{1-20}$$

将试探解代入式(1-18)的 $K(\alpha)$ 中，可以求得被改进以后的第一次近似解:

$$\alpha^{(1)} = (K^{(0)})\cdot Q \tag{1-21}$$

其中

$$K^{(0)} = K\cdot(\alpha^{(0)}) \tag{1-22}$$

重复上述过程，可以得到第 n 次近似解:

$$\alpha^{(n)} = (K^{(n-1)})^{-1}\cdot Q \tag{1-23}$$

一直到误差的某种范数小于规定的允许量 er，上述迭代过程终止，即

$$\|e\| = \|\alpha^{(n)} - \alpha^{(n-1)}\| \leqslant \mathrm{er} \tag{1-24}$$

由上述过程可以看到，要执行直接迭代法的计算，首先需要假设一个初始的试探解 $\alpha^{(0)}$。在材料非线性问题中，$\alpha^{(0)}$ 通常可以从求解的线弹性问题中得到。直接迭代法的每次迭代需要计算和形成新的刚度系数矩阵 $K(\alpha^{(n-1)})$，并对它进行求逆计算。关于直接迭代法的收敛性，可以认为当 $P(\alpha)-\alpha$ 是凸的情况时，通常解是收敛的，如图 1-36(a)所示；当 $P(\alpha)-\alpha$ 是凹的情况时，则解可能是发散的，如图 1-36(b)所示。

膜片橡胶块联轴器中的橡胶材料非线性是指材料的应变与应力之间的本构关系是非线性的，如图 1-37 所示，其表达式如下:

$$\{\sigma\}_e = [D]\{\varepsilon\}_e \tag{1-25}$$

式中，$\{\sigma\}_e$ 为单元节点应力矩阵；$[D]$为本构矩阵；$\{\varepsilon\}_e$ 为单元节点应变矩阵。利用 Abaqus 分析时，需要解决橡胶超弹性材料的输入问题。根据 1.4 节对橡胶材料超弹性本构模型的研究，得出了联轴器橡胶块最优 Mooney-Rivlin 本构模型及材料参数 C_{10}、C_{01}。运用 Abaqus 计算时，只需要在材料属性定义模块输入 Mooney-Rivlin 本构模型常数 C_{10}、C_{01} 即可完成超弹性材料的定义，通过 Abaqus

计算程序的迭代算法解决橡胶材料的非线性问题。

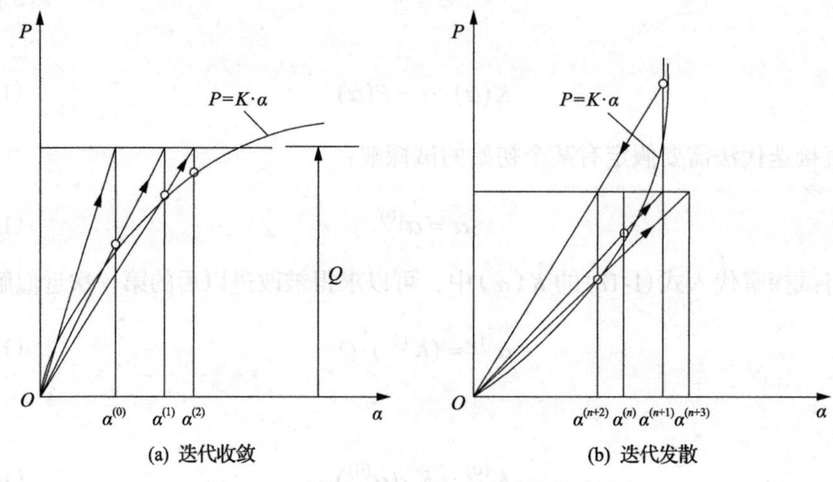

图 1-36　直接迭代法求解材料非线性方程组

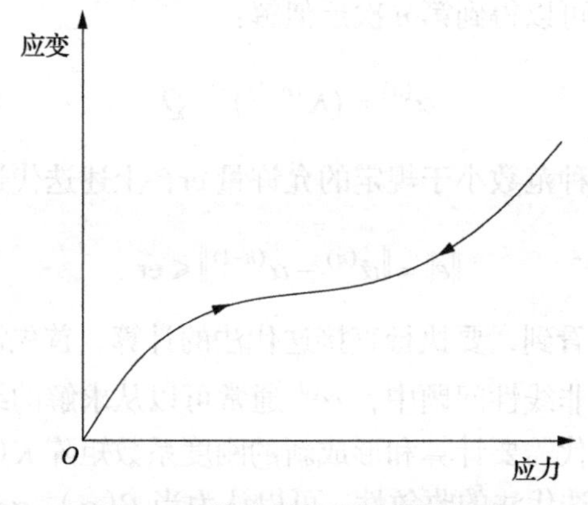

图 1-37　橡胶材料的超弹性曲线

2. 几何非线性问题

几何非线性是结构在一定载荷作用下，产生很大的位移或者转动引起的。此时，小变形假设不再成立，平衡条件必须建立在变形后的位形上，以考虑变形对平衡的影响。在涉及几何非线性问题的有限元法中，通常都采用增量分析的方法，这不仅是因为几何非线性问题可能涉及变形材料的非弹性，即使问题不涉及变形材料的非弹性，但是为了得到加载过程中应力和变形的演变过程，以及保证求解精度和稳定性，通常需要用增量方法求解。对于膜片橡胶块联轴器静力学问题，Abaqus 几何非线性的有限元求解算法如下。

对几何非线性问题完全拉格朗日格式及更新拉格朗日格式进行线性化处理后，虚位移原理对于完全拉格朗日格式[9]为

$$\int_{{}^0V} {}_0D_{ijkl}\,{}_0e_{kl}\delta_0 e_{ij}^0 \mathrm{d}V + \int_{{}^0V} {}_0^tS_{ij}\delta_0\eta_{ij}^0 \mathrm{d}V = {}^{t+\Delta t}W - \int_{{}^0V} {}_0^tS_{ij}\delta_0 e_{ij}^0 \mathrm{d}V \tag{1-26}$$

$$\int_{{}^tV} {}_tD_{ijkl}\,{}_te_{kl}\delta_t e_{ij}^t \mathrm{d}V + \int_{{}^tV} {}_0^t\tau_{ij}\delta_t\eta_{ij}^t \mathrm{d}V = {}^{t+\Delta t}W - \int_{{}^tV} {}_0^t\tau_{ij}\delta_t e_{ij}^t \mathrm{d}V \tag{1-27}$$

式中，t 和 Δt 分别为时间和时间增量；W 为应变能密度；D_{ijkl} 为本构张量；S_{ij} 为应力增量，其与应变增量 ε_{kl} 呈线性关系，即 $S_{ij}=D_{ijkl}\varepsilon_{kl}$；$e_{kl}$ 为置换符号；δ_t 为现时位移分量；τ_{ij} 为欧拉应力；η_{ij} 为关于位移增量的二次项。

式(1-26)和式(1-27)两个方程变分的结果将得到关于位移增量 u_i 的线性方程组，这是有限元解析的基础。用等差单元对求解域进行离散，每个单元内的坐标和位移可以用节点插值表示如下：

$${}^0x_i=\sum_{k=1}^{n}N_k\,{}^0x_i^k,\quad {}^tx_i=\sum_{k=1}^{n}N_k\,{}^tx_i^k,\quad {}^{t+\Delta t}x_i=\sum_{k=1}^{n}N_k\,{}^{t+\Delta t}x_i^k,\quad i=1,2,3 \tag{1-28}$$

$${}^tu_i=\sum_{k=1}^{n}N_k\,{}^tu_i^k,\quad u_i=\sum_{k=1}^{n}N_k u_i^k,\quad i=1,2,3 \tag{1-29}$$

式中，${}^tx_i^k$ 为节点 k 在时间 t 的 i 方向坐标分量；${}^tu_i^k$ 为节点 k 在时间 t 的 i 方向位移分量；其他分量 ${}^0x_i^k$、${}^{t+\Delta t}x_i^k$、u_i^k 的意义类似；N_k 为和节点 k 相关联的插值函数；n 为单元的节点数。

利用式(1-28)和式(1-29)能计算式(1-26)和式(1-27)中各个积分所包含的位移导数项。由式(1-26)可以导出用于计算完全拉格朗日格式的矩阵求解方程：

$$({}_0^tK_L+{}_0^tK_{NL})u={}^{t+\Delta t}Q-{}_0^tF \tag{1-30}$$

式中，u 为节点位移增量向量；${}^{t+\Delta t}Q$ 为节点载荷向量；${}_0^tK_L$、${}_0^tK_{NL}$ 和 ${}_0^tF$ 分别为各个单元的积分 $\int_{{}^0V}{}_0D_{ijrs}\,{}_0e_{rs}\delta_0e_{ij}^0\mathrm{d}V$、$\int_{{}^0V}{}_0^tS_{ij}\delta_0\eta_{ij}^0\mathrm{d}V$ 和 $\int_{{}^0V}{}_0^tS_{ij}\delta_0e_{ij}^0\mathrm{d}V$ 的集成，可表示为

$${}_0^tK_L=\sum_e\int_{{}^0V_e}{}_0^tB_L^{\mathrm{T}}\,{}_0[D]\,{}_0^tB_L^0\,\mathrm{d}V \tag{1-31}$$

$${}_0^tK_{NL}=\sum_e\int_{{}^0V_e}{}_0^tB_{NL}^{\mathrm{T}}\,{}_0^tS\,{}_0^tB_{NL}^0\,\mathrm{d}V \tag{1-32}$$

$${}_0^tF=\sum_e\int_{{}^0V_e}{}_0^tB_L^{\mathrm{T}}\,{}_0^t\hat{S}\,{}^0\,\mathrm{d}V \tag{1-33}$$

式中，${}_{0}^{t}B_{L}^{0}$和${}_{0}^{t}B_{NL}^{0}$分别为线性应变e_{ij}^{0}与非线性应变η_{ij}^{0}和位移的转换矩阵；$[D]$为材料本构矩阵；${}_{0}^{t}S$和${}_{0}^{t}\hat{S}^{0}$为第二类 Piola-Kirchhoff 应力矩阵和向量。所有这些矩阵和向量的元素是对应于时间 t 位形并参照于时间 0 位形确定的。

联轴器最大直径约 2m，在受到额定扭矩时发生大扭转，R-CF 结构中帘线层变形严重，如图 1-38 所示，其表现出高度的几何非线性状态，高度的几何非线性问题会导致计算不收敛。为此，基于以上几何非线性数值计算原理，本书通过减小 Abaqus 计算增量步，根据零部件的变形趋势划分网格，保证网格变形在合理的范围内，利用适当细化网格及缓慢过渡计算工况等方法，保证膜片橡胶块联轴器模型在计算时容易收敛。

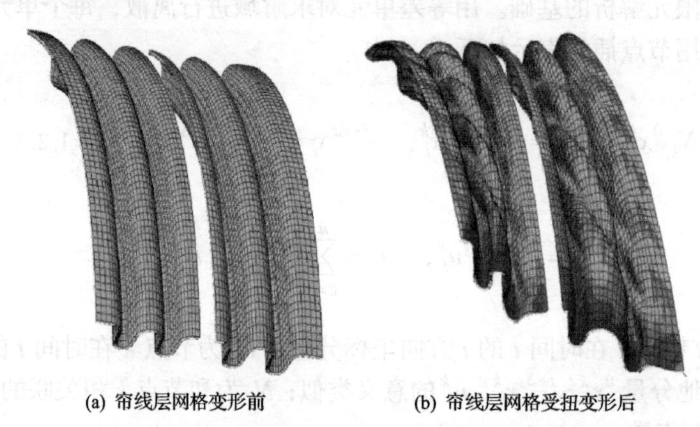

(a) 帘线层网格变形前　　(b) 帘线层网格受扭变形后

图 1-38　R-CF 结构中帘线层的几何非线性

3. 边界条件非线性问题

膜片橡胶块联轴器结构涉及多个零部件之间的接触。联轴器中法兰与压板、法兰与螺栓、法兰与橡胶块等零部件彼此接触时，垂直于接触面的力作用在彼此接触的零部件上，且接触面之间存在摩擦。零部件错动时会产生切向力，以阻碍相互的切向滑动，这是一种边界非线性力学行为[1]。在有限元分析中，接触条件是一类特殊的不连续约束，它允许力从模型的一部分传递到另一部分。只有当两个表面发生接触时才有约束产生，当两个接触面分开时，就不存在约束作用了，因此这种约束是不连续的。接触面之间的相互作用包含两方面内容：一方面是接触面之间的法向作用，另一方面是表面滑动及摩擦行为。每一种接触相互作用都可以代表一种接触特性，它定义了接触面之间相互作用的模型。

1) 接触面的法向行为

两个表面分开的距离称为间隙，当两个表面之间的间隙变为零时，在 Abaqus 中施加接触约束。在接触问题的公式中，对接触面之间能够传递的接触压力未做任何限制。当接触面之间的接触压力为零或负值时，两个接触面分离，且约束面被移开，这种法向接触类型称为“硬”接触[8]。图1-39描述了“硬”接触的接触压力与间隙的关系。当接触条件从间隙值为正到间隙值为零时，接触压力会发生剧烈的变化，可能使得接触模拟难以收敛。

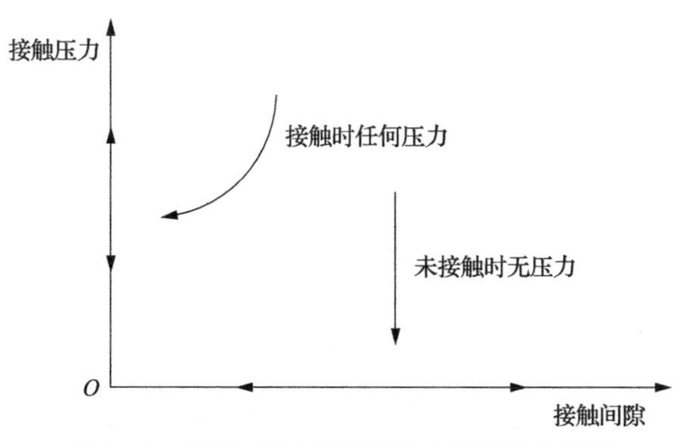

图1-39　“硬”接触的接触压力与间隙的关系

2) 表面的滑动及摩擦行为

除了要确定膜片橡胶块联轴器零部件某些节点是否发生接触，Abaqus分析还必须计算两个表面之间的相互滑动，这是一个非常复杂的计算过程。因此，Abaqus在分析时对滑动量的大小和滑动量级的有限性问题做了区分。当联轴器零部件表面发生接触时，接触面之间一般传递切向力和法向力。库仑摩擦模型是经常用来描述接触面之间相互作用的摩擦模型[4]，该模型应用摩擦系数μ来表征在两个表面之间的摩擦行为。Abaqus中默认的摩擦系数为零，在表面切向力达到一个临界剪应力之前，零部件的切向运动一直保持为零，临界剪应力取决于法向接触力，表达式如下：

$$\tau_{\text{crit}} = \mu p \tag{1-34}$$

式中，μ为摩擦系数；p为两接触面之间的接触压力；τ_{crit}为库仑摩擦力。图1-40中的实线描述了库仑摩擦模型的行为：当它们处于黏结状态时(剪应力小于μp)，表面之间的相对滑动为零。

膜片橡胶块联轴器在Abaqus分析时，零部件的接触状态在黏结和滑移两者之间的不连续可能会导致计算不收敛。联轴器零部件之间由于剪切力的存在会产生摩擦力，模拟联轴器零部件之间理想的摩擦行为是非常困难的，在大多数情况下，运用Abaqus提供的一种允许“弹性滑动”的罚摩擦公式。罚摩擦公式适用于大多数问题，能较好地模拟膜片橡胶块联轴器零部件之间的剪切摩擦力及错动行为。

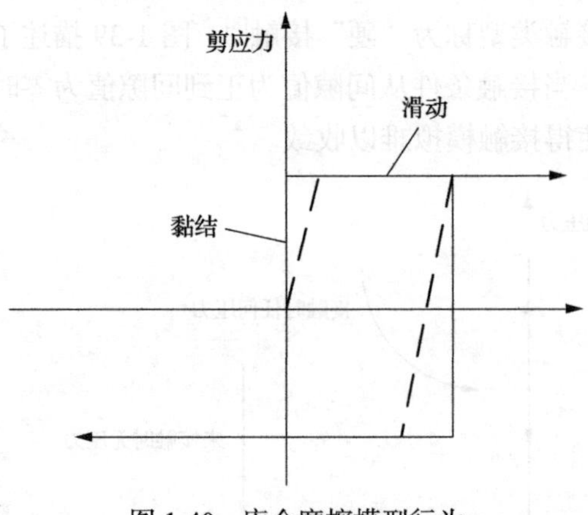

图 1-40　库仑摩擦模型行为

进行非线性有限元计算时，任何一种分析软件都需要解微分方程。而微分方程要有定解，就一定要引入条件，这些附加条件称为定解条件，边界条件就是定解条件的一种。橡胶块联轴器由上百个零件组成，各零件之间都为接触连接，形成了大规模的边界非线性。保证接触的稳定性是比较困难的，橡胶块联轴器通过 Abaqus 将每个零件之间定义为绑定关系，采用恰当的网格划分方法，对接触对进行合理设定、简化等处理，不仅解决了上述问题，同时也保证了分析结果的准确性和橡胶块联轴器的分析顺利进行。

1.7.2　橡胶材料对联轴器刚度及强度的影响

本节主要研究大型膜片橡胶块联轴器的静态性能，包括联轴器的扭转刚度、额定扭矩下的径向刚度、额定扭矩下的轴向刚度，以及 R-CF 结构在三种工况下的应力分布。联轴器主要由橡胶块组成，橡胶块所用的材料对联轴器整体性能的影响比较显著。为了设计出静态性能符合指标的联轴器，首先需要研究橡胶块材料对联轴器静态性能的影响，并选取合适的材料。基于 1.5 节对三种橡胶材料本构模型及材料常数的研究，下面将分析膜片橡胶块联轴器在三种材料下的静力学特性。

1. 联轴器零部件材料的添加

在添加橡胶材料时，选择 Mooney-Rivlin 本构模型计算出的材料常数作为 Abaqus 材料属性的输入，金属零部件及帘线材料参数如表 1-7 所示。

2. R-CF 结构中橡胶块的应力结果分析

通过 Abaqus 的后处理平台，可以得到大型膜片橡胶块联轴器在额定扭矩、额定扭矩&18mm 径向位移、额定扭矩&18mm 轴向位移三种工况下的联轴器整体应力分布，图 1-41 为联轴器在材料①橡胶块及额定扭矩工况下的应力分布。

表 1-7　金属零部件及帘线材料参数

参数	膜片	帘线	法兰类	压板及挡板类	螺栓
弹性模量/GPa	208	2180	200	200	215
泊松比	0.3	0.4	0.3	0.3	0.3
密度/(kg/m^3)	7800	1150	7800	7800	7800
帘线初定角度/(°)	—	45	—	—	—
帘线截面积/mm^2	—	0.43	—	—	—

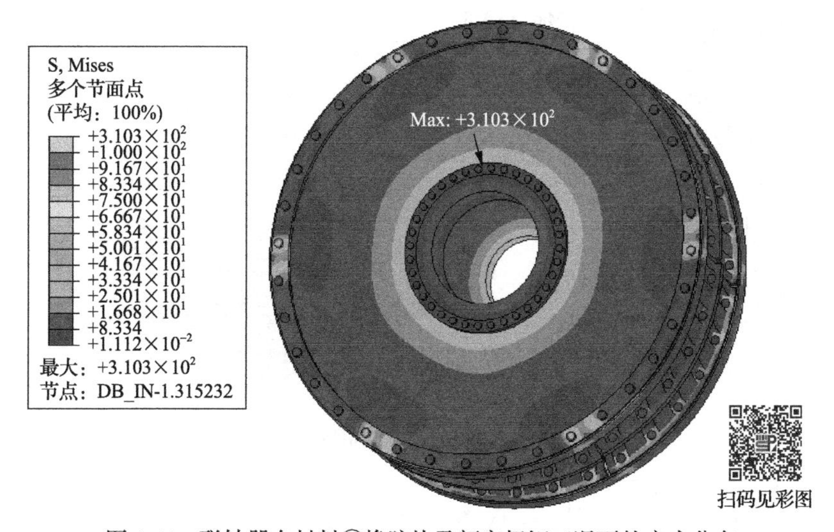

图 1-41　联轴器在材料①橡胶块及额定扭矩工况下的应力分布

1) 橡胶块材料采用材料①时的应力分布

由图 1-42 可得：①三种不同工况下橡胶块的应力及分布位置不同；②橡胶块在受到额定扭矩作用时最大应力为 3.011MPa，发生在橡胶块侧面嵌入帘线的位置附近；③在受到额定扭矩下的径向位移载荷时，最大应力为 3.458MPa，发生在橡胶块散热孔内壁嵌入帘线的位置附近；④在受到额定扭矩下的轴向位移载荷时，最大应力为 3.241MPa，分布在橡胶块散热孔内壁嵌入帘线的位置附近；⑤在三种工况下，橡胶块受到额定扭矩下的径向位移载荷时应力最大，受到额定扭矩作用时应力最小。将图 1-43 中未变形的橡胶块与图 1-42 中帘线孔位置的变形对比，得出橡胶块在受到扭矩作用时变形较大的结论。

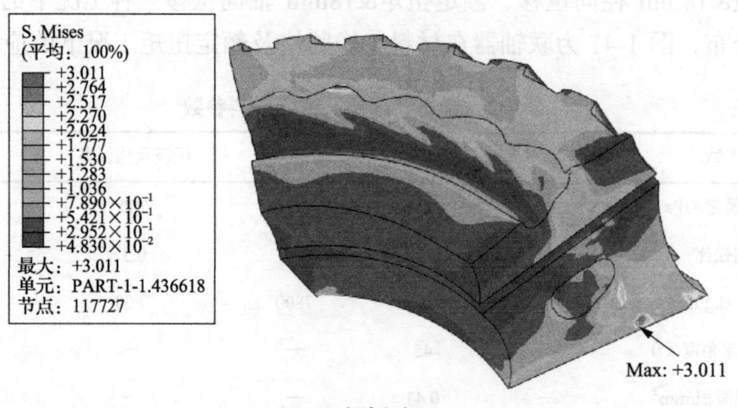

(a) 额定扭矩

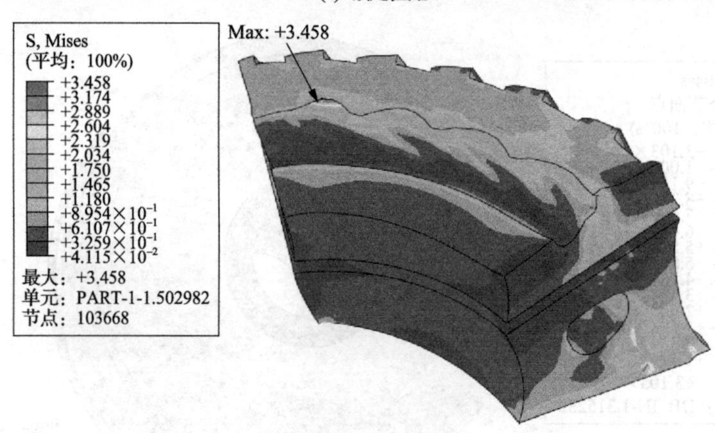

(b) 额定扭矩&18mm径向位移

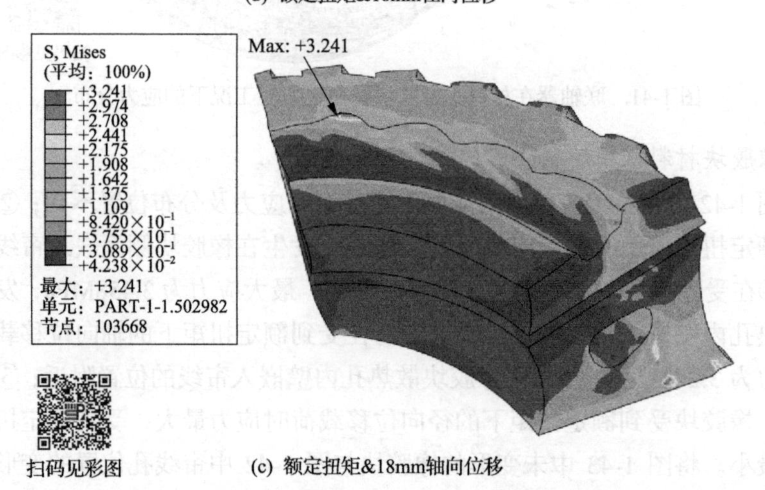

扫码见彩图

(c) 额定扭矩&18mm轴向位移

图 1-42　材料①的橡胶块在三种工况下的应力及变形

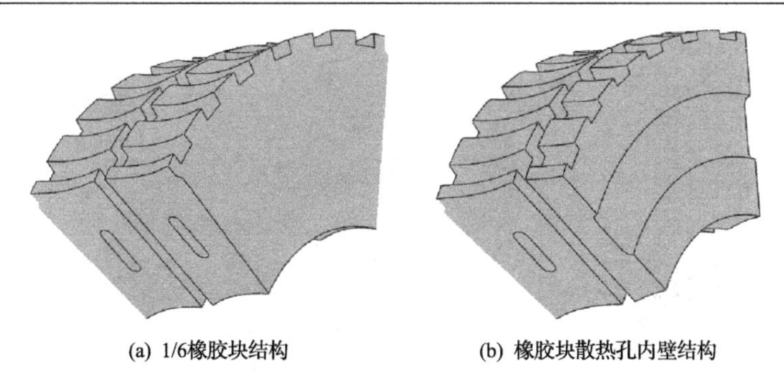

(a) 1/6橡胶块结构　　(b) 橡胶块散热孔内壁结构

图 1-43　橡胶块未变形形状

2) 橡胶块材料采用材料②时的应力分布

三种工况下的橡胶块会发生扭转及压缩变形，橡胶块扭转变形较大，变形及应力分布如图 1-44 所示。三种工况下橡胶块的最大应力不同：①橡胶块在受到额定扭矩作用时，最大应力为 2.908MPa；②在受到额定扭矩下的径向位移载荷

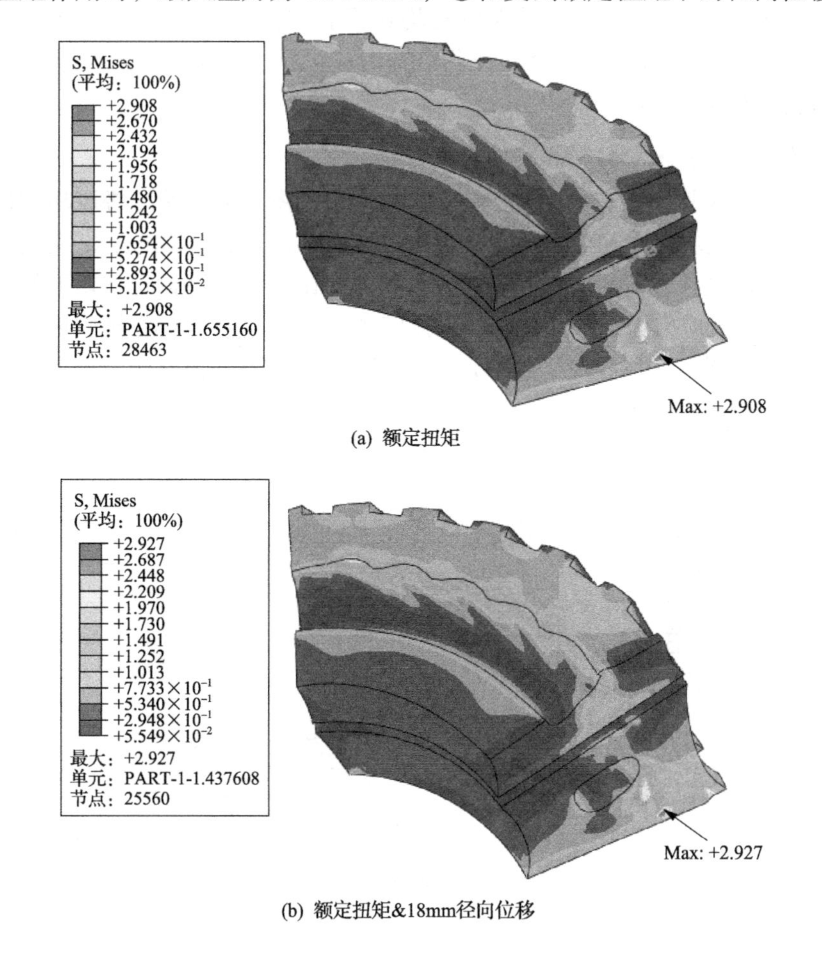

(a) 额定扭矩

(b) 额定扭矩&18mm径向位移

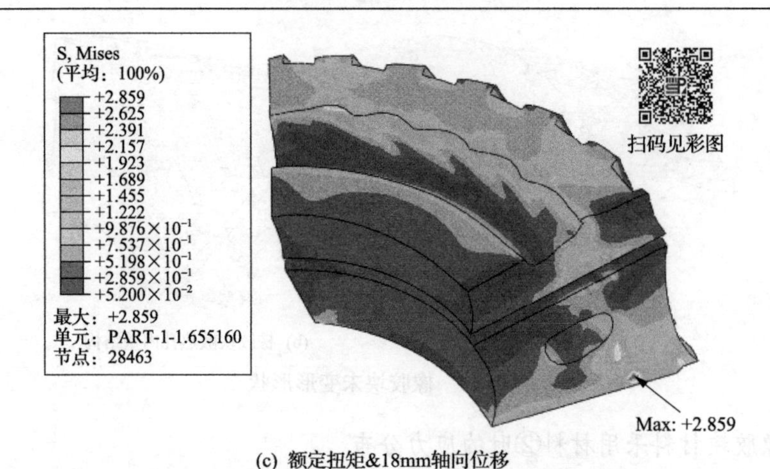

(c) 额定扭矩&18mm轴向位移

图 1-44　材料②的橡胶块在三种工况下的应力及变形

时，最大应力为 2.927MPa；③在受到额定扭矩下的轴向位移载荷时，最大应力为 2.859MPa；④三种工况应力最大位置均在橡胶块侧面嵌入帘线的位置附近；⑤橡胶块受到额定扭矩下的径向位移载荷时应力最大，受到额定扭矩下的轴向位移载荷时应力最小。

3) 橡胶块材料采用材料③时的应力分布

材料③的橡胶块在三种工况下的应力及变形如图 1-45 所示，橡胶块的最大应力不同：①橡胶块在受到额定扭矩作用时，最大应力为 2.784MPa；②在受到额定扭矩下的径向位移载荷时，最大应力为 2.871MPa；③在受到额定扭矩下的轴向位移载荷时，最大应力为 2.798MPa；④三种工况应力最大位置都在橡胶块侧面嵌入帘线的位置附近；⑤橡胶块受到额定扭矩下的径向位移载荷时应力最大，受到额定扭矩作用时应力最小。

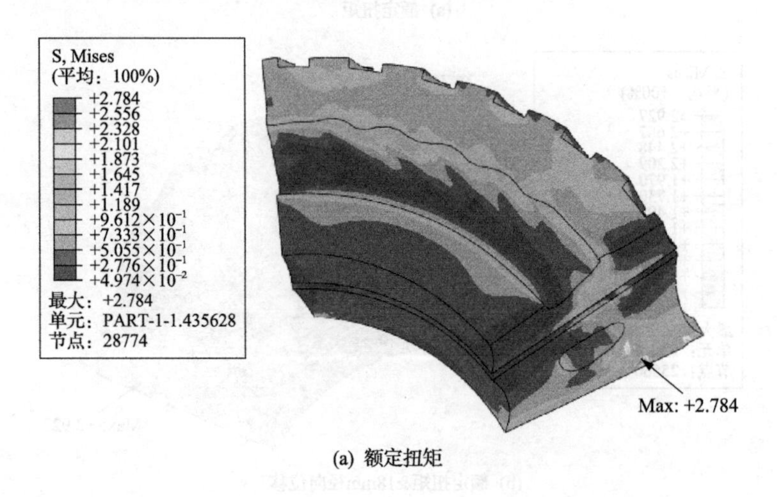

(a) 额定扭矩

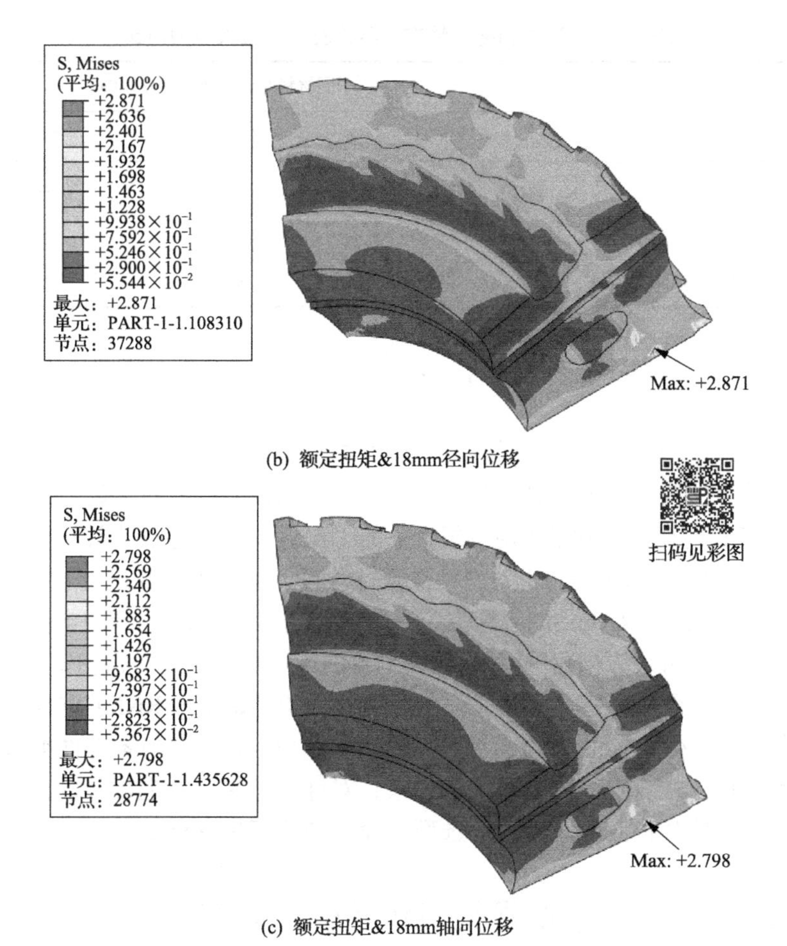

(b) 额定扭矩&18mm径向位移

(c) 额定扭矩&18mm轴向位移

图 1-45　材料③的橡胶块在三种工况下的应力及变形

将不同材料的橡胶块在不同工况下的最大应力进行对比，如表 1-8 所示，得到如下结论：

(1)使用材料①的橡胶块最大应力比其他两种材料的橡胶块最大应力大，且使用材料②的橡胶块最大应力大于使用材料③的橡胶块最大应力；

(2)额定扭矩&18mm 径向位移工况下的橡胶块最大应力大于另外两种工况，因此研究联轴器性能时，可以着重分析此工况的应力分布云图和数据，以便研究联轴器的强度性能；

(3)橡胶材料的种类对橡胶块最大应力有较显著的影响，联轴器的工况对橡胶块的最大应力有一定的影响；

(4)三种橡胶材料下的橡胶块最大应力均符合设计指标要求。

表 1-8　三种材料橡胶块在三种工况下的最大应力对比

联轴器工况	不同材料对应的最大应力/MPa		
	材料①	材料②	材料③
额定扭矩	3.011	2.908	2.784
额定扭矩&18mm 径向位移	3.458	2.927	2.871
额定扭矩&18mm 轴向位移	3.241	2.859	2.798

1.8　小　　结

本章通过比较五种常用超弹性材料的本构模型，详细介绍了每一种模型的应变能密度计算，为了获取五种超弹性橡胶材料本构模型的材料常数，选取不同的工程应力-工程应变状态和最大应变组合下的工程应力-工程应变来计算各本构模型的材料常数，在 Abaqus 平台上对三种橡胶材料的应力-应变曲线进行了拟合，通过比较得出了 Mooney-Rivlin 本构模型最合适作为橡胶块联轴器材料的本构模型的结论，同时得到了帘线方向角 α 对联轴器刚度的影响规律，即 $|\alpha_{Rebar}|\in[17°,28°]$ 时联轴器符合三向刚度指标。设定了三种工况，利用 Mooney-Rivlin 本构模型计算出了材料常数，在 Abaqus 中建立有限元模型，选择合适的分析零部件类型和网格单元类型，设置耦合点并施加载荷和约束，对计算结果云图进行分析，得到了一系列结论，对膜片橡胶块联轴器的选型、设计制造等具有重要意义。

本章常见问题及解决方案

问题一：橡胶类材料超弹体本构模型应该如何选择？

橡胶材料不同本构模型的材料常数不同，合理选择橡胶材料本构模型获取较准确的本构模型常数，是膜片橡胶块联轴器静力学特性分析的重要工作。为获取不同本构模型中的材料常数，结合联轴器橡胶块变形特性，利用不同应力-应变状态和不同最大应变下的应力-应变数据组合，根据最小二乘法拟合原理获得不同本构模型中的材料常数。通过对比各种本构模型拟合曲线与实测曲线(Test)的误差，可以得出橡胶块材料最优的本构模型及其对应的材料常数。

问题二：怎么得到与测试值最相近的橡胶块材料本构模型？

为了得到与测试值最相近的橡胶块材料本构模型，取其中不同应力-应变状态和最大应变进行组合，以得到不同本构模型在相同应力-应变状态和最大应变下的本构模型常数。其中，单轴拉伸实验选取两种应变水平(分别为 0.5、1.0)，平面剪切实验选取一种应变水平(为 1.0)，然后对三种橡胶材料的两种应变状态及不同的最大应变水平进行组合。

问题三：怎么通过实验测试橡胶材料在应变水平下的应力-应变关系？

实验过程中对橡胶试片进行缓慢循环加载(加载速度为 0.01mm/s)，橡胶试片被拉伸到设定的应变水平后，以相同的速度卸载到无应力状态，并在相同的应变水平下重复多次(通常为 5 次)。根据膜片橡胶块联轴器的实际载荷工况，橡胶块在受扭时应变范围为 0～1，因此在对橡胶试片进行应力-应变测试实验时，选取具有代表性的两种应变水平(分别为 0.5、1.0)，分别测试橡胶试片在这两种应变水平下的应力-应变关系。

问题四：联轴器最大直径约 2m，在受到额定扭矩时发生大扭转，橡胶变形严重，出现了高度的几何非线性状态。橡胶块中的帘线层在受扭时会发生卷曲，也会产生高度几何非线性。该如何解决呢？

可以通过减小计算增量步、适当细化网格、缓慢过渡来计算。

问题五：在橡胶块模型中定义有一定规律分布的帘线层。帘线层主要起增强整个联轴器刚度的作用，帘线是由交错的细线编织而成的，通过直接三维建模再划分网格是不可能达到帘线所表现的几何及物理性能的。该如何解决呢？

需要通过 Abaqus 自带的“Rebar”定义模块解决帘线建模问题。内容包括帘线三维材料参数、密度、间距、帘线方向角等，并将帘线嵌入橡胶块，使两者成为一个整体。

问题六：帘线方向角应该如何定义？

R-CF 结构中有八层帘线，其帘线层的分布形式为上下交错分布，且帘线方向角一正一负。

问题七：如何确定联轴器帘线的最优角度，以最优角度去指导联轴器帘线的设计？

以联轴器的扭转刚度、径向刚度、轴向刚度能否达到设计指标作为依据，判断联轴器帘线的不同角度下各个工况的刚度是否符合要求，发现仅当 R-CF 结构中帘线方向角$|\alpha_{\mathrm{Rebar}}|\in[17°,28°]$时合格，这对联轴器前期设计方案的改进及后续的制造工作有重要的指导意义。

问题八：联轴器收敛性该如何验证？

通过网格加密的方式，橡胶块网格加密前后计算得到的最大应力误差为 0.6%，且最大应力位置不变，说明橡胶块的应力逐渐趋于某一确定值，即原橡胶块应力收敛且可靠。

参 考 文 献

[1] Morman K N, Kao B G, Nagtegaal J C. Finite element analysis of viscoelastic elastomeric structures vibrating about non-linear statically stresses configurations [C]. 4th International Conference on Vehicle Structural Mechanics, 1981.

[2] Shangguan W B, Lu Z H, Shi J J. Finite element analysis of static elastic characteristics of the rubber isolators in automotive dynamic systems [C]. International SAE 2003 World Congress & Exhibition, 2003.

[3] Yeoh O H. On the Ogden strain-energy function [J]. Rubber Chemistry and Technology, 1997, 70(2): 175-182.

[4] 杨江兵. 挤压和扭转复合式弹性联轴器设计与研究[D]. 重庆: 重庆大学, 2013.

[5] 陈侃, 沈景凤, 余关仁, 等. 轨道用橡胶扣件 Mooney-Rivlin 模型参数确定及压缩变形的有限元模拟[J]. 机械工程材料, 2016, 40(4): 89-92.

[6] 危银涛, 杨挺青, 杜星文. 橡胶类材料大变形本构关系及其有限元方法[J]. 固体力学学报, 1999, 20: 281-289.

[7] 何小静, 上官文斌. 橡胶隔振器静态力-位移关系计算方法的研究[J]. 振动与冲击, 2012, 31(11): 91-97.

[8] 曹金凤, 石亦平. ABAQUS 有限元分析常见问题解答[M]. 北京: 机械工业出版社, 2009.

[9] 王勖成. 有限单元法[M]. 北京: 清华大学出版社, 2003.

第2章　联轴器动刚度性能和振级落差特性分析

2.1　研究背景及意义

随着造船技术的发展，人们对动力装置系统运行的安全性、可靠性和舒适性的要求越来越高，更多的船舶在动力装置中选用高弹性联轴器来解决轴系的振动与噪声问题。高弹性联轴器的主要弹性元件是扭转承载的橡胶组件，橡胶组件可设计成单排或多排，有多种标准刚度可供选择，可极大范围地满足扭振计算所确定的刚度要求。有的高弹性联轴器中还有轴向承载的膜片组件，膜片组件采用弹簧钢材料，因此具有极大的轴向承载和轴向位移补偿能力。

在船舶动力系统中使用高弹性联轴器的主要目的是传递功率和扭矩，补偿径向、轴向和角向对中误差，补偿旋转动量的振荡，调整系统自振频率。高弹性联轴器具有重量轻、安装方便、各向位移补偿量大、阻尼大、吸振能力强以及调频能力强等特点，能较好地保护主机、齿轮箱和轴系。但是，目前在使用了高弹性联轴器的船舶主推进装置中会发生一些故障，主要原因是没有正确地在船舶动力装置中使用高弹性联轴器[1]。

在大型膜片橡胶块联轴器实际工作时，只对联轴器的强度及静刚度性能进行分析是远远不够的，大型膜片橡胶块联轴器需要承受振动载荷的影响，因此需要研究联轴器在振动载荷下的抗变形能力。特别是当结构的振动频率达到固有频率时，会出现共振现象，造成结构破坏和失效[2]，因此研究联轴器的振动特性有重要的意义。此外，研究人员还需要考虑联轴器的隔振效果，通过研究联轴器在输入轴和输出轴之间的振级落差特性，研究其隔振性能，对联轴器结构的改良和振动的研究有重要的意义。

2.2　联轴器有限元模型

本章继续采用第1章的模型，膜片联轴器模型的基本结构、网格划分、模型约束、接触施加、额定工况、材料属性等内容和第1章相同，不再赘述。2.3节介绍联轴器的动刚度性能，2.4节介绍联轴器的振级落差特性。

2.3　联轴器动刚度性能分析

2.3.1　黏弹性材料参数的设定

按照第1章的网格划分方法，用HyperMesh软件对联轴器进行网格划分，保存为“*.inp”格式文件，导入Abaqus中进行膜片橡胶块联轴器的力学性能分析。根据材料参数进行联轴器各零部件材料属性的设置，橡胶材料具有黏弹性阻尼特性，对模型的振动能量产生消耗，因此在对其进行动态特性计算时，不仅要考虑橡胶的超弹性，还要考虑材料的黏弹性耗能特性，橡胶的黏弹性本构材料参数如表2-1所示。

表2-1　橡胶的黏弹性本构材料参数

频率/Hz	储能模量	损耗因子	损耗模量
1	1.025014	0.013423	0.013759
5	1.05239	0.0202	0.021258
10	1.05239	0.0214	0.022521
15	1.059417	0.022	0.023307
20	1.066303	0.0224	0.023885
25	1.073046	0.0227	0.024358
30	1.079648	0.0229	0.024724
40	1.092425	0.0233	0.025453
50	1.104634	0.0235	0.025959
60	1.116275	0.0238	0.026567
70	1.127348	0.024	0.027056
80	1.137854	0.0242	0.027536
90	1.147792	0.0243	0.027891
100	1.157161	0.0245	0.02835
110	1.165963	0.0246	0.028683
120	1.174197	0.0247	0.029003
130	1.181864	0.0249	0.029428
140	1.188962	0.025	0.029724
150	1.195492	0.0251	0.030007
160	1.201455	0.0252	0.030277
170	1.20685	0.0253	0.030533
180	1.211677	0.0254	0.030777
190	1.215936	0.0255	0.031006
200	1.219627	0.0255	0.0311

2.3.2　约束和载荷的确定

在有限元分析过程中，边界条件和载荷的施加均与分析步的设置有关，因此在不同的分析步中，应按照实际情况设置边界条件和施加载荷。在本章的膜片橡胶块联轴器模型中，首先将边界条件定义在初始步中，其次将扭转载荷(径向位移或轴向位移)定义在后续分析步中。

图 2-1 为在 Abaqus 中进行有限元分析时的膜片橡胶块联轴器的约束条件，这和 1.6.4 节设置相似。根据联轴器的实际工况，在初始分析步中，联轴器的一端轴孔为固定约束，可对其参考点 RP-1 进行三个方向平动自由度和三个方向转动自由度的全约束；在后续分析步中，联轴器的另一端释放参考点 RP-2 绕 X 方向的旋转自由度用于加载扭矩，或者释放参考点 RP-2 沿 X 或 Z 方向的移动自由度用于加载轴向或径向位移。考虑到橡胶材料的黏弹性，需要采用瞬态时域法完成动刚度的分析工作，故此分析步采用 Dynamic、Implicit。

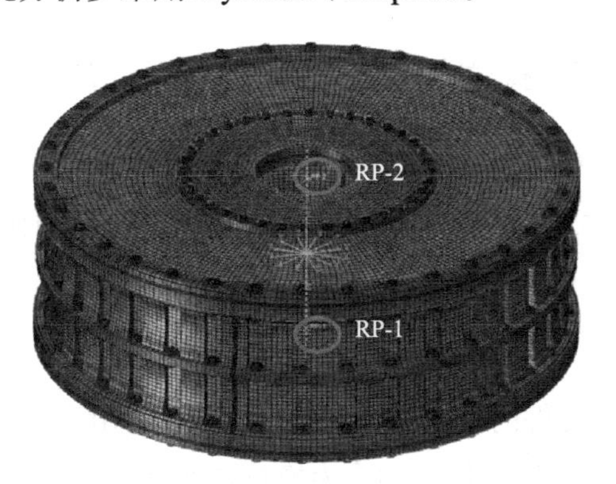

图 2-1　膜片橡胶块联轴器约束条件

其中，加载频率设定为 1～200Hz，包括 1Hz、5Hz、10Hz、15Hz、30Hz、50Hz、100Hz、150Hz、200Hz 等 9 个频率点；加载曲线为相应频率的正弦波(加载历程为两个周期)，加载幅值如下。

(1)扭转动刚度：10%及 20%的额定扭矩等两种工况；

(2)径向及轴向动刚度：2.5mm 及 5mm 两种位移载荷。

根据要求将每个频段分成两个周期，每个周期取 20 个点，总共 40 个点，该过程可在 Abaqus 的历史变量输出中设置输出频率为 $T/20$ 来实现，选取计算结果中稳定之后(第二个加载周期)的响应数据用于动刚度计算。

2.3.3　橡胶材料的动刚度特性

根据力学理论，材料在承受简谐激励的振动载荷下将产生交变的应力 σ 和应变ε，与弹性材料相比，黏弹性材料在简谐激励的振动载荷的作用时，应力σ和应变ε之间有一个相位差，即应变ε滞后于应力σ一个相位角ϕ，在简谐激励的情况下，应变ε与应力σ可由式(2-1)和式(2-2)表示[3]：

$$\varepsilon = \varepsilon_0 \mathrm{e}^{\mathrm{j}\omega t} \tag{2-1}$$

$$\sigma = \sigma_0 \mathrm{e}^{\mathrm{j}(\omega t+\phi)} \tag{2-2}$$

式中，σ_0为应力振幅最大值；ε_0为振幅应变最大值。由此可推导出橡胶材料在简谐激励工况下的复弹性模量：

$$\begin{aligned} E^* &= \frac{\sigma}{\varepsilon} = \frac{\sigma_0 \mathrm{e}^{\mathrm{j}(\omega t+\phi)}}{\varepsilon_0 \mathrm{e}^{\mathrm{j}\omega t}} = \frac{\sigma_0}{\varepsilon_0}\mathrm{e}^{\mathrm{j}\phi} = \frac{\sigma_0}{\varepsilon_0}\cos\phi + \mathrm{j}\frac{\sigma_0}{\varepsilon_0}\sin\phi \\ &= E' + \mathrm{j}E'' = E'(1+\mathrm{j}\tan\phi) = E'(1+\mathrm{j}\eta) \end{aligned} \tag{2-3}$$

式中，E'为黏弹性橡胶材料的同相、储能弹性模量；E''为黏弹性橡胶材料的正交、损耗弹性模量；$\eta = \dfrac{E''}{E'}$为黏弹性橡胶材料的损耗因子。

因此，在简谐激励工况下橡胶弹性元件的刚度采用复刚度来表示更为合理：

$$K^* = K'(1+\mathrm{j}\eta) = K' + \mathrm{j}K'\eta = K' + \mathrm{j}h \tag{2-4}$$

式中，K'为橡胶弹性元件的单向位移动刚度(同相动刚度)；h为橡胶材料阻尼特性的正交动刚度(结构阻尼系数)；K^*为橡胶弹性元件的复刚度。

在简谐振动中，黏弹性橡胶材料所需的激振力及振动方程为

$$\begin{aligned} F &= K^* x \\ x &= x_0 \mathrm{e}^{\mathrm{j}\omega t} = x_0(\cos\omega t + \mathrm{j}\sin\omega t) \end{aligned} \tag{2-5}$$

为推导公式方便，取其虚部得到式(2-6)：

$$x = \mathrm{Im}\, x_0 \mathrm{e}^{\mathrm{j}\omega t} = x_0 \sin\omega t \tag{2-6}$$

其相应的激振力也取虚部得到式(2-7)：

$$\begin{aligned} F &= \mathrm{Im}\left\{K^* x_0 \mathrm{e}^{\mathrm{j}\omega t}\right\} = K' x_0 \cdot \sin\omega t + K'\eta x_0 \cdot \cos\omega t \\ &= K' x + h x_0 \cos\omega t \end{aligned} \tag{2-7}$$

由 $\cos^2\omega t = 1-\sin^2\omega t = 1-\left(\dfrac{x}{x_0}\right)^2$ 得 $\cos\omega t = \pm\sqrt{1-\left(\dfrac{x}{x_0}\right)^2} = \pm\dfrac{1}{x_0}\sqrt{x_0^2-x^2}$

因此可得

$$F = K'x \pm h\sqrt{x_0^2 - x^2} \tag{2-8}$$

式(2-8)是一椭圆方程，如图 2-2 所示。

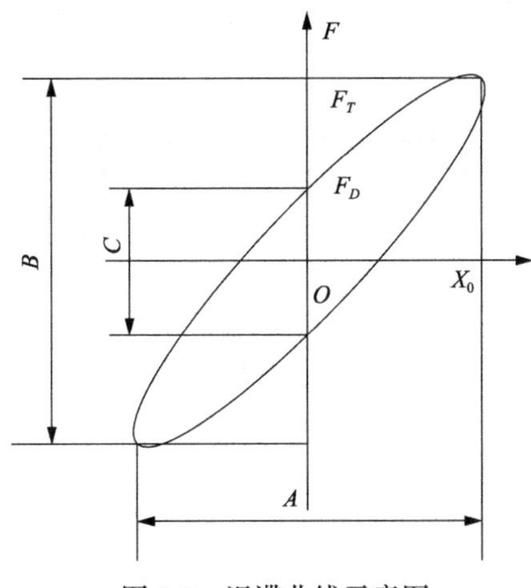

图 2-2　迟滞曲线示意图

动刚度的计算公式如下：

$$K_d = \frac{F_T}{X_0} = \frac{B}{A}\cdot\frac{b}{a} \tag{2-9}$$

式中，A 为最大位移在迟滞曲线上的双幅长度，mm；B 为与最大位移对应的传递力在迟滞曲线上的双幅长度，mm；a 为椭圆图上横坐标单位长度代表的位移，m/mm；b 为椭圆图上纵坐标单位长度代表的力，N/mm；F_T 为位移达到最大值时的传递力，N。

而橡胶材料在简谐激振过程中，每循环一周所消耗的能量就是这个椭圆的面积，如式(2-10)所示：

$$\Delta E = \int F\cdot \mathrm{d}x = \int\left(K'x \pm h\sqrt{x_0^2 - x^2}\right)\mathrm{d}x = \pi x_0^2 h = \pi x_0^2 K'\eta \tag{2-10}$$

由式(2-10)可知，橡胶材料每循环一周所消耗的能量与频率无关，其应力-应变循环形成的迟滞曲线所包含的面积等于内部阻尼消耗的功，面积的大小反映了橡胶材料的内部摩擦即阻尼的大小[4]。

在简谐激振过程中，虽然材料每循环一周所消耗的能量与频率无关，但是振动频率的不同(振动速度的变化)能够改变应力-应变的循环路径，因此不同频率下的动刚度也会发生改变。

2.3.4 膜片橡胶块联轴器动刚度计算结果和分析

根据 2.3.3 节阐述的橡胶材料的动刚度特性和计算方法，即可计算出联轴器在各个频率和载荷下的动刚度。双帘线联轴器在 10%额定扭矩(加载 1Hz 频率)工况下得到的扭转角度如表 2-2 所示、迟滞曲线如图 2-3 所示、扭转动刚度的计算如式(2-11)所示。

表 2-2 双帘线联轴器在 10%额定扭矩(加载 1Hz 频率)工况下得到的扭转角度

时间/s	扭矩/(N·mm)	扭转角度/rad	滤波后的扭转角度/rad
0	5.65487	0	0.00403
0.05	2.78×10^7	0.00453946	0.01175
0.1	5.29×10^7	0.0185241	0.01838
0.15	7.28×10^7	0.023971	0.02329
0.2	8.56×10^7	0.0217101	0.02603
0.25	9.00×10^7	0.0273075	0.02635
0.3	8.56×10^7	0.0294194	0.0242
0.35	7.28×10^7	0.019222	0.0198
0.4	5.29×10^7	0.01374	0.01356
0.45	2.78×10^7	0.0122306	0.00605
0.5	−211.177	−0.00029259	−0.00203
0.55	-2.78×10^7	−0.0120226	−0.00991
0.6	-5.29×10^7	−0.013305	−0.01687
0.65	-7.28×10^7	−0.0197606	−0.02226
0.7	-8.56×10^7	−0.0294888	−0.02558
0.75	-9.00×10^7	−0.0267175	−0.02651
0.8	-8.56×10^7	−0.0220695	−0.02497
0.85	-7.28×10^7	−0.0243318	−0.02111
0.9	-5.29×10^7	−0.0178969	−0.01527
0.95	-2.78×10^7	−0.00461032	−0.00802
1	422.354	−0.00027939	−1.63E-05
1.05	2.78×10^7	0.00481904	0.00799

续表

时间/s	扭矩/(N·mm)	扭转角度/rad	滤波后的扭转角度/rad
1.1	5.29×10^7	0.0183095	0.01525
1.15	7.28×10^7	0.0238134	0.02108
1.2	8.56×10^7	0.0220237	0.02495
1.25	9.00×10^7	0.0272791	0.0265
1.3	8.56×10^7	0.0291132	0.02557
1.35	7.28×10^7	0.0194328	0.02226
1.4	5.29×10^7	0.0139282	0.01688
1.45	2.78×10^7	0.0119085	0.00992
1.5	−633.531	−0.00029214	0.00203
1.55	-2.78×10^7	−0.0117023	−0.00604
1.6	-5.29×10^7	−0.0134914	−0.01355
1.65	-7.28×10^7	−0.0199621	−0.0198
1.7	-8.56×10^7	−0.0291861	−0.02421
1.75	-9.00×10^7	−0.0266952	−0.02635
1.8	-8.56×10^7	−0.022377	−0.02605
1.85	-7.28×10^7	−0.024171	−0.02331
1.9	-5.29×10^7	−0.0176939	−0.01841
1.95	-2.78×10^7	−0.0048879	−0.01178
2	844.708	−0.00030925	−0.00407

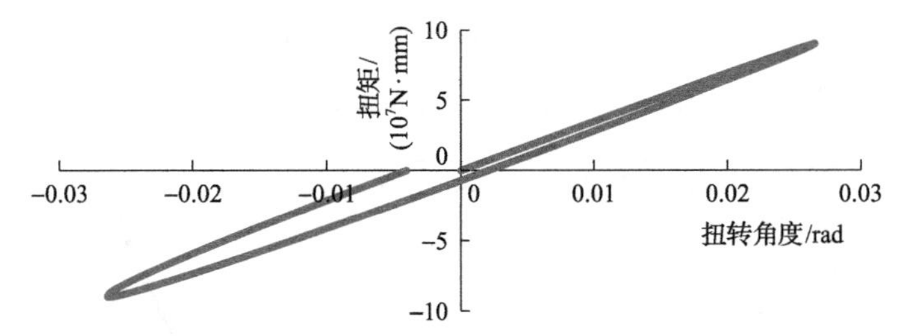

图 2-3　双帘线联轴器在 10%额定扭矩(加载 1Hz 频率)工况下得到的迟滞曲线

选取计算结果中稳定之后(第二个加载周期)的响应数据画出迟滞曲线。由式(2-9)可知，此时的扭转动刚度为

$$K_d=\frac{9\times10^7+9\times10^7}{0.0265+0.02635}=3.406\times10^9\,\mathrm{N\cdot mm/rad} \tag{2-11}$$

将各个工况下动刚度的计算数据进行汇总，如表2-3所示。由图2-4可知，双帘线联轴器在10%和20%的额定扭矩工况下，扭转动刚度随着频率的增大而增大，当扭转载荷变大时，扭转动刚度随之减小，载荷对扭转动刚度的影响比频率对扭转动刚度的影响小。由图2-5可知，双帘线联轴器在径向位移工况下，径向动刚度随着频率的增大而增大，当径向位移变大时，径向动刚度随之变大，载荷对径向动刚度的影响比频率对径向动刚度的影响小。由图2-6可知，双帘线联轴器在轴向位移工况下，轴向动刚度随着频率的增大而增大，在130Hz之前，当轴向位移变大时，轴向动刚度随之变大，但是在130Hz之后(高频时)，轴向动刚度随着位移的变大而减小，载荷对轴向动刚度的影响比频率对轴向动刚度的影响小。将三种工况组合对比，额定扭转工况下动刚度最大，径向位移工况下动刚度较小，轴向位移工况下动刚度最小。各种工况的动刚度特点为研究双帘线联轴器的性能提供了方法和依据，因此可以重点关注动刚度较大的工况或以此来调整双帘线联轴器结构，避免其产生破坏。

表2-3　动刚度数据　(单位：N·mm/rad)

频率/Hz	工况					
	10%额定扭矩	20%额定扭矩	2.5mm轴向位移	5mm轴向位移	2.5mm径向位移	5mm径向位移
1	3.41×10^{9}	3.40×10^{9}	1.67×10^{2}	2.84×10^{2}	1.59×10^{3}	1.65×10^{3}
5	9.22×10^{8}	9.05×10^{8}	1.71×10^{3}	2.92×10^{3}	4.5×10^{3}	2.24×10^{3}
10	3.83×10^{9}	3.84×10^{9}	7.00×10^{2}	1.02×10^{3}	3.15×10^{3}	1.72×10^{3}
15	3.32×10^{10}	3.17×10^{10}	4.70×10^{2}	3.28×10^{3}	1.99×10^{4}	9.38×10^{3}
30	3.36×10^{10}	3.27×10^{10}	3.64×10^{3}	1.53×10^{4}	5.37×10^{4}	5.45×10^{4}
50	9.38×10^{10}	8.61×10^{10}	1.09×10^{4}	3.23×10^{4}	1.79×10^{5}	1.62×10^{5}
100	3.73×10^{11}	2.60×10^{11}	2.75×10^{4}	1.31×10^{5}	7.60×10^{5}	7.68×10^{5}
150	6.21×10^{11}	5.87×10^{11}	4.85×10^{5}	4.36×10^{5}	1.60×10^{6}	1.76×10^{6}
200	1.24×10^{12}	1.18×10^{11}	5.28×10^{5}	5.12×10^{5}	3.26×10^{6}	3.33×10^{6}

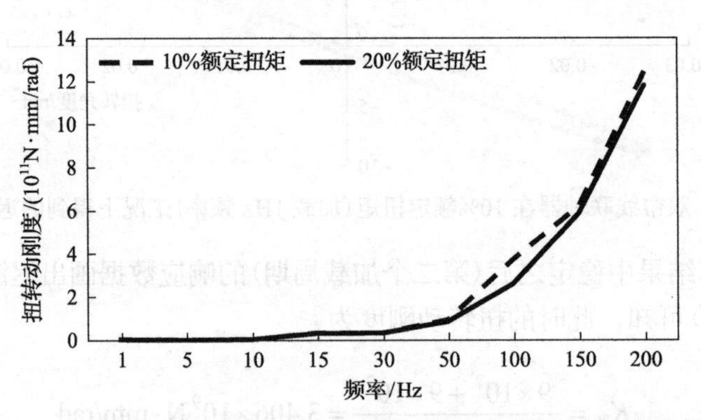

图2-4　在10%和20%额定扭矩工况下扭转动刚度随频率的变化

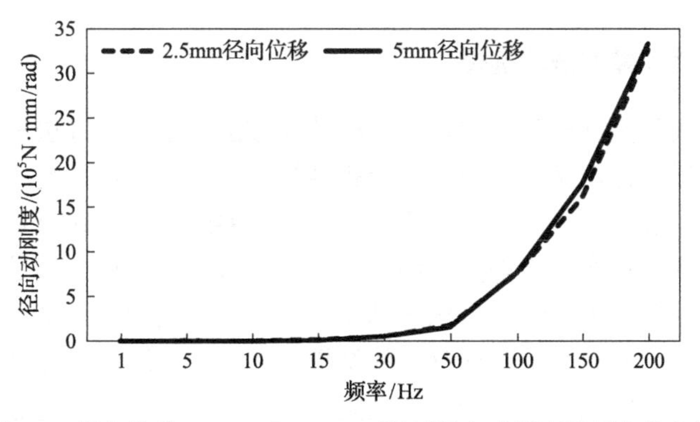

图 2-5　径向位移 2.5mm 和 5mm 工况下径向动刚度随频率的变化

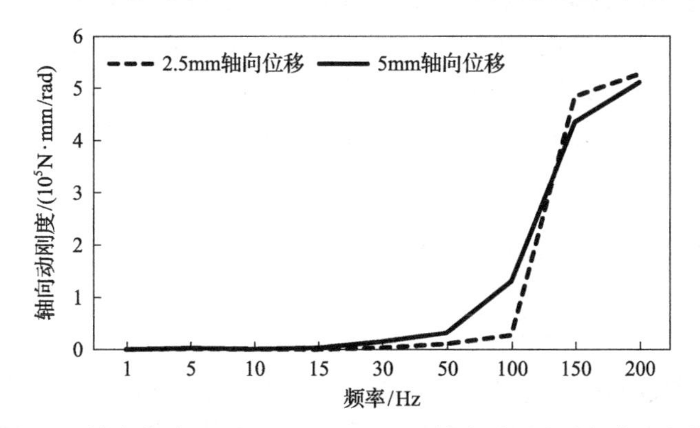

图 2-6　轴向位移 2.5mm 和 5mm 工况下轴向动刚度随频率的变化

2.4　联轴器振级落差特性分析

本节在自由、弹性、固定、质量四种边界条件下对联轴器进行预应力模态分析，提取 10～2000Hz 频率范围的固有频率和振型。根据实测响应谱加载条件，采用频域法完成联轴器在 10～8000Hz 频率范围的振级落差特性分析。振级落差特性分析在自由、弹性、固定、质量四种给定边界条件下进行；振级落差要求分别计算联轴器的轴向、径向、扭转三个方向的振级及振级落差数据，计算结果以 1/3 频程表示。

对联轴器进行模态分析，当联轴器刚度较小时，模型的固有频率很低，到一定模态阶数后固有频率变化不再明显，多为局部振动，且重复固有频率较多。计算 2000Hz 的固有频率很难实现，因此只需要计算前 100 阶模态，得出前 100 阶固有频率，并提取前 100 阶中对整体振动影响较大且具有代表性的模态振型进行分析研究。

2.4.1 振级落差计算方法的选择

在进行振级落差分析时，主要有三种计算方法。第一种方法是模态叠加法，在模态分析步后进行定义，利用模态分析结果计算模型的振动响应，此方法的优点是计算速度较快，可以直接在分析步中定义临界阻尼比；缺点是不能计算联轴器高频固有频率，每次计算都要调用模态分析结果。第二种方法是直接积分法，该方法采用摄动分析步中的直接稳态动态分析，此方法的优点是不用计算固有频率，可以直接计算振动响应，计算出的结果文件较小；缺点是计算速度较慢，只能在材料中定义阻尼比且需要计算瑞利阻尼参数。第三种方法是显式动态分析算法，该方法可以计算某一频率冲击载荷激励下系统的时域响应，将结果导入 MATLAB 进行傅里叶变换得到频域响应数据，优点是通过 MATLAB 进行傅里叶变换可以直接得到频域响应数据；缺点是每次只能计算一个频率点，因此计算量庞大且数据处理较为麻烦。在综合考虑计算精度与计算机资源占用等因素的前提下，本章选择直接积分法作为振级落差的计算方法。

2.4.2 联轴器的材料参数及边界条件

1. 材料阻尼参数的设定

材料阻尼参数的设定与动刚度性能分析中的设定一样，在联轴器振级落差分析中将总体阻尼矩阵假设为刚度矩阵和质量矩阵的线性组合[5]，即瑞利阻尼为

$$[C]=\alpha[M]+\beta[K] \tag{2-12}$$

式中，$[M]$为质量矩阵；$[K]$为刚度矩阵；α、β为比例系数。

为了更准确地得到α和β，本节先对模型进行 100 阶模态分析，得到模态的固有频率，然后利用式(2-13)求得α和β。

$$\alpha=\frac{2\left[\sum(\xi_i/\omega_i)\sum\omega_i^2-q\sum(\omega_i\xi_i)\right]}{\sum(1/\omega_i)\sum\omega_i^2-q^2},\quad \beta=\frac{2\left[\sum\left(1/\omega_i^2\right)\sum(\omega_i\xi_i)-q\sum(\xi_i/\omega_i)\right]}{\sum\left(1/\omega_i^2\right)\sum\omega_i^2-q^2} \tag{2-13}$$

式中，ω_i为第 i 阶固有圆频率；ξ_i为该频率下的阻尼比；q为所取模态的阶数。

2. 在 Abaqus 平台中建立分析模型

施加扭转预应力后，在计算模态及振级落差时，静态分析步中要求在输出端添加一定的约束以免发生刚体位移，同时设置的约束不能影响指定工况下联轴器的振动特性[6]。在 Abaqus 中建立的分析模型如图 2-7 所示，为模拟实际工况下联

轴器的输入、输出情况，分别在输入端和输出端建立参考点(RP-1、RP-2)，并与轴圈建立 Coupling(耦合)，在图 2-7 右端的输出端添加一个弹性单元(Bush 单元)来模拟后续结构对联轴器的作用。该弹性单元相当于六个弹簧，可以设置三个平动刚度和三个转动刚度。通过设置 Bush 单元中六个方向刚度来实现输出端约束的添加。Bush 单元的刚度通过自由模态分析的数据估算得到。模态分析及动态响应分析步均会自动忽略接触，因此对整个模型采取合并重合节点的方法进行处理。

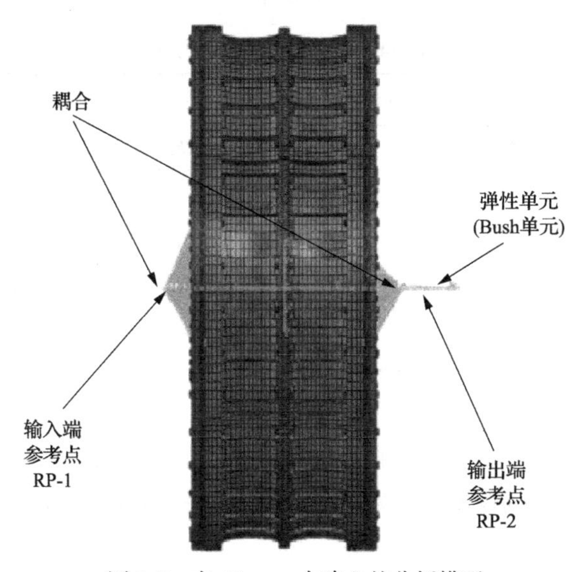

图 2-7　在 Abaqus 中建立的分析模型

3. 边界条件的设定

1) 输出端 Bush 单元刚度的设定

在预应力模态分析及振级落差特性分析过程中，需要计算给定扭矩作用下的联轴器在不同边界下的振级落差特性，联轴器输出端边界条件如下：

(1)输出端自由；

(2)输出端固定；

(3)输出端连接轴向刚度为1×10^9 N/m 的弹性单元；

(4)输出端连接ϕ370mm×1000mm 的轴段。

计算过程中，扭矩的施加需要通过静态分析步完成，因此所有工况必须对联轴器施加足够的约束以避免发生刚体位移。约束对模态及落差结果具有较大的影响，因此为了实现在约束足够的同时又不影响联轴器的振动特性，需要对约束条件的选取进行分析。本节通过 Bush 单元各个方向的刚度来控制约束的添加。联轴器在自由状态下的固有频率特性决定了约束刚度，因此自由模态分析时可通过式(2-14)计算刚度：

$$K = (2\pi f)^2 J \tag{2-14}$$

式中，f为固有频率；J为联轴器的质量或转动惯量。

各个边界条件的刚度可以通过式(2-14)所得的刚度进行估算。经计算，最终确定的四种边界条件的刚度如表 2-4 所示。

表 2-4　模型 Bush 单元刚度

边界条件	平动刚度/(N/m)			转动刚度/(N·m/rad)		
	k_x	k_y	k_z	$k_{\theta x}$	$k_{\theta y}$	$k_{\theta z}$
自由边界	0	1×10^2	0	0	1×10^5	0
固定边界	0	1×10^8	0	0	1×10^8	0
弹性边界	0	2×10^5	0	0	2×10^6	0
质量边界	0	1×10^2	0	0	1×10^5	0

2) 约束的设定

由图 2-7 可知，当进行完全自由模态计算时，需要放开模型所有的自由度；当考虑弹性单元刚度进行模态计算时，Bush 单元一端接输出端耦合点，另一端完全约束。

当进行振级落差计算时，Bush 单元一端接输出端耦合点，另一端完全约束，在输入端除了施加激励及扭矩的方向需要放开自由度，其他方向均采用固定约束的方式。

2.4.3　膜片橡胶块联轴器的模态分析及结果

模态分析计算完全自由状态下，模态和输出端连接四种弹性单元的四种边界情况下联轴器的预应力模态，其中预应力模态中的静态分析步在输入端施加轴向 9×10^9 N·mm 的扭矩，得到完全自由边界模态分析的前 100 阶固有频率，如图 2-8 所示。

提取对整体振动特性影响较大的模态振型，得到完全自由边界条件下联轴器的部分阶次振型如图 2-9 所示，其他边界条件下的模态振型就不再重复展示。在输出端添加弹性单元后，得到自由边界模态分析的前 100 阶固有频率如图 2-10 所示，弹性边界模态分析的前 100 阶固有频率如图 2-11 所示，固定边界模态分析的前 100 阶固有频率如图 2-12 所示，质量边界模态分析的前 100 阶固有频率如图 2-13 所示。通过对比分析各个边界条件的固有频率可知，橡胶块联轴器的模态固有频率较低，前 100 阶模态固有频率都低于 70Hz，模态阶数 100 阶以后固有频率渐趋平稳，而 50Hz 以后的模态振型多为局部振型，对整体振动特性影响不大。

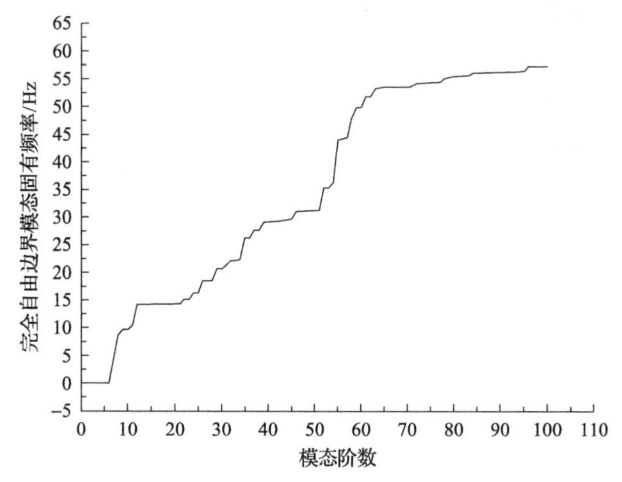

图 2-8　完全自由边界模态分析的前 100 阶固有频率

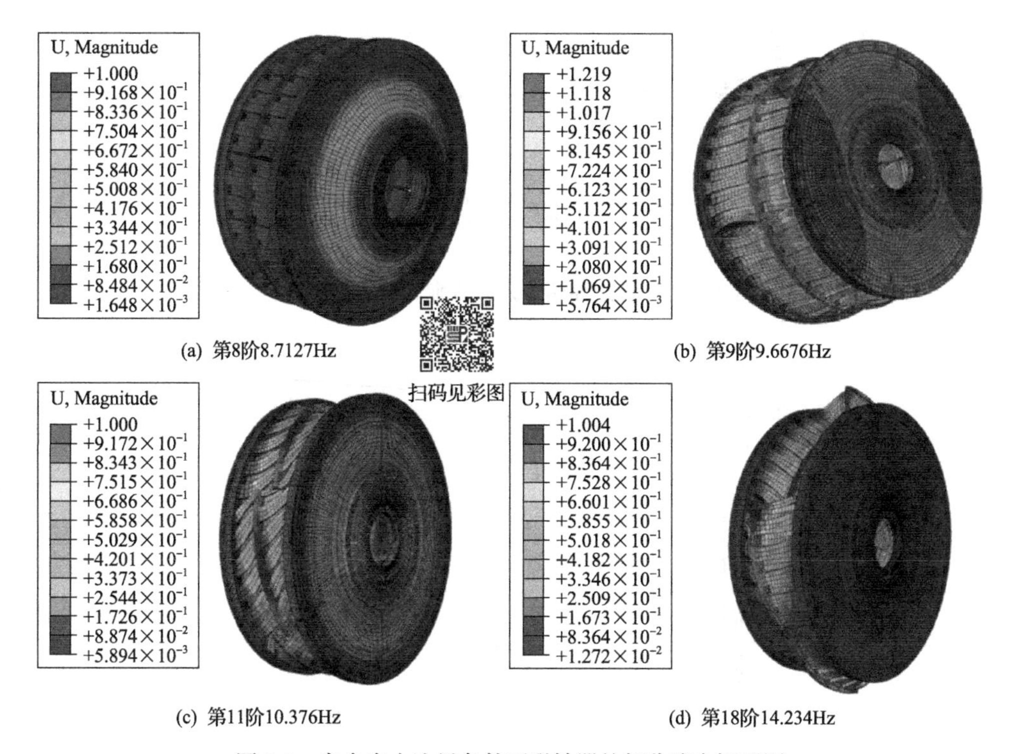

(a) 第8阶8.7127Hz　(b) 第9阶9.6676Hz

(c) 第11阶10.376Hz　(d) 第18阶14.234Hz

图 2-9　完全自由边界条件下联轴器的部分阶次振型图

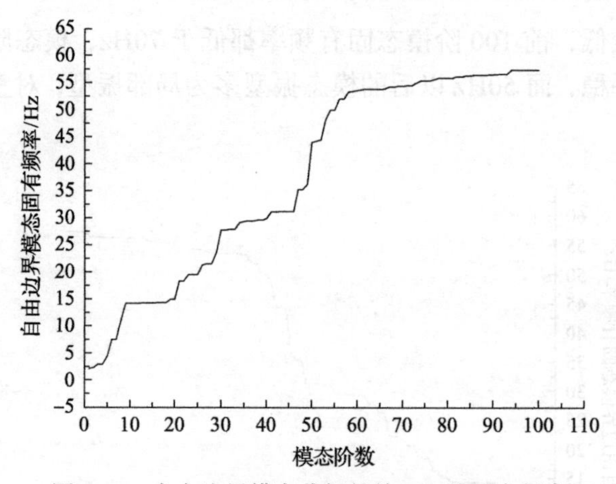

图 2-10　自由边界模态分析的前 100 阶固有频率

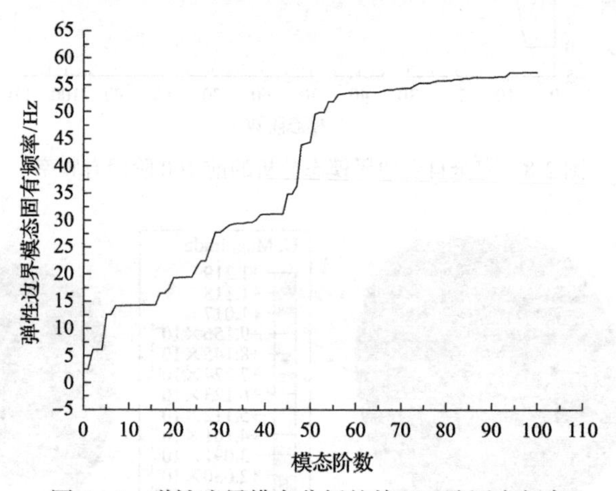

图 2-11　弹性边界模态分析的前 100 阶固有频率

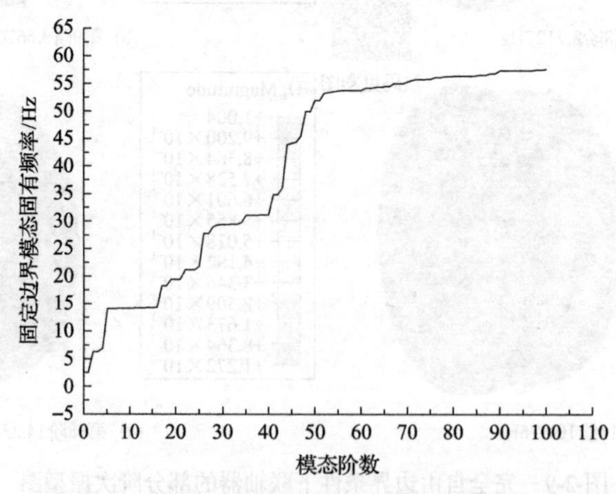

图 2-12　固定边界模态分析的前 100 阶固有频率

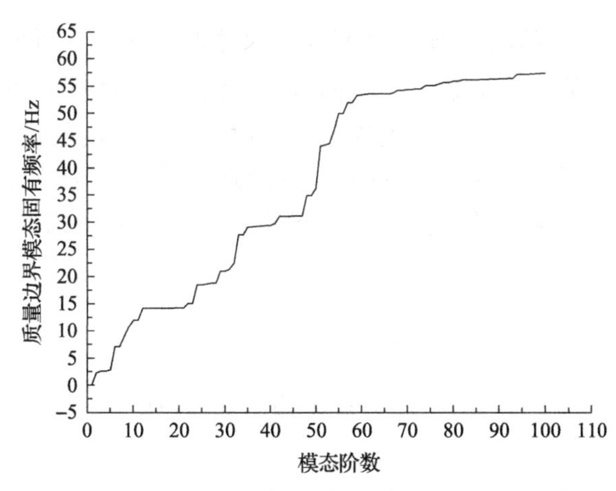

图 2-13　质量边界模态分析的前 100 阶固有频率

各边界条件下第一阶轴向、径向及扭转振型出现的频率如表 2-5 所示，在不加载预应力的情况下，随着输出端刚度增加，固有频率增大，轴向和扭转刚度降低。由表 2-5 可知，不同边界条件下的第一阶轴向、径向及扭转振型并不相同，可见刚度对固有频率和振型都有影响[7]。

表 2-5　各边界条件下第一阶轴向、径向及扭转振型出现的频率

工况	各边界条件下出现的频率/Hz					
	完全自由	自由边界（无预应力）	自由边界（预应力）	弹性边界（预应力）	固定边界（预应力）	质量边界（预应力）
第一阶轴向	4.214	4.215	4.366	2.736	2.743	2.820
第一阶径向	9.667	9.680	7.487	6.036	6.315	7.070
第一阶扭转	10.380	10.413	11.190	6.093	6.922	10.710

2.4.4　膜片橡胶块联轴器的振级落差分析及结果

振动量通常用级来度量，单位为 dB，通过实验和理论计算，可以得到各测点的振动加速度 a，单位为 $\mathrm{m/s^2}$，利用式(2-15)可以得到测试点加速度振级 La。

$$\mathrm{La} = 20\lg(a / a_0) \tag{2-15}$$

式中，a_0 为参考值，$a_0=10^{-6}\mathrm{m/s^2}$。设 N 个频率下的加速度振级分别为 La_1、La_2、…、La_N，由经验公式可知，振动加速度总振级计算公式为

$$\mathrm{La}\sum = 10\lg\left(\sum_{i=1}^{N} 10^{\mathrm{La}_i/10}\right) \tag{2-16}$$

针对有帘线、无帘线、正常尺寸和缩比尺寸四种模型进行振级落差计算时，在表 2-4 所示边界条件的基础上，联轴器模型输入端施加 $9\times10^{9}\,\mathrm{N\cdot m}$ 的扭矩。实测响应谱的输入包括三个方向的加速度激励。三个方向的加速度激励曲线如图 2-14～图 2-16 所示，得到三个方向加速度激励的振级曲线如图 2-17～图 2-19 所示。白噪声的输入通过施加正弦力来模拟，振级落差可以通过式(2-17)进行计算：

$$L_p = \mathrm{La}_2 - \mathrm{La}_1 \tag{2-17}$$

式中，La_1 为输入端加速度绝对值；La_2 为输出端加速度绝对值。

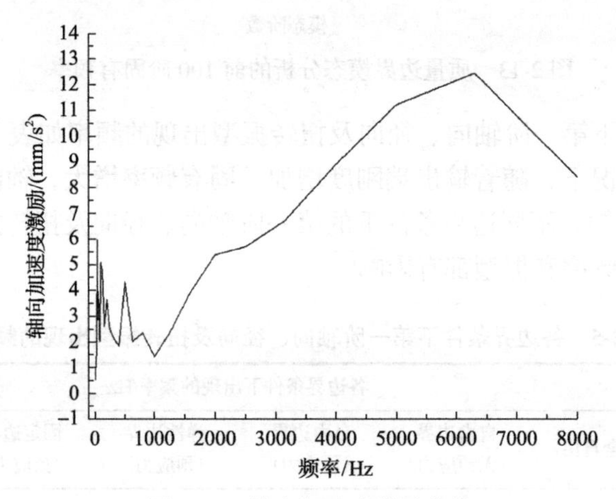

图 2-14　轴向加速度激励曲线

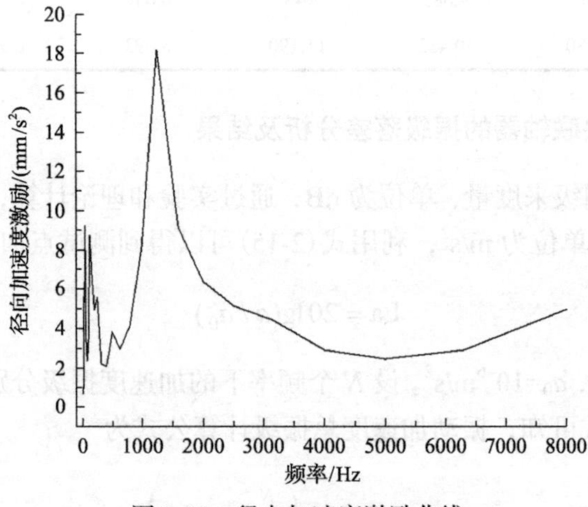

图 2-15　径向加速度激励曲线

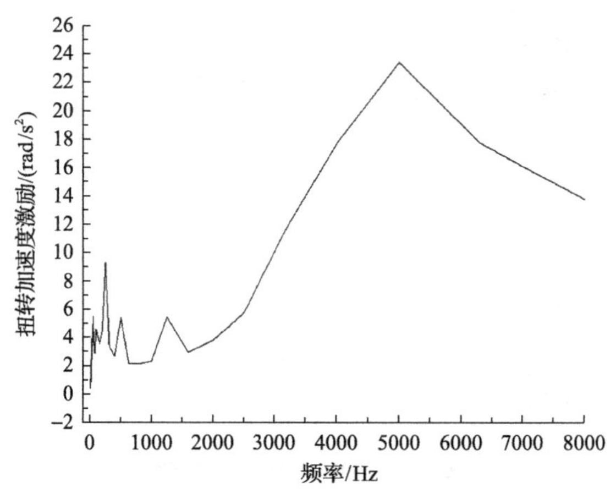

图 2-16　扭转加速度激励曲线

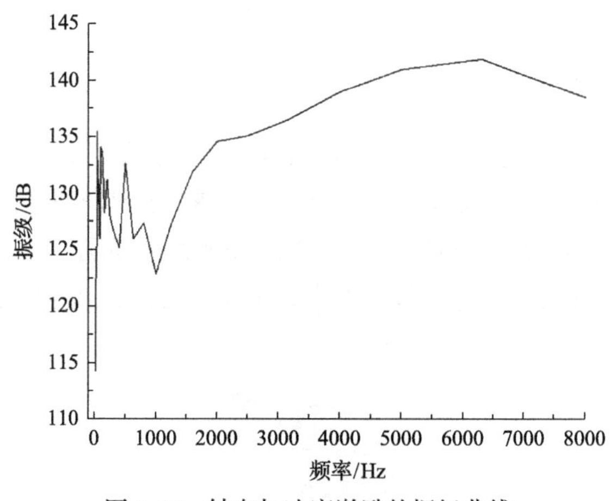

图 2-17　轴向加速度激励的振级曲线

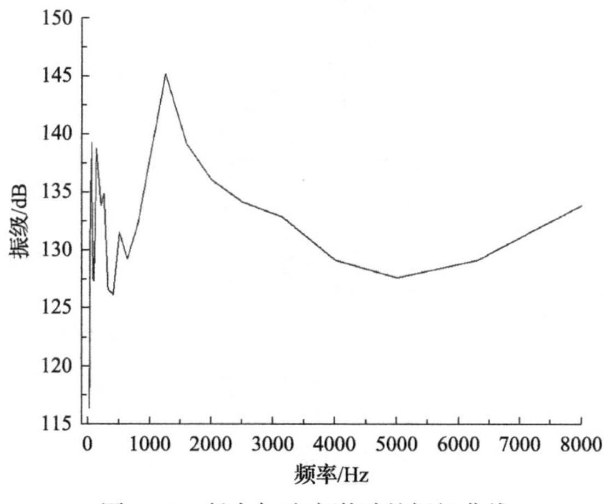

图 2-18　径向加速度激励的振级曲线

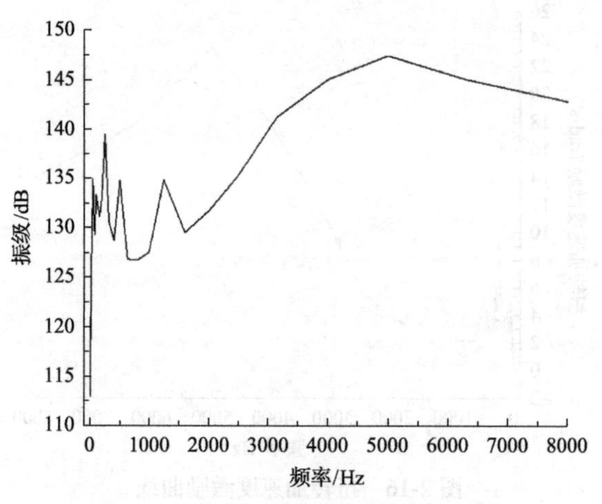

图 2-19　扭转加速度激励的振级曲线

1. 振级落差分析结果

如图 2-20 所示，在输入端，通过耦合点 RP-1 耦合到输入端法兰内孔，模拟输入轴对联轴器的作用；在输出端，通过耦合点 RP-2 耦合到输出端法兰内孔，模拟输出轴对联轴器的作用。在耦合点 RP-1 添加加速度激励，Bush 单元根据表 2-4 施加刚度，对整个模型进行合并节点处理，则可在耦合点 RP-2 处提取加速度激励的振级。

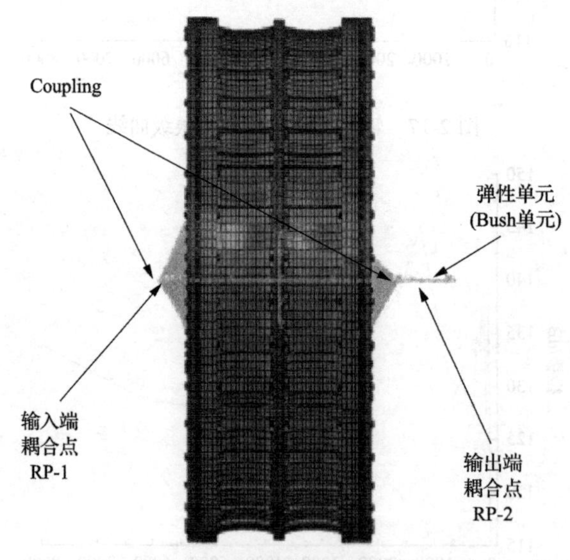

图 2-20　联轴器落差计算模型

2. 联轴器模型轴向振级落差结果

当联轴器模型输入轴向加速度激励时，得到各频率下振动响应的部分典型位移云图，图 2-21～图 2-24 为质量边界轴向不同振动响应下位移云图。得到四种边界条件下的轴向输出振级曲线如图 2-25 所示，轴向各边界振级落差对比结果如图 2-26 所示。

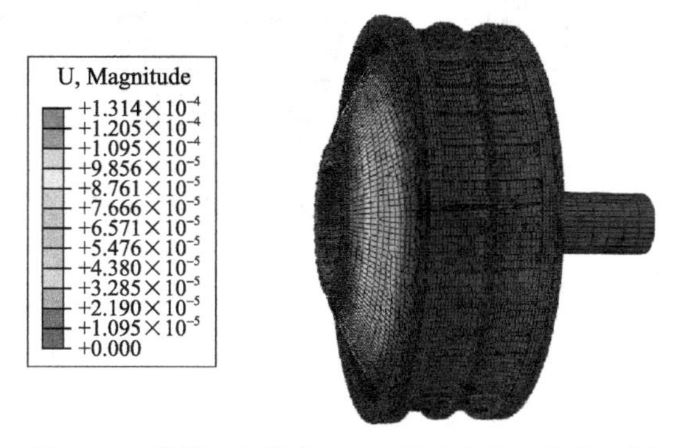

图 2-21　质量边界轴向 10Hz 振动响应下位移云图

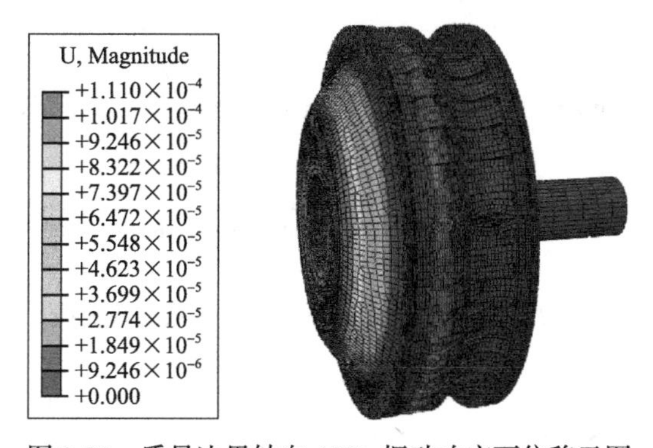

图 2-22　质量边界轴向 40Hz 振动响应下位移云图

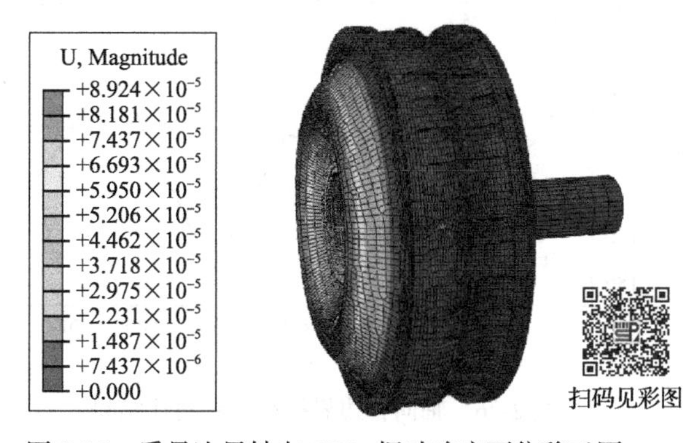

图 2-23　质量边界轴向 50Hz 振动响应下位移云图

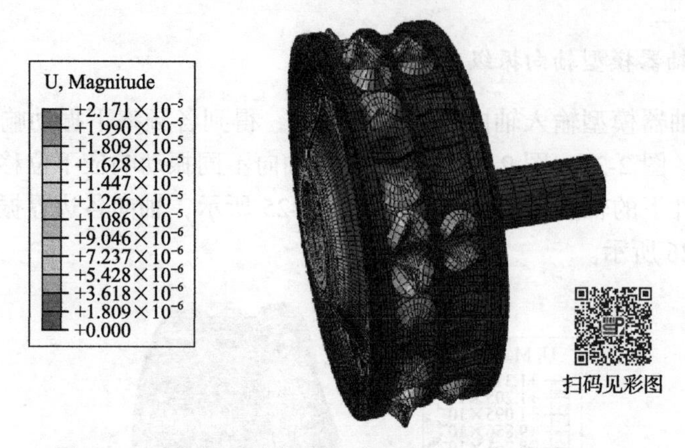

图 2-24　质量边界轴向 80Hz 振动响应下位移云图

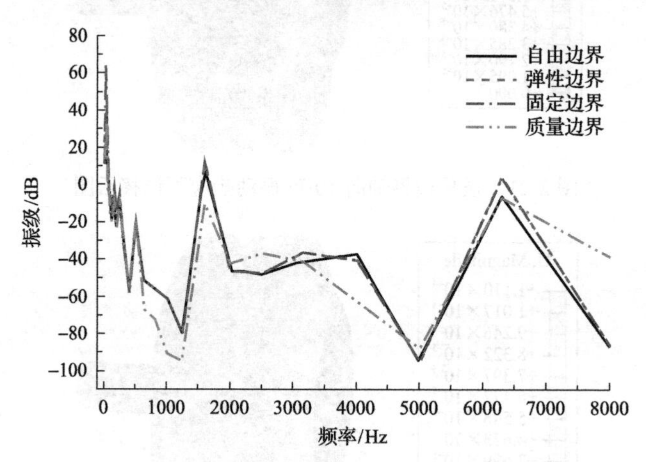

图 2-25　四种边界条件下的轴向输出振级曲线

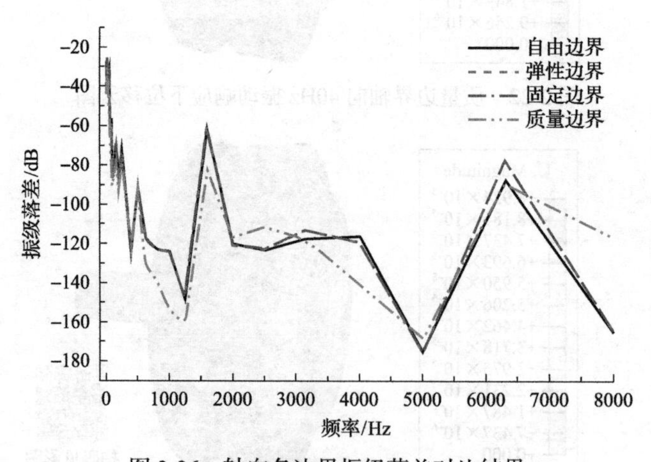

图 2-26　轴向各边界振级落差对比结果

3. 联轴器模型扭转振级落差结果

在联轴器模型输入扭转加速度激励时，得到四种边界条件下的扭转输出振级曲线如图 2-27 所示，各边界扭转振级落差对比结果如图 2-28 所示。

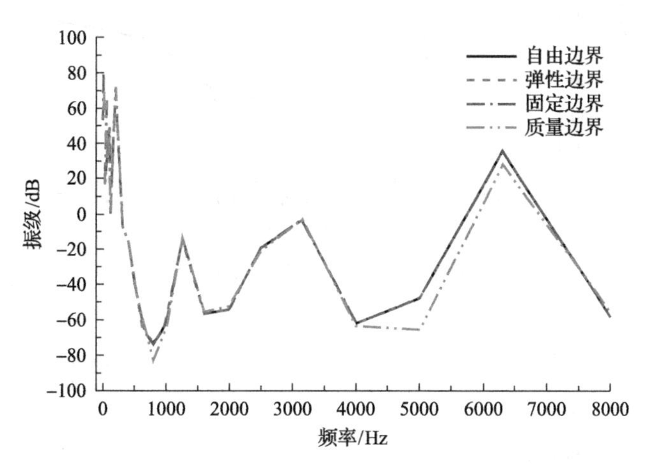

图 2-27　四种边界条件下的扭转输出振级曲线

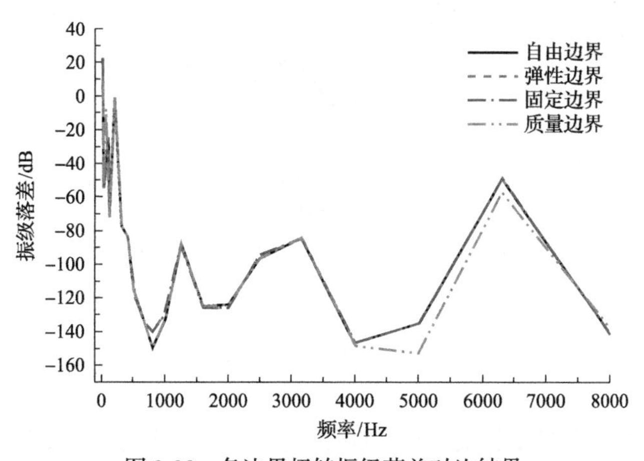

图 2-28　各边界扭转振级落差对比结果

4. 联轴器模型径向振级落差结果

联轴器模型在四种边界条件下的径向输出振级曲线如图 2-29 所示，各边界径向振级落差对比结果如图 2-30 所示。

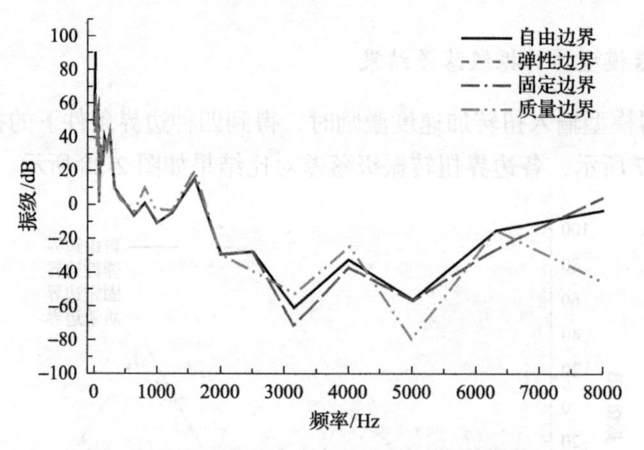

图 2-29　四种边界条件下的径向输出振级曲线

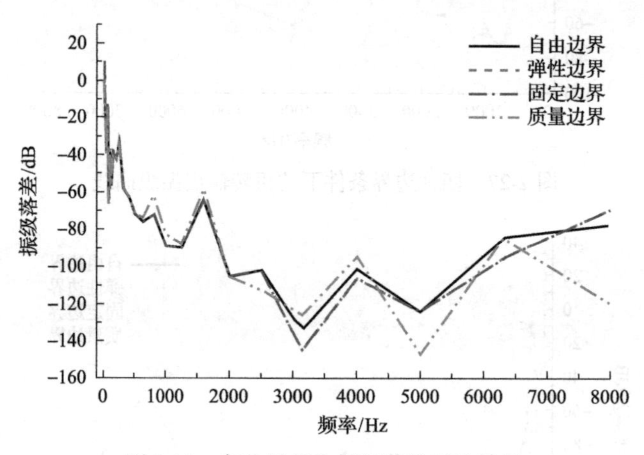

图 2-30　各边界径向振级落差对比结果

2.5　小　　结

分析上述的振级落差曲线可知，曲线的规律和形状相差甚小，有的曲线甚至出现部分重合的情况，说明联轴器在不同边界条件下的减振效果基本一致。联轴器的三个方向在低频和高频下均有较好的减振效果，其中高频的减振效果优于低频的减振效果。以自由边界条件下的轴向、径向、扭转方向的振级落差为例，如图 2-31 所示，轴向工况的振级落差在 5000Hz 左右较大，径向工况的振级落差在 3000Hz 左右较大，扭转工况的振级落差在 4000Hz 左右较大，频率在 0～300Hz 时振级落差都在−80～20dB，因此可以发现减振效果好的情况都出现在频率较高的工况。

将上述的振级落差计算结果汇总于表 2-6，可知随着输出端刚度的增加，各方向的振级都会增大，而轴段的加长会降低联轴器刚度，使振级减小。图 2-32 为输入总振级和各方向输出总振级之差，当输入轴向加速度激励时，差值最大，说明联轴器轴向的减振效果明显优于其他两个方向；当输入扭转加速度激励时，只有在自由边界的条件下，其减振效果优于径向方向。针对联轴器在 0～100Hz 的振级特性进行分析，结果如图 2-33～图 2-35 所示，轴向振级落差集中在–100～0dB，径向振级落差集中在–70～30dB，扭转振级落差集中在–60～25dB，表明联轴器轴向的减振效果明显优于其他两个方向。

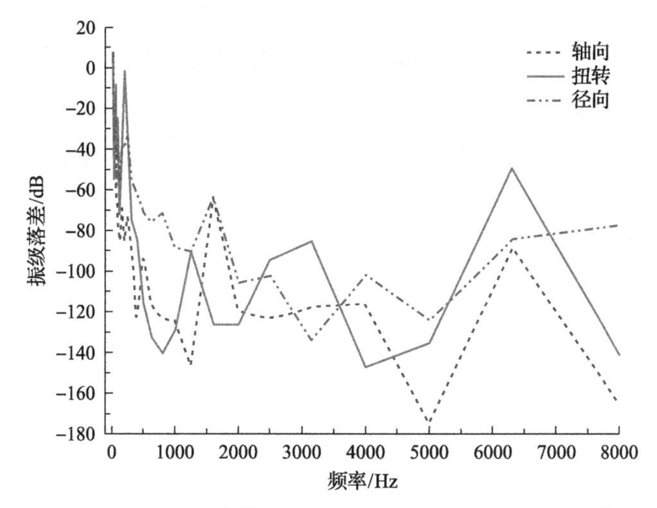

图 2-31　自由边界条件下轴向、径向、扭转方向的振级落差

表 2-6　联轴器输入总振级和各边界条件的输出总振级

工况	输入总振级和各边界条件的输出总振级/dB				
	输入总振级	自由边界	弹性边界	固定边界	质量边界
轴向	88.7	43.81	43.87	64.08	35.11
径向	90.14	90.03	64.69	69.94	63.94
扭转	92.8	73.93	73.8	83.22	73.96

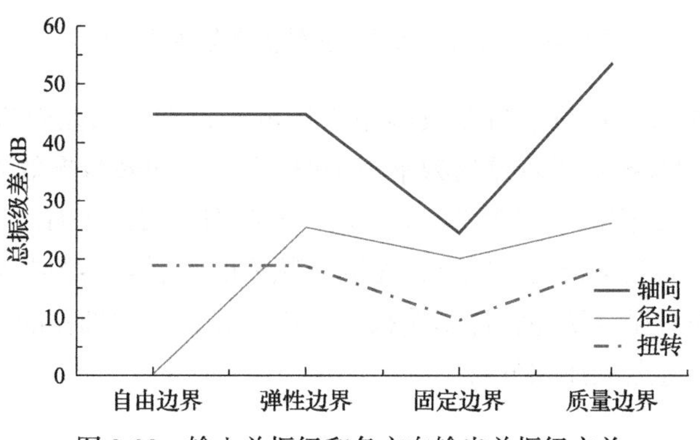

图 2-32　输入总振级和各方向输出总振级之差

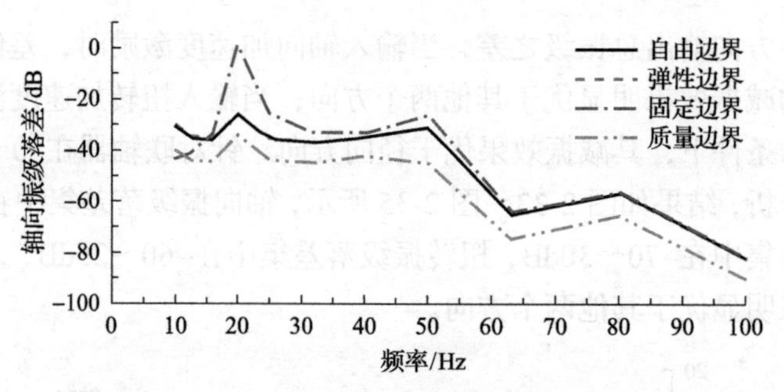

图 2-33　各边界条件下轴向振级落差的对比

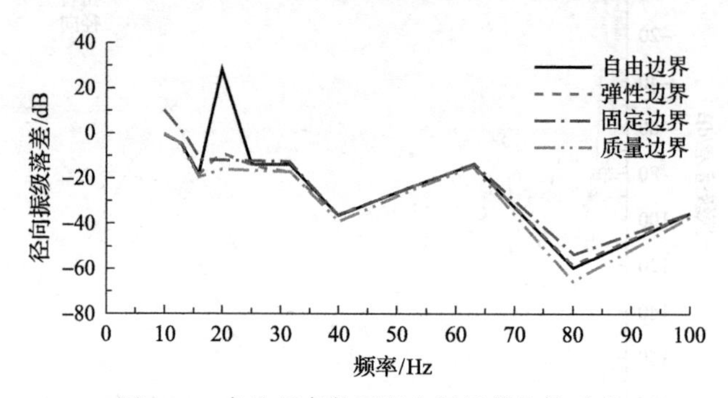

图 2-34　各边界条件下径向振级落差的对比

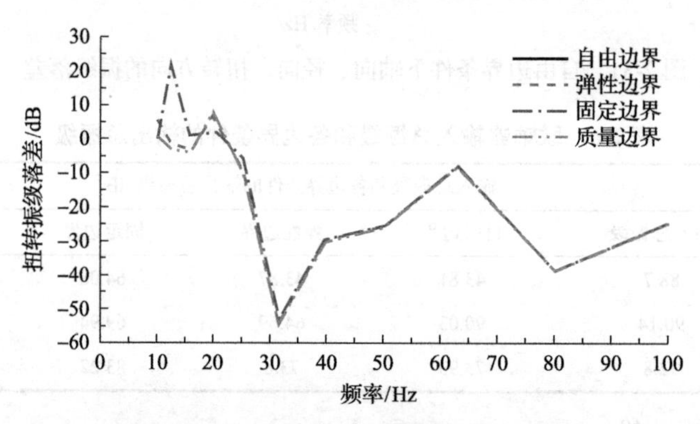

图 2-35　各边界条件下扭转振级落差的对比

对比分析模态固有频率与振级落差结果可知，轴向减振效果较差的频率在 20Hz 左右，径向减振效果较差的频率在 10Hz 左右，扭转减振效果较差的频率在 20Hz 左右，对应的模态频率为 21.364Hz、9.6676Hz、22.423Hz，图 2-36 为相应的振型图，说明当频率接近联轴器模态固有频率时，联轴器的振级会有所增大，这三个固有频率对振级落差特性影响很大，因此在研究联轴器的振动特性时应对这三阶振型进行重点关注和分析。

(a) 第31阶21.364Hz　(b) 第22阶9.6676Hz　(c) 第34阶22.423Hz

图 2-36　联轴器振型图

本章常见问题及解决方案

问题一：橡胶材料的动刚度特性用什么表述？

材料在承受简谐激励的振动载荷时，会产生交变的应力 σ 和应变 ε，与弹性材料不同，在黏弹性材料中，应力 σ 和应变 ε 有一个相位差 ϕ，即应变 ε 滞后于应力 σ 一个相位角，其在力-位移曲线上呈现为一个迟滞曲线。

问题二：如何根据图 2-2 所示的迟滞曲线计算动刚度？

动刚度的计算公式为

$$K_d = \frac{F_T}{X_0} = \frac{B}{A} \cdot \frac{b}{a}$$

问题三：为了避免分析错误，进行刚度计算时，约束和载荷如何准确施加？

根据联轴器的实际约束工况，在初始分析步中，联轴器的一端轴孔为固定约束，可对其参考点 RP-1 进行三个方向平动自由度和三个方向转动自由度的全约束；在后续的分析步中，联轴器的另一端释放参考点 RP-2 绕 X 方向的旋转自由度用于加载扭矩，或者释放参考点 RP-2 沿 X 或 Z 方向的移动自由度用于加载轴向或径向位移。考虑到橡胶材料的黏弹性，需要采用瞬态时域法完成动刚度的分析工作，故此分析步采用 Dynamic、Implicit。根据要求将每个频段分成两个周期，每个周期取 20 个点，总共 40 个点，该过程可在 Abaqus 的历史变量输出中设置输出频率为 $T/20$ 来实现，选取计算结果中稳定之后(第二个加载周期)的响应数据用于动刚度计算。加载曲线为不同频率的正弦波，加载历程为两个周期，在 Abaqus 中可以通过定义周期性幅值曲线来实现。

问题四：橡胶块联轴器由百余个零件组成，各零件之间的接触方式均为接触连接，形成了大规模的边界非线性。保证接触的稳定性是比较困难的，该如何解决呢？

基于网格划分方法，对接触进行合理设定、简化等操作，不仅解决了上述问题，还保证了分析结果的准确性。

问题五：针对结构及载荷均呈轴对称特点的橡胶元件，如何有效地解决其大变形后的分析问题？

首先进行初始建模和网格处理，并施加一个合适的载荷，将初步分析得到的结果进行变形模拟提取，模型提取成功后进行网格重划、增加载荷，并进行二次分析；若二次分析网格重划前后的刚度点与一次分析的刚度点基本重合，则说明二次分析完成；若刚度点出现较大的偏移，则说明初始分析时单元出现了过大的网格畸变，需要施加一个更小的载荷重新进行计算。

问题六：振级落差分析前的阻尼如何确定？

将阻尼添加为式(2-12)所示的瑞利阻尼：

$$[C]=\alpha[M]+\beta[K]$$

问题七：模态分析的阶数在理论上是无穷阶，该如何对模态分析的结果进行总结和评估？

对联轴器进行模态分析，联轴器刚度较小时，模型的固有频率很低，到一定模态阶数后固有频率变化不再明显，多为局部振动，且重复固有频率较多。计算 2000Hz 的固有频率很难实现，因此只需要计算前 100 阶模态，得出前 100 阶固有频率，并提取前 100 阶中对整体振动影响较大且具有代表性的模态振型进行分析研究。

问题八：针对本章的联轴器模型，振级落差需要采用哪种计算方法？

振级落差的计算方法有模态叠加法、直接积分法和显式动态分析算法等。本章经过上述方法试算后，综合考虑计算精度与计算机资源占用等因素，选取直接积分法进行计算。

参 考 文 献

[1] Al-Hussain K M . Dynamic stability of two rigid rotors connected by a flexible coupling with angular misalignment[J]. Journal of Sound and Vibration, 2003, 266(2): 217-234.

[2] 阮忠唐. 联轴器、离合器设计与选用指南[M]. 北京：化学工业出版社, 2006.

[3] 张晨彬. 发动机橡胶悬置的研究与优化[D]. 南京：东南大学, 2006.

[4] 张磊，何琳，束立红. 弹性联轴器动刚度测试系统研究[J]. 海军工程大学学报, 2000, 12(4): 87-89.

[5] Salehi M, Sideris P. Enhanced rayleigh damping model for dynamic analysis of inelastic structures[J]. Journal of Structural Engineering, 2020, 146(10): 04020216.

[6] 吴家明，蔡耀全. 基于有限元法的脉冲负载下高弹联轴器轴向力计算方法[J]. 海军工程大学学报, 2012, 24(3): 85-88.

[7] 张恒. 膜片联轴器刚柔耦合模型及其不对中工况下轴心轨迹的研究[D]. 长春：吉林大学, 2018.

第3章　膜片橡胶块联轴器温度场分析

3.1　研究背景及意义

大型膜片橡胶块联轴器是一种高弹性联轴器，多应用在船舶动力装置[1]中。联轴器设置在柴油机的输出端，其功能包括：传递扭矩；调整传动装置轴系扭转振动特性；补偿由振动、冲击引起的主动轴和从动轴中心位移；缓冲和吸振[2]。因此，联轴器起到了减振降噪的作用，从而保障主动机、从动机和整个传动装置的运行可靠性。针对传统船用联轴器存在的缺点[3-6]，本章设计及分析一种带有橡胶块-帘线层复合结构的联轴器，该联轴器具有传递大扭矩、减振效果好、补偿位移大及使用寿命长等优点，能有效防止橡胶元件温升过高而失效。

膜片橡胶块联轴器橡胶块部件的生热和传热问题具有重要的研究价值，对联轴器的合理选型及结构优化设计等均具有很好的指导意义。目前，国内外的研究将精力较多地投入橡胶本身的一些性质上，对联轴器的研究往往更多地关注其力学性能，对其热学性能研究较少，将橡胶的生热问题与联轴器的实际工况进行综合分析的研究更少，因此对联轴器的生热模型进行研究、传热模型构建以及温度场分布进行研究，尚有较大的探索空间。

橡胶块部件本身拥有较好的阻尼性能与弹性性能，使其成为满足联轴器各项性能的理想材料。但是，橡胶块部件较好的阻尼性能使其将动态扭矩产生的能量转化为大量的热功耗，若这些热量不能及时充分地传递到环境中，则会对橡胶块部件产生不同程度的影响，轻则使得试件性能下降，重则导致试件损坏，因此研究橡胶块部件的热学性能具有重要的工程意义。

对于橡胶块部件在工作中生热的机理，仅研究了较为笼统的热功耗，即动能转化为内能，细化到具体的橡胶块部件在工作时的生热散热模型与温度分布却鲜有研究。膜片橡胶块联轴器的橡胶块部件在实际使用中主要有两大类失效：第一类是使用时加载了远超过联轴器本身能够承受的最大扭矩，联轴器橡胶块部件内部撕裂或与其两侧的金属法兰的黏合被破坏而导致大面积的剪切失效；第二类是橡胶本身的热传导系数较低，使膜片橡胶块联轴器的橡胶块部件在使用过程中产生的热量不能及时传递到环境中，造成其温度分布不均，从而有可能导致橡胶块部件局部温度过高，使得力学性能受到影响，甚至当局部温度超过橡胶块部件熔点时，导致该区域橡胶元件熔化，造成大规模元件损坏。温度越高，橡胶块部件的阻尼与动刚度下降越明显，当超过 110℃时，橡胶块部件会熔化。在一些事故中，橡胶块部件的阻尼功耗过大，内部温度在短时间内急剧上升，造成元件内部大规模熔化而使整个元件损坏。对于第一类失效，各款联轴器都给出了相应的使用说明和明确的最大许用扭矩及额定扭矩的数值标准，因此在正常使用情况下完全可以避免，第二类失效则是目前膜片橡胶块联轴器的主要破坏形式。

本章旨在研究膜片橡胶块联轴器的橡胶块部件在使用过程中生热产生的温度场及分析其传热过程，利用有限元软件建立适当的仿真模型，得出结论。其意义在于，通过仿真模型和分析方法，预测橡胶块部件在实际使用中的生热情况、散热能力及其温度场，从而为设备选型、故障诊断与失效分析提供理论依据；计算设备的许用功率损失等数据，从而为联轴器的优化设计提供可靠的依据，进而减少膜片橡胶块联轴器在设计和改进中的成本和周期，提高生产效率及产品使用寿命等。

3.2　橡胶块部件的生热原理

膜片橡胶块联轴器中的橡胶块部件一般以天然橡胶为主，通过硫化及掺杂一些添加剂(如炭黑等)来增加橡胶的弹性和耐热性，在提高天然橡胶原有的特殊应力与热物理性能的同时增加了其工业应用性能。

橡胶块部件的关键材料为橡胶，橡胶材料本身具有不同于金属材料等的特殊性质，因此在生热传热及力学上都有众多待分析与实验的研究空间。

膜片橡胶块联轴器橡胶块部件的生热与散热过程包括阻尼功耗(内能、热功耗)、热传导(模型内部)及热对流/热辐射(模型边界)。

3.2.1　橡胶块部件的功耗与生热

从宏观角度，橡胶等阻尼材料是一种兼有某些黏性液体和弹性固体特性的材料。黏性材料在一定的承载力作用下具有耗损能量的能力，但是不能储存能量；相反，弹性材料能储存能量，但是不能耗损能量。黏弹性材料介于两者之间，当其产生动态应力和应变时，一部分能量可以像位能那样储存起来，另一部分能量则转化为热能被耗散掉。这种能量的转化及耗损表现为机械阻尼，具有减振和降噪的作用，是机械能转化为内能的过程。

对弹性材料施加交变力后，其材料内部的应力和应变几乎同时增大或者减小，两者的相位接近或相同(相位角等于零或者接近于零)，其应力-应变曲线为直线，如图 3-1(a)所示。

相反，黏弹性材料在力学上表现为应变滞后于应力，滞后的相位角为 α，因此形成椭圆形的迟滞曲线，如图 3-1(b)所示，被迟滞曲线包围的面积表示材料在承受交变应力和应变过程中的耗损能量。

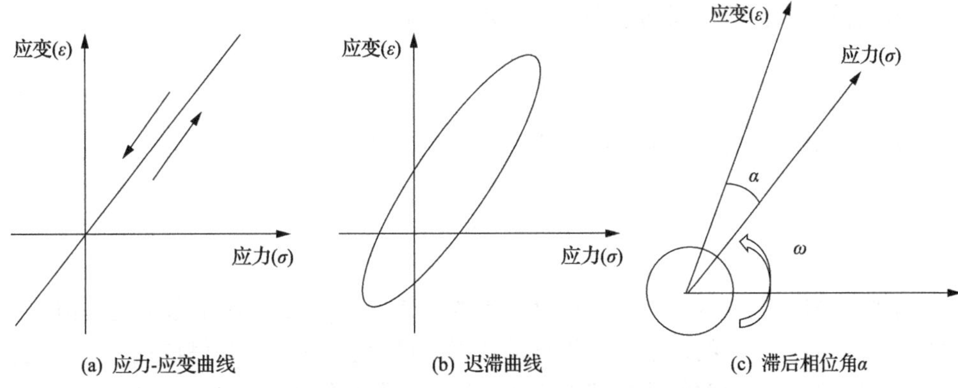

(a) 应力-应变曲线　(b) 迟滞曲线　(c) 滞后相位角α

图 3-1　弹性和黏弹性材料的应力-应变曲线

假设应力和应变按正弦规律变化[7]，而且应变滞后于应力的相位角为 α ，如图 3-1(c)所示，则有

$$\sigma = \sigma_0 \mathrm{e}^{\mathrm{j}\omega t} \tag{3-1}$$

$$\varepsilon = \varepsilon_0 \mathrm{e}^{\mathrm{j}(\omega t - \alpha)} \tag{3-2}$$

式中，σ 为复应力；σ_0 为应力振幅最大值；ε 为复应变；ε_0 为应变振幅最大值；ω 为圆频率；t 为加载时间。

将式(3-1)和式(3-2)中的参变量消去，可以得到图 3-1(b)所示的椭圆曲线，表达式如下：

$$E^* = \frac{\sigma}{\varepsilon} = \frac{\sigma_0}{\varepsilon_0}\mathrm{e}^{\mathrm{j}\alpha} = E(\cos\alpha + \mathrm{j}\sin\alpha) \tag{3-3}$$

式中，E 为弹性模量；E^* 为复弹性模量。

若 $E' = E\cos\alpha$ ，$E'' = E\sin\alpha$ ，则有

$$E^* = E' + \mathrm{j}E'' = E'(1 + \mathrm{j}\beta) \tag{3-4}$$

式中，E' 为储能模量；E'' 为损耗模量；β 为损耗因子。

其中，损耗模量和损耗因子将决定黏弹性材料在受力变形时转变为热能的损耗能量。

对于单位体积 v 的阻尼材料，在交变应力及应变下每周期所做的功，即每周期振动耗损能量或阻尼能用 W_d 表示[8]：

$$W_d = \iint \sigma \mathrm{d}\varepsilon \mathrm{d}v = \pi\varepsilon_0^2 E'' \tag{3-5}$$

最大弹性能，即每周期总变形能用W_{vib}表示：

$$W_{\text{vib}} = \pi\varepsilon_0^2 E' \tag{3-6}$$

因此，阻尼能与最大弹性能之比可以用式(3-7)表示：

$$\frac{W_d}{W_{\text{vib}}} = \beta \tag{3-7}$$

由此可知，在式(3-7)中，黏弹性材料的损耗因子β表示每周振动耗损能量与每周总变形能(位能)的比值。每周振动耗损能量为阻尼能，即材料在承受交变性应变时以热能方式耗散的机械能的大小。因此，阻尼能越大，黏弹性材料的损耗因子β越大。

在一个循环中，最大弹性能为W，将每周振动耗损能量除以2π，从而保证损耗因子β为无量纲数，如式(3-8)所示：

$$\beta = \frac{W_d}{2\pi W} \tag{3-8}$$

橡胶块部件在周期变形作用下的机械滞后损失可以用节点生热率来描述。节点生热率[7]是指单位时间内单位体积橡胶由于机械滞后损失转换成的热量，如式(3-9)所示：

$$\dot{q} = \frac{W_d}{T} \tag{3-9}$$

式中，$\dot{q}$为节点生热率；T为加载周期。将式(3-8)代入式(3-9)，得到式(3-10)：

$$\dot{q} = 2\pi f \beta W, \quad f = \frac{1}{T} \tag{3-10}$$

根据式(3-10)，即可将应力-应变分析中得到的橡胶块最大弹性能转化为节点生热率。

3.2.2 温度对橡胶块部件的影响

橡胶块部件中的橡胶材料本身具有如下特点：

(1)弹性模量很小，而形变量很大；

(2)弹性模量随温度的升高而增大；

(3)形变具有松弛特性；

(4)形变时有热效应，即拉伸时放热，回缩时吸热，这种现象称为Gough-Joule效应。普通固体材料与之相反，而且热效应极小。

橡胶本身为不良热导体，产生的热量不容易及时散发到环境中，使用温度过高会导致橡胶材料产生过热破坏，橡胶材料发生降解，导致其力学性能下降。在中高温工况下，交联键会发生互换，并且形成新交联键，使橡胶有一定程度的增硬；在高温工况下，网链的断裂多于网链的形成，伴随着橡胶结构的破坏和软化；在非常高的温度工况下，主链裂解，橡胶碳化和脆化。橡胶材料容易老化，老化最主要的因素是氧化作用，氧化作用使橡胶分子结构发生裂解或结构化，致使橡胶材料性能变差，而且温度对氧化有很大影响。提高温度会加速橡胶氧化反应，特别是橡胶制品处于高温工况或动态工况时，生热量的增加会发生显著的热氧化。

温度还会影响橡胶的透气性，气体透过橡胶经过三个阶段：第一个阶段是橡胶表面吸附(溶解)气体；第二个阶段是吸附(溶解)的气体在橡胶内部进行扩散和迁移；第三个阶段是溶解气体在橡胶另一个表面解吸出来。随着温度的升高，气体透过硫化橡胶的能力增强，橡胶的空气透气性增强，使橡胶材料与空气的接触变得更加频繁，从而加快橡胶的氧化速率。

温度也会影响橡胶臭氧老化，温度升高，臭氧老化速度加快。在橡胶的热氧化中，温度起到促进氧化的作用，因此温度越高，橡胶越容易被臭氧老化。一般来说，温度每上升10℃，反应速度就提高1倍。而在空气中亿分之一的臭氧含量就能使弹性体中的碳-碳双键逐渐分解，表面出现胀裂，导致橡胶强度、弹性以及耐久性下降。在高温下，氧气会加速硫化橡胶的氧化作用，损坏硫化橡胶的物理及力学性能，使应力松弛加快，在压缩后会增大硫化橡胶的永久变形。

联轴器中使用的天然橡胶材料要求如下：

(1)热空气老化性能(70℃×72h)要求拉伸强度变化率≤20%；

(2)长期使用温度不能超过80℃，100℃可短期使用，温度在130～140℃，橡胶为熔融状态，开始流动，200℃左右开始分解，橡胶材料发生熔化。

3.2.3　橡胶块部件传热方式分析

橡胶块部件主要通过三种方式与外界进行传热交换[9]：①橡胶内部及橡胶与钢件的接触面，热量通过热传导的方式进行传递；②橡胶与空气的接触面，橡胶通过对流传热与外界进行热量交换；③整个部件不断对外进行热辐射。

在上述三种传热方式的作用下，联轴器橡胶块元件持续地将功率损失产生的热量向外界传递，并且在许用功耗范围内能以某一温度场分布达到热平衡，若橡胶块元件无法通过这三种传热方式使其自身在生热与传热过程中达到热平衡，则橡胶元件的温度将持续升高，最终导致熔化破坏。

联轴器钢件的吸收温度高于自身橡胶块元件的部分热量后，也通过热传导将热量传递至钢件各处，并在表面通过热对流与热辐射将热量传递至环境中。同时，钢件继续吸收来自橡胶块元件的热量，成为辅助橡胶块部件传热过程中的一环。

3.2.4　研究技术路线

与传统的联轴器弹性元件温度场分析不同，本章研究的 R-CF 结构中的橡胶块嵌有帘线层，橡胶块的应变能分布在各个位置，各位置上的应变能差异较大，并且帘线计算模型的建立比较复杂，使用传统的研究方法不能得到橡胶块准确的温度场分布。因此，本章提出一种新方法，充分发挥 Abaqus 及 ANSYS 软件的优势[10]，结合两者计算橡胶块在受到扭矩下生热后的温度场分布。

橡胶块温度场分析的基本步骤为：联轴器分析模型建立→联轴器静力学结构分析得到橡胶块应变能→生热率、对流换热系数等参数计算及热边界条件的添加→计算橡胶块温度场。在 ANSYS 软件中，无法对 R-CF 结构中的帘线进行有效的建模，因此可基于 Abaqus 平台对其建模，通过静力学分析得到橡胶块模型在四种扭矩工况下节点的应变能分布。由于每个橡胶块网格节点的生热率不同，考虑到在 Abaqus 平台上向节点施加生热率的复杂性及不稳定性，本章利用 ANSYS 平台对橡胶块温度场分析模型进行参数化建模，并通过 ANSYS 参数化设计语言(ANSYS parametric design language, APDL)程序对节点赋值，这样可以大大减少工作量，降低出错率。最后通过 ANSYS 温度场分析模块[11]计算程序得到橡胶块的稳态及瞬态温度场分布。通过拟合橡胶块温升与扭矩的关系，可以得出橡胶块温度场随扭矩变化的近似公式，为预测橡胶块在其他载荷下的温升提供重要依据，橡胶块温度场研究路线如图 3-2 所示。

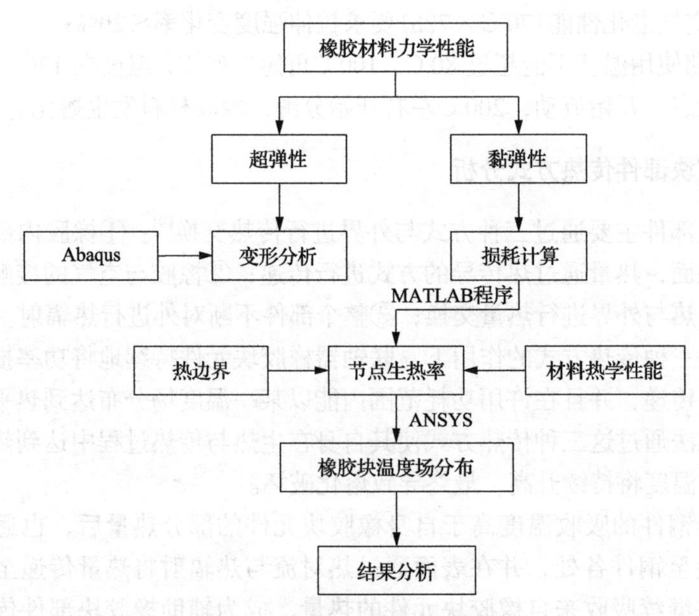

图 3-2　橡胶块温度场研究路线

3.3　橡胶块应变能计算

3.3.1　应变能计算方法

由 3.2.1 节可知，在计算橡胶块温度场之前需要对橡胶块模型的应变能进行计算。在 Abaqus 平台上建立联轴器分析模型，其建模方法与第 1 章类似，不再赘述，但是施加扭矩的大小不同。由于联轴器载荷具有对称性，且联轴器具有轴向对称结构，为了减少计算量，取联轴器的 1/6 模型进行计算。利用 Abaqus 中的循环对称约束方法，可以实现 1/6 联轴器橡胶块的应变能密度计算，结果等同于联轴器整体的计算结果。

循环对称约束的实现步骤为：取 1/6 联轴器模型→选择 1/6 联轴器模型被分割的截面→选择参考点设置对称轴→定义扇区数量(针对联轴器模型，本节分析中定义为 6 个扇区)，即可完成循环对称约束的定义，同时施加扭矩的大小为联轴器整体扭矩的 1/6。图 3-3 为包含循环对称约束的 1/6 联轴器计算模型。

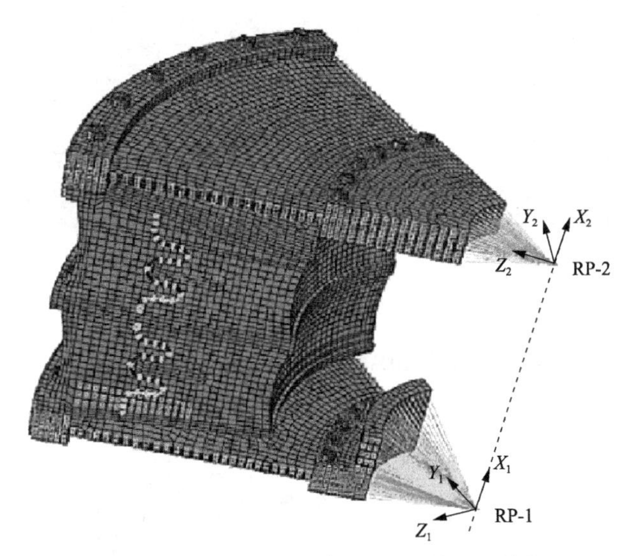

图 3-3　包含循环对称约束的 1/6 联轴器计算模型

3.3.2　应变能计算结果

通过 Abaqus 后处理平台，可以提取 1/6 联轴器结构中的橡胶块在 10%、15%、20%额定扭矩下的应变能分布情况。橡胶块应变能的分布及大小与橡胶块的应变分布及大小对应，应变大的位置应变能也较大。本节给出了橡胶块的应变及应变能分布，以便核对计算结果的正确性。橡胶块在 10%额定扭矩下的应变及应变能分布如图 3-4 所示，橡胶块在 15%额定扭矩下的应变及应变能分布如图 3-5 所示，橡胶块在 20%额定扭矩下的应变及应变能分布如图 3-6 所示。

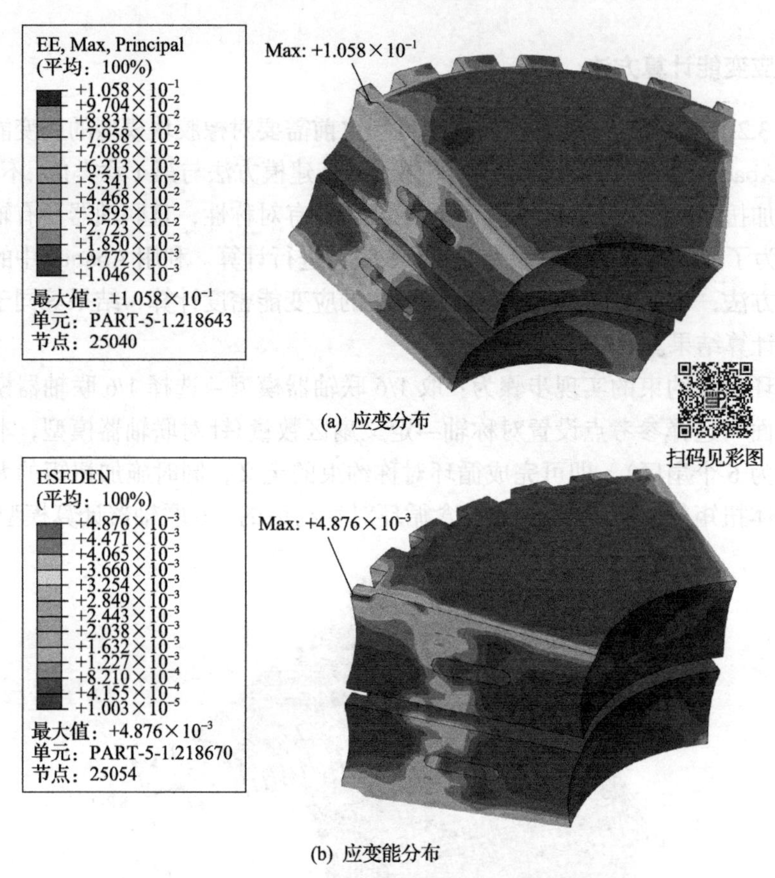

(a) 应变分布

(b) 应变能分布

图 3-4　橡胶块在 10%额定扭矩下的应变及应变能分布

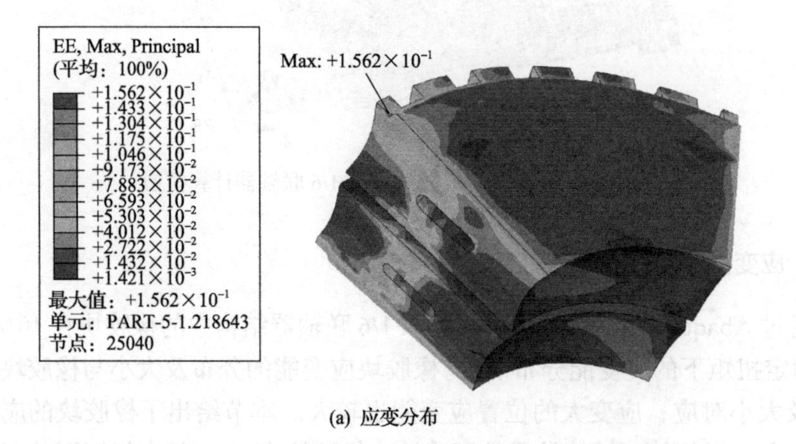

(a) 应变分布

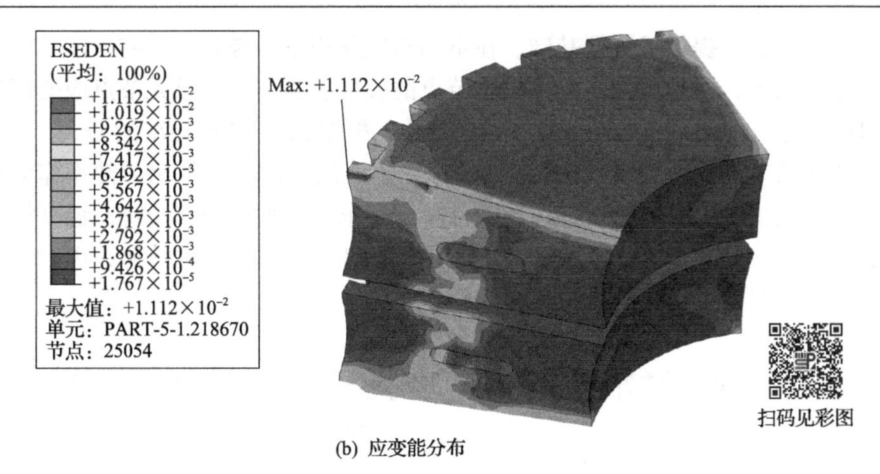

(b) 应变能分布

图 3-5　橡胶块在 15%额定扭矩下的应变及应变能分布

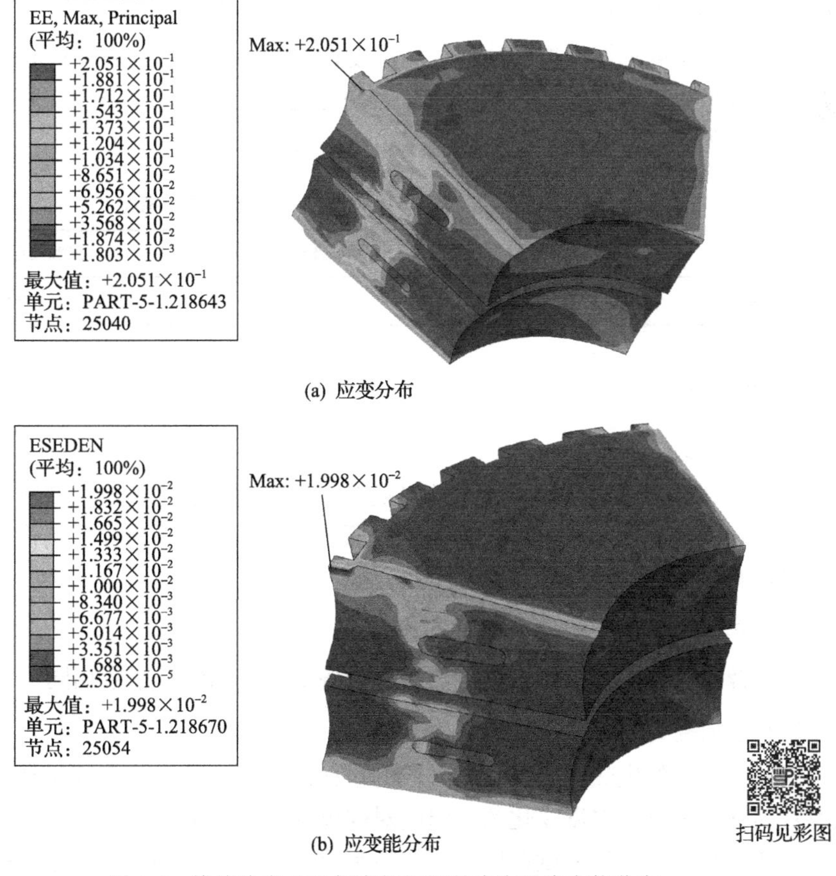

(a) 应变分布

(b) 应变能分布

图 3-6　橡胶块在 20%额定扭矩下的应变及应变能分布

上述计算结果包含橡胶块网格单元每个节点的应变能，为基于 ANSYS 平台的温度场分析提供了数据基础。在不同扭矩作用下，橡胶块的应变能不同；同一扭矩作用下，橡胶块网格单元每个节点的应变能也不同。单元节点应变能的获取可以通过 Abaqus 的 Python 脚本语言提取。根据 3.2.1 节推导出的公式，计算出橡胶块网格节点的生热率，在 ANSYS 平台上运用 APDL 程序将生热率作为温度载荷施加到模型上，同时设置边界条件，即可求解模型的瞬态及稳态温度场分布。膜片橡胶块联轴器中橡胶块部件的黏弹性损耗是其主要的内热源，因此在温度场分析中只对橡胶材料进行生热率赋值。

3.4 联轴器扭转载荷对橡胶块温度场的影响

膜片橡胶块联轴器的实际工况所承受的最大扭矩一般不超过额定扭矩的 20%，本节主要研究联轴器中的橡胶块在 10%、15%、20%额定扭矩工况下的稳态及瞬态温度场分布规律。

膜片橡胶块联轴器中橡胶块部件的温度性能指标需要达到表 3-1 所示的要求，通过仿真分析可以初步验证该橡胶块是否满足性能指标要求。其中，联轴器工作的环境温度为 50℃。

表 3-1 膜片橡胶块联轴器中橡胶块部件的温度性能指标 （单位：℃）

参数	10%额定扭矩	15%额定扭矩	20%额定扭矩
橡胶块温度	≤60	≤75	≤90

3.4.1 条件假设

1) 无周向的辐射

橡胶块部件的对流换热远大于辐射换热，且表面温度与环境温度相差不大，可忽略辐射换热。因此，可以认为橡胶内部的热量是通过热传导传到橡胶表面，然后通过对流的方式与外界环境发生热交换。

2) 材料各向同性

假设橡胶块部件中橡胶块进行热传导时各个方向的传导系数相同。

3) 耦合问题的处理

橡胶块部件的生热主要来源于橡胶的机械滞后损失，而橡胶的材料参数和热学参数实际是依赖于温度变化的，温度对橡胶的减振效果也会产生影响[12]。一般来说，在橡胶块的工作温度范围内，温度越高，橡胶的损耗因子越小。橡胶块部件的力学场和温度场之间具有双向耦合性。假设橡胶的材料参数不随温度的变化而变化，因此可在结构分析的基础上进行温度分析。

3.4.2　温度分析参数的确定

1. 材料参数

橡胶块部件温度场仿真的材料参数主要涉及钢材与橡胶两种材料，钢材的各项数据参考《机械设计手册》获取，橡胶材料的数据主要通过橡胶性能测试获取。该模块需要定义材料的热导率、比热容、密度，同时需要定义对流换热和边界条件。

橡胶块的损耗因子 β 与橡胶块的载荷频率有关，为了得到橡胶块在不同载荷频率下的损耗因子，如图 3-7 所示，针对联轴器橡胶块试片，合计进行散点颜色分别为蓝、绿、红、紫的四组测试实验，最终得到橡胶块试片 NR-3 60℃拟合主曲线。图 3-7 中，T_0 为测试温度，C_1 和 C_2 为材料常数。

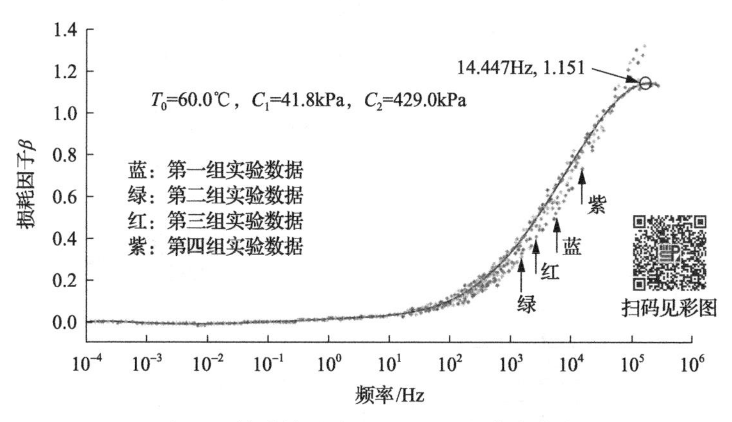

图 3-7　橡胶块试片 NR-3 60℃拟合主曲线

2. 橡胶块热源的计算及施加

根据 3.4.1 节的假设，只考虑橡胶滞后损失引起的生热。根据 3.3 节计算得到的橡胶块网格单元各个节点应变能，然后根据式(3-10)计算生热率。通过该方法把节点生热率施加到温度分析中，便能够将结构分析与温度分析联系起来。利用 Python 语言编写 Abaqus 的后处理脚本文件，获得橡胶块模型各个单元的应变能及单元节点坐标位置，如图 3-8 所示，以便为后续的 APDL 程序参数化建模做好准备工作。Abaqus 的 Python 语言程序只能获得橡胶块模型单元的应变能，不能直接获得节点的应变能。因此，在获得单元应变能的基础上，本节运用 MATLAB 编写的程序来实现橡胶块模型节点应变能的求解，程序算法流程如图 3-9 所示。

以联轴器 300r/min 的转速为例，选择联轴器橡胶块的载荷频率 f =5Hz，由图 3-7 得到橡胶块的损耗因子约为 0.025，表 3-2 为橡胶块及法兰材料(钢材)参数。

由 Abaqus 的 Python 程序得到橡胶块节点坐标，运用 APDL 程序建立橡胶块温度场分析模型。在利用 MATLAB 计算出橡胶块节点应变能的基础上，运用 APDL 程序计算出节点生热率并施加到橡胶块分析模型中。

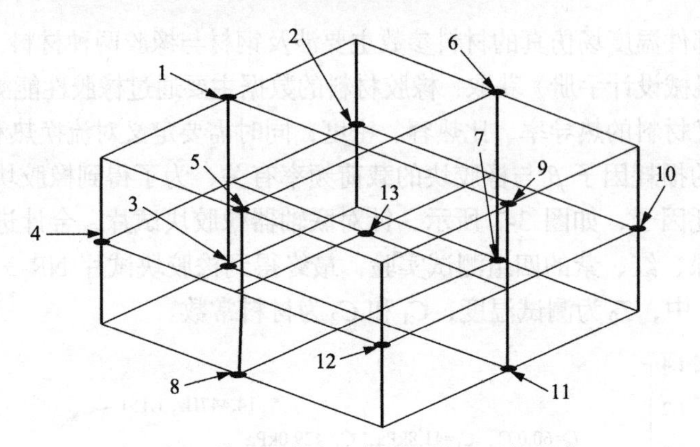

图 3-8　单元的应变能与单元节点坐标分布

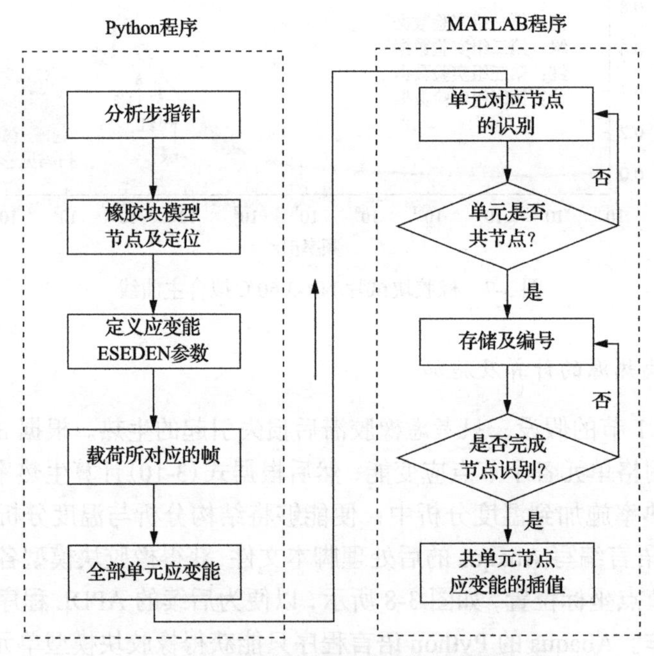

图 3-9　橡胶块模型节点应变能的获取流程

表 3-2　橡胶块及法兰材料参数

材料	密度/(kg/mm³)	热导率/[mW/(mm·K)]	比热容/[mJ/(kg·K)]	损耗因子
钢材	7.8×10^{-6}	49.8	4.65×10^{5}	0
橡胶	1.016×10^{-9}	0.2	1.66×10^{6}	0.025

3. 边界条件

根据上述假设，仅考虑橡胶块部件与空气间的对流换热，因此对有限元模型施加第三类边界条件：与物体相接触的流体介质的温度和表面对流换热系数。表面对流换热系数根据固体在空气中对流换热系数的经验估计公式[13]计算得到：

$$K = 2.5 + 4.2V \tag{3-11}$$

式中，K 为对流换热系数；V 为空气流动速度。

根据式(3-11)并结合经验，联轴器转速为 300r/min 时的对流换热系数为

$$K(r) = -12.035r^2 + 65.375r + 13.618 \tag{3-12}$$

式中，$K(r)$ 为相应半径处的对流换热系数；r 为橡胶块的半径。

当联轴器以 300r/min 的转速运转时，在半径为 0.57m 的橡胶块内表面的对流换热系数近似为式(3-13)。同理，可近似计算联轴器其他各个平面的对流换热系数。由于空气的流动速度为主要影响因素，联轴器轴向钢制直法兰与斜法兰亦可以通过式(3-13)进行计算。根据膜片橡胶块联轴器的实际工作环境(环境温度为 50℃)，橡胶块表面其他位置的对流换热系数如表 3-3 所示。

$$K(r) = -12.035 \times 0.57^2 + 65.375 \times 0.57 + 13.618 = 46.972 \quad \mathrm{W/(m^2 \cdot ℃)} \tag{3-13}$$

表 3-3　橡胶块表面其他位置的对流换热系数(环境温度 50℃)(单位：W/(m²·℃))

其他位置	外表面	左右端面	上端面	下端面	散热孔
对流换热系数	71.3	59.8	87.6	32.4	59.8

3.4.3　橡胶块温度场计算结果分析

橡胶块部件的生热与散热过程总的能量平衡式[12]为

$$\int_V \rho \dot{U} \mathrm{d}V = \int_V q \mathrm{d}S + \int_V r \mathrm{d}V \tag{3-14}$$

式中，$\dot{U}$ 为内能产生率；V 为橡胶单元的体积；ρ 为橡胶材料的密度；q 为通过单位面积的热流量；r 为外界对联轴器的单位体积供热；S 为面积。

橡胶块部件在工作时，温度基本高于环境温度，因此其热辐射和热对流均是对外界传热，而在一般情况下，外界条件不会主动对联轴器进行加热，因此联轴

器主要通过自身的阻尼生热与传热、散热、热辐射构成某一温度场而达到热平衡，构成温度场的要求如下：

(1) 在橡胶块部件的生热向外界传递过程中，其体积散热(橡胶自身通过热传导将热量由高温区传递到低温区的过程)对于整个传热过程的作用最为重要，因此其传热系数成为橡胶块部件传热与温度场分布的决定性因素；

(2) 橡胶表面与空气的对流传热和热辐射数值必然远大于橡胶在该微元处的生热率，否则橡胶块部件不可能达到生热与散热的平衡；

(3) 由于钢材较好的传热性能，橡胶对钢材传递的热量可被钢材快速传送到环境中去，可设想橡胶与钢材的接触面之间也有较好的散热条件；

(4) 固体与空气之间的对流散热系数主要取决于固体周围的空气流速，因此钢材与橡胶的表面对流散热情况可以认为与空气流速大致相当。

据此推测当橡胶本身的热传导系数较高时，橡胶块部件内部的温度场分布中会有一个较小的高温区，周边温度相对于环境温度高出很多；而当热传导系数较低时，橡胶块部件内部的温度场分布中会有一个较大的高温区，它与钢材和环境接触面的温度均比较低，图 3-10 为橡胶块温度场分析模型。

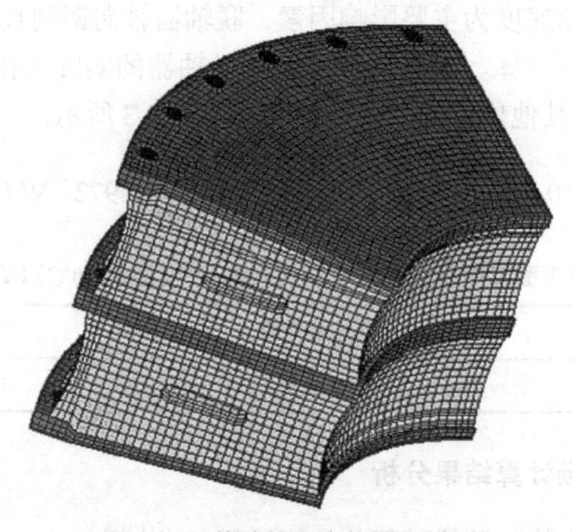

图 3-10　橡胶块温度场分析模型

橡胶块部件因其良好的阻尼性能可以承受振动扭矩，但同时由于阻尼生热，内部温度升高，且传递力矩本身不产生功耗，只有振动扭矩会导致橡胶弹性元件生热，在仿真模型中只对橡胶块部件及其两边黏结法兰进行温度场分析，忽略膜片组件、端板、压板等部件。

将上述的材料参数、生热率及边界条件输入图 3-10 所示的有限元模型中，完成橡胶块结构的稳态及瞬态传热分析，得到橡胶块部件在不同工况下的温度场分布情况及温升-时间历程曲线。

1. 橡胶块在 10%额定扭矩下的温度场分布及温升-时间历程曲线

由图 3-11 可知，橡胶块在受到 10%额定扭矩时温度会升高，最高温度为 54.0℃左右，且最高温度分布在帘线层两端位置，满足表 3-1 中的温度性能指标要求。橡胶块不同位置的温度大小不同，橡胶块外表面温度较低，接近环境温度；橡胶块内部温度较高且分布不均，这是由橡胶块受扭矩变形不同及散热孔散热效果不佳导致的；靠近散热孔的橡胶部分温度较低。

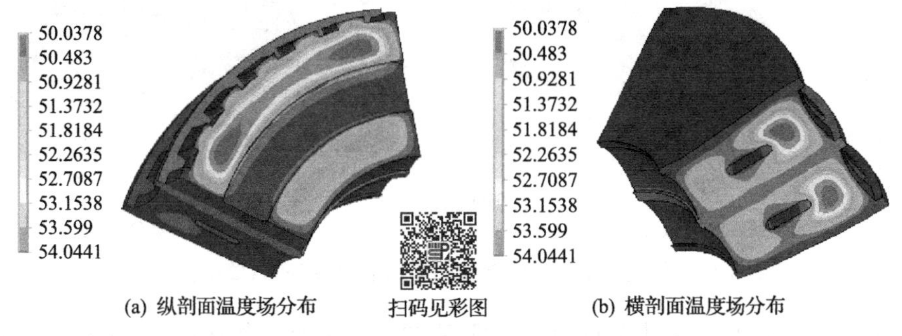

图 3-11　橡胶块受到 10%额定扭矩时温度场分布(单位：℃)

通过瞬态温度场分析，提取橡胶块分析模型温度最高的节点，可以得到该节点的温升-时间历程曲线(图 3-12)。由图 3-12 可知，经过约 4×10^4s(约 11.1h)后橡胶块的温度达到一个稳定值；橡胶块在受到扭矩初始阶段升温较快，随着时间的变化升温的幅度逐渐减小。

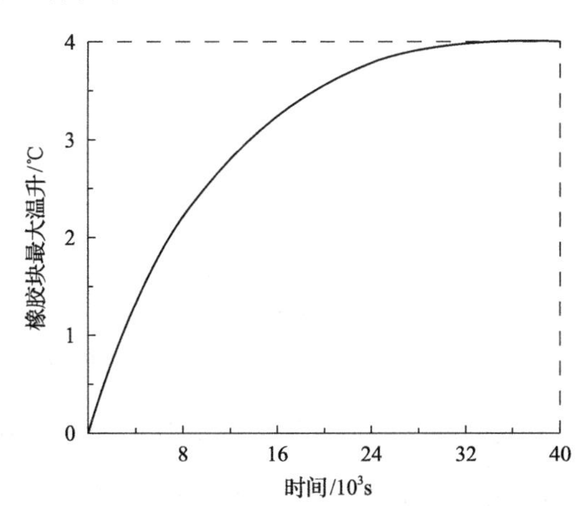

图 3-12　橡胶块温升-时间历程曲线(10%额定扭矩)

2. 橡胶块在 15%额定扭矩下的温度场分布及温升-时间历程曲线

由图 3-13 可知，橡胶块在受到 15%额定扭矩时温度会升高，最高温度为 59.1℃

左右，最高温度分布在帘线层两端位置，满足表 3-1 中的温度性能指标要求。橡胶块不同位置的温度大小不同，橡胶块外表面温度较低，接近环境温度；橡胶块内部温度较高且分布不均，这是由橡胶块受扭矩变形不同及散热孔散热效果不佳导致的；靠近散热孔的橡胶部分温度较低。

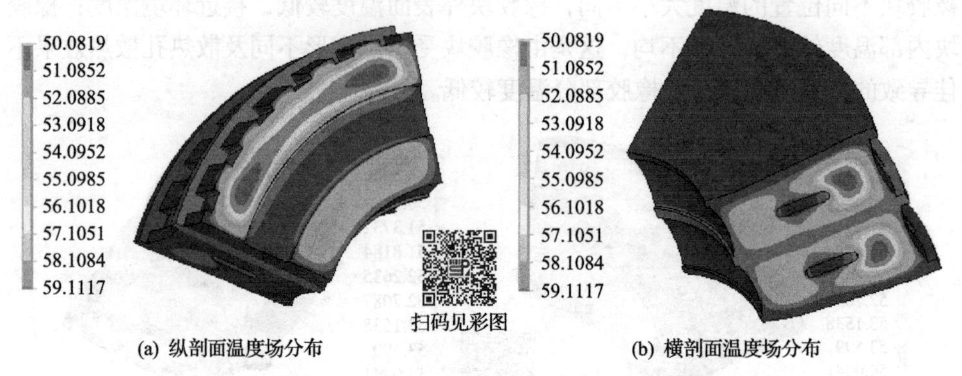

(a) 纵剖面温度场分布　　(b) 横剖面温度场分布

图 3-13　橡胶块受到 15%额定扭矩时温度场分布(单位：℃)

由图 3-14 可知，经过约 11.1h 后橡胶块的温度达到一个稳定值；橡胶块受到扭矩之后，初始阶段升温较快，随着时间的变化，升温的幅度逐渐减小，逐渐趋于零。

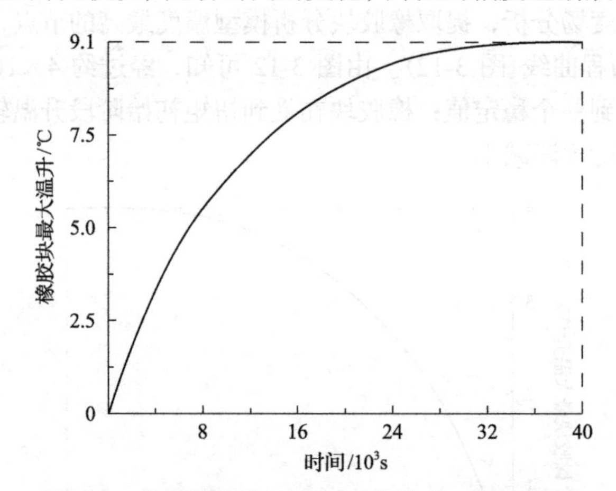

图 3-14　橡胶块温升-时间历程曲线(15%额定扭矩)

3. 橡胶块在 20%额定扭矩下的温度场分布及温升-时间历程曲线

由图 3-15 可知，橡胶块在受到 20%额定扭矩时温度会升高，最高温度为 66.3℃左右，最高温度分布在帘线层位置两端，满足表 3-1 中的温度性能指标要求。橡胶块不同位置的温度大小不同，橡胶块外表面温度较低，接近环境温度；橡胶块内部温度较高且分布不均，这是橡胶块受扭矩变形不同及散热孔散热效果导致的；靠近散热孔的橡胶部分温度较低。

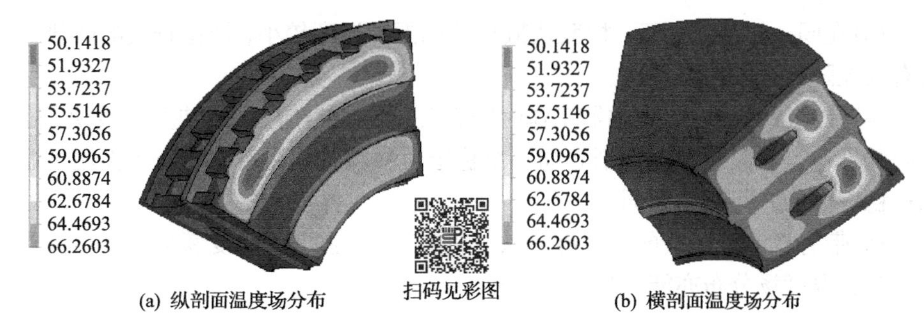

(a) 纵剖面温度场分布　(b) 横剖面温度场分布

图 3-15　橡胶块受到 20%额定扭矩时温度场分布(单位：℃)

由图 3-16 可知，经过约 4×10^4s(约 11.1h)后橡胶块的温度达到一个稳定值；橡胶块在受到扭矩初始阶段升温较快，随着时间的变化温升的幅度逐渐减小，最后趋于零。橡胶块稳态及瞬态温度场分析结果汇总于表 3-4。

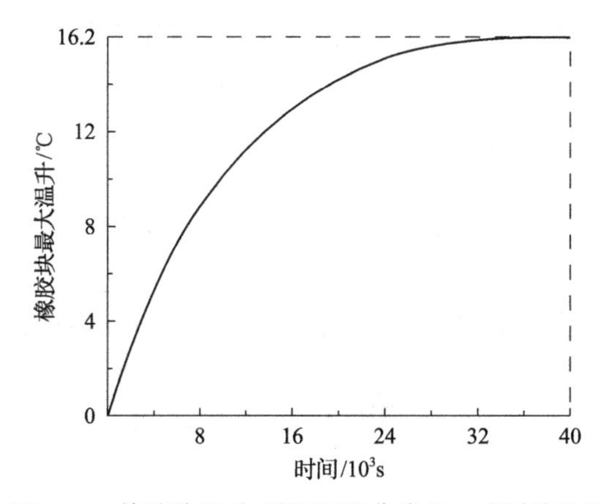

图 3-16　橡胶块温升-时间历程曲线(20%额定扭矩)

表 3-4　橡胶块稳态及瞬态温度场分析结果

工况	最大温度/℃	最大温度位置	最大温升/℃	热平衡时间/h
10%额定扭矩	54.0	帘线层两端	4.0	11.1
15%额定扭矩	59.1	帘线层两端	9.1	11.1
20%额定扭矩	66.3	帘线层两端	16.3	11.1

注：联轴器环境温度为 50℃。

通过研究扭矩对橡胶块温度场分布的影响，得到如下结论：

(1)联轴器所受到的扭矩大小对橡胶块部件的温度有显著的影响，扭矩越大，橡胶块温度越高；

(2)橡胶块内部散热条件不足及帘线层附近橡胶材料变形过大，导致橡胶块温度高的区域主要分布在橡胶块的内部和帘线层附近；

(3) 在同一扭矩作用下，橡胶块散热孔周围的温度较小，即橡胶块的散热孔能够有效地降低橡胶块的温度；

(4) 橡胶块的温度与联轴器工作时间有关，在初始阶段橡胶块升温较快，随着时间的推移，橡胶块温度逐渐趋向一个稳定值，橡胶块在不同的扭矩作用下温度到达稳定值的时间基本相同；

(5) 带有双曲帘线层的膜片橡胶块联轴器，其在强度和刚度满足设计指标要求的同时，温度场分布亦能满足指标要求。

3.4.4 橡胶块温升-扭矩近似公式

本节运用最小二乘法拟合 3.4.3 节所得的温升与扭矩的关系。最小二乘法(又称最小平方法)是一种数学优化技术[14]，它通过最小化误差的平方和寻找数据的最佳函数匹配。利用最小二乘法可以简便地求得未知的数据，并使得这些数据与实际数据之间误差的平方和最小。最小二乘法还可用于曲线拟合，从整体上考虑拟合函数 $P(x)$ 与所给数据点 (x_i, y_i) 误差 $(r_i = P(x_i) - y_i)$ 的大小，常用的方法有三种：①误差绝对值的最大值；②误差绝对值的和 $\sum_{i=0}^{n}|r_i|$；③误差平方和 $\sum_{i=0}^{n}r_i^2$。前两种方法简单，但不便于微分运算，在曲线拟合中常采用误差平方和来度量误差 r_i 的整体大小。

根据数据点求拟合函数 $P(x)$，使得误差 r_i 的平方和最小，用式(3-15)表示：

$$\sum_{i=0}^{n}r_i^2 = \sum_{i=0}^{n}[P(x_i) - y_i]^2 = \min \tag{3-15}$$

从几何意义上讲，就是寻求与给定点 (x_i, y_i) 的距离平方和最小的曲线 $y = P(x)$。$P(x)$ 为拟合函数或最小二乘解，求拟合函数 $P(x)$ 的方法称为曲线拟合的最小二乘法。

基于 MATLAB，运用最小二乘法原理对表 3-4 中最大温升与额定扭矩百分比进行拟合。

得到橡胶块最大温升与加载的扭矩近似呈二次函数关系，温升的近似规律为式(3-16)，橡胶块最大温升拟合曲线如图 3-17 所示。

$$\Delta T = 0.04m^2 + 0.02m - 0.2 \tag{3-16}$$

式中，ΔT 为橡胶块的最大温升；m 为额定扭矩百分比。

由橡胶块最大温升拟合曲线可知：

(1) 拟合曲线与实际计算值偏移非常小，说明拟合误差非常小，拟合曲线可靠性较高；

(2)扭矩与温升近似呈二次函数关系且温升随扭矩的增大而递增；

(3)式(3-16)可以用于预测橡胶块在其他扭矩作用下的温升。

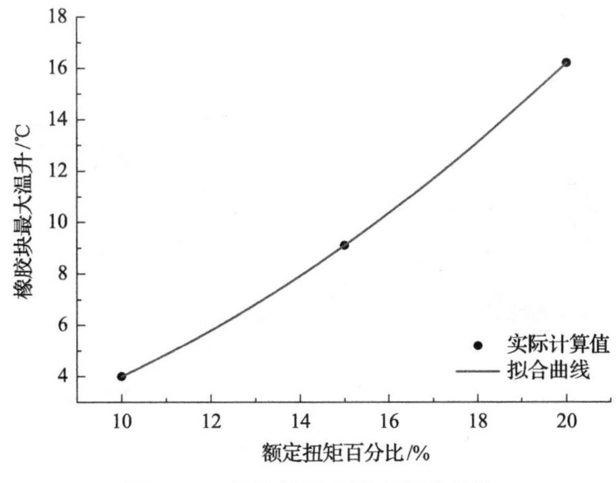

图 3-17　橡胶块最大温升拟合曲线

3.5　联轴器位移载荷对橡胶块温度场的影响

膜片橡胶块联轴器实际工作时，不仅受到扭矩的作用，还会受到来自传动系统轴系的轴向和径向窜动，这使得联轴器轴系受到轴向和径向的位移载荷，联轴器的轴向及径向位移载荷最大值为 18mm(参照第 1 章仿真分析工况进行选取)。在轴向和径向两种位移载荷下，联轴器的橡胶块部件同样会发生变形产生热量。因此，需要研究联轴器在轴向和径向两种位移载荷下的温度场分布，以便更好地把握联轴器的受载生热特性，为改进其性能提供参考依据。联轴器在位移载荷下的橡胶块温度场分析过程与 3.3 节和 3.4 节类似：基于 Abaqus 平台计算出联轴器在 18mm 轴向及径向位移载荷下的橡胶块应变能分布→在 ANSYS 平台上进行参数化建模及边界条件的施加→计算出温度场分布。

以联轴器运转速度 300r/min 为例，即联轴器橡胶块的载荷频率 f=5Hz。根据 3.2.1 节和 3.4.2 节分别计算得到联轴器的生热率及对流换热系数，联轴器的环境温度为 50℃，运用同样的方法在 ANSYS 平台上获取联轴器在轴向及径向位移载荷下的温度场分布，如图 3-18 和图 3-19 所示。橡胶块在轴向及径向位移载荷下温度场达到平衡的温升-时间历程曲线如图 3-20 所示。

由以上分析可知：

(1)联轴器的轴向及径向位移载荷对橡胶块部件的温升影响较小，且径向位移载荷下橡胶块的温升大于轴向位移载荷下的温升；

(2)轴向及径向位移载荷下联轴器的温度场分布区域基本一致；

(3)径向位移载荷下橡胶块温度达到稳定的时间大于轴向位移载荷下橡胶块温度达到稳定的时间。

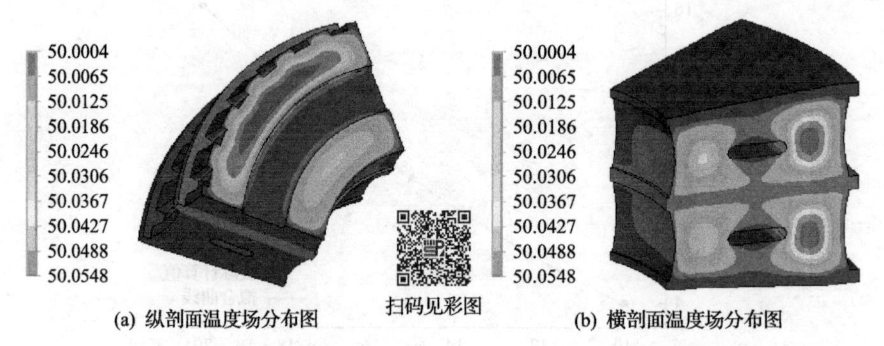

图 3-18　18mm 轴向位移载荷下橡胶块温度场分布(单位：℃)

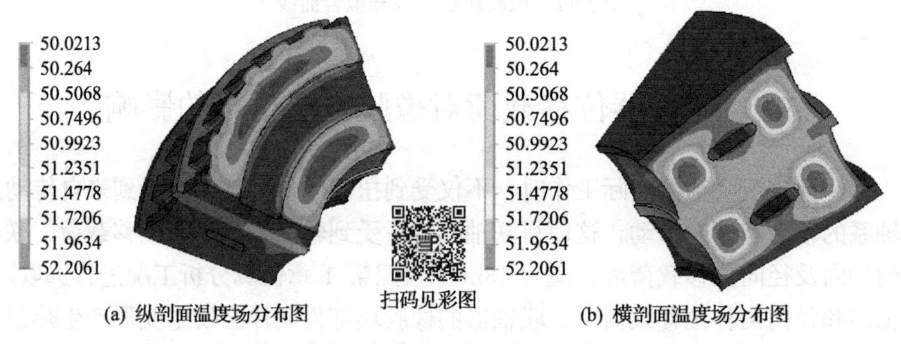

图 3-19　18mm 径向位移载荷下橡胶块温度场分布(单位：℃)

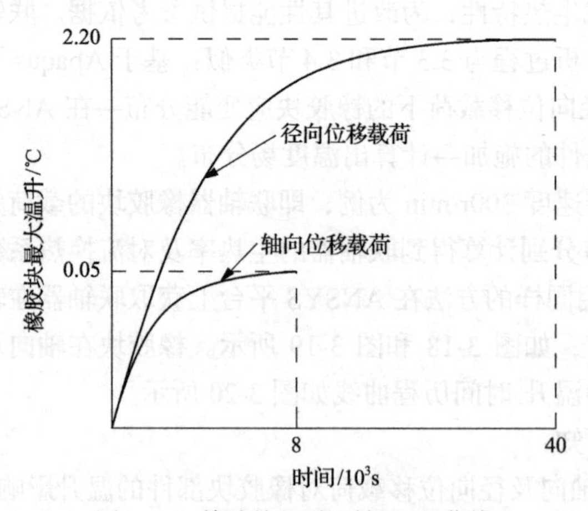

图 3-20　橡胶块温升-时间历程曲线

3.6　联轴器转速对橡胶块温度场的影响

3.5 节仅讨论了膜片橡胶块联轴器温度场与载荷大小及形式之间的关系，但联轴器在实际工作中的转速也会发生变化，即联轴器的载荷频率 f 会发生变化。本节研究联轴器在受到 20%额定扭矩下转速对联轴器温度场的影响规律。

3.6.1　联轴器不同转速下橡胶块的温升

由式(3-11)及式(3-12)可知，联轴器的转速变化会导致橡胶块的对流换热系数变化，也会导致橡胶块的温度场发生变化，因此需要研究膜片橡胶块联轴器在不同转速下的温度场分布，其温度场分析模型建立方法与 3.4 节类似。根据联轴器的相关设计指标要求，本节将计算联轴器在 60r/min、300r/min、600r/min、900r/min、1800r/min、3600r/min 转速(在载荷频率 f=1Hz、5Hz、10Hz、15Hz、30Hz、50Hz)下橡胶块的最大温升。图 3-21～图 3-26 为橡胶块在不载荷频率下的温度场分布。图 3-27 为橡胶块在不同载荷频率下温度场达到平衡状态时的温升-时间历程曲线。

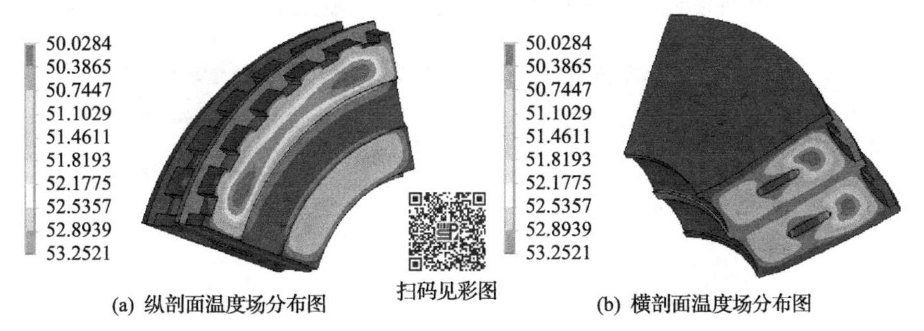

图 3-21　载荷频率 f=1Hz 时橡胶块温度场分布(温升为 3.2℃)(单位：℃)

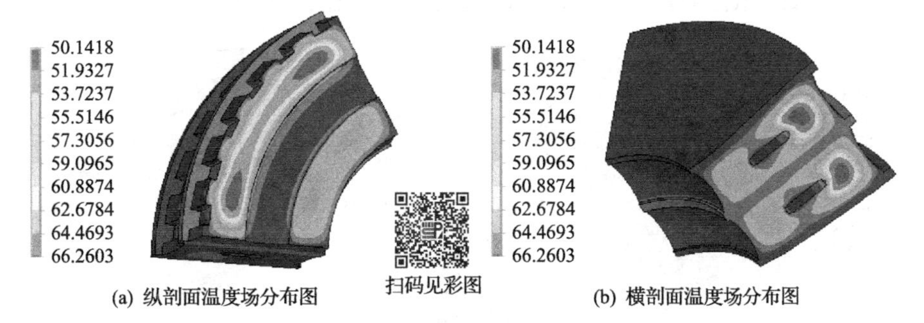

图 3-22　载荷频率 f=5Hz 时橡胶块温度场分布(温升为 16.1℃)(单位：℃)

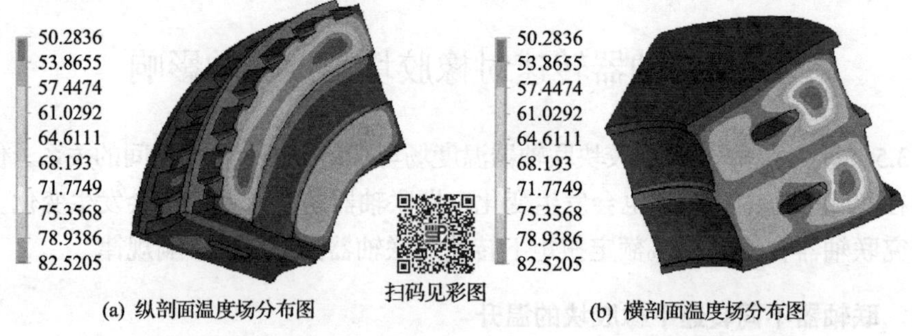

(a) 纵剖面温度场分布图　　(b) 横剖面温度场分布图

图 3-23　载荷频率 f=10Hz 时橡胶块温度场分布(温升为 32.2℃)(单位：℃)

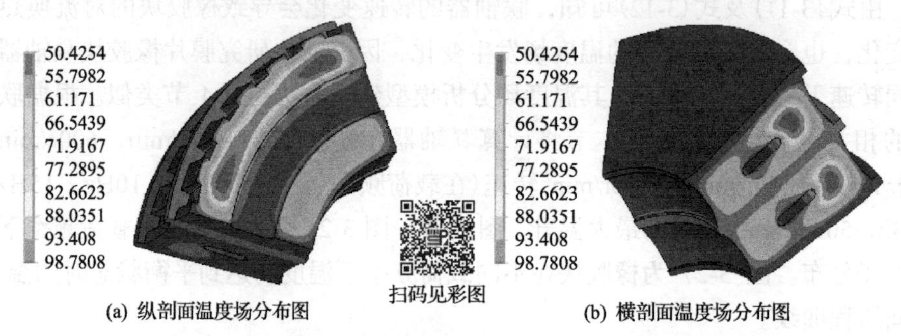

(a) 纵剖面温度场分布图　　(b) 横剖面温度场分布图

图 3-24　载荷频率 f=15Hz 时橡胶块温度场分布(温升为 48.4℃)(单位：℃)

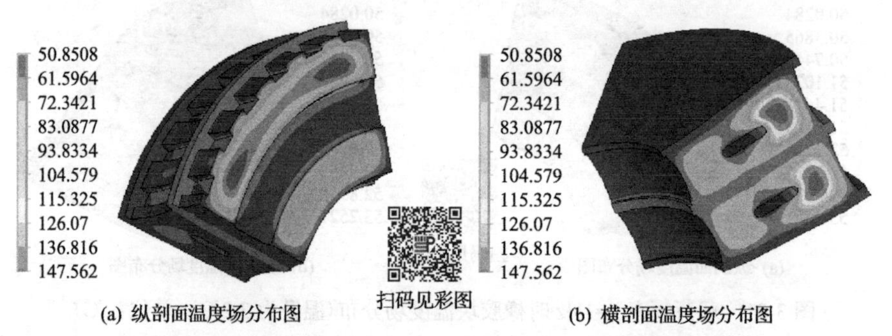

(a) 纵剖面温度场分布图　　(b) 横剖面温度场分布图

图 3-25　载荷频率 f=30Hz 时橡胶块温度场分布(温升为 96.7℃)(单位：℃)

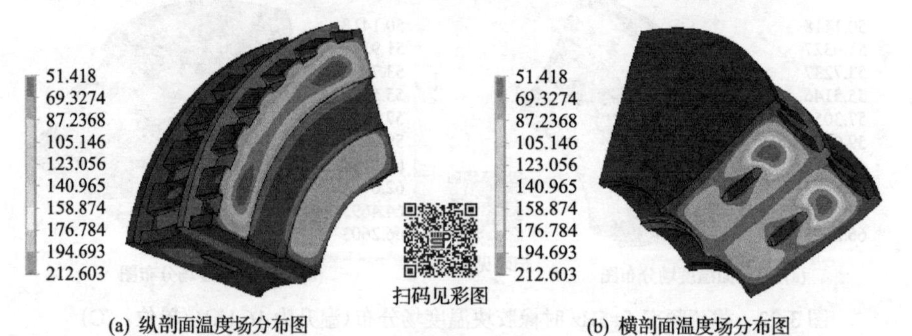

(a) 纵剖面温度场分布图　　(b) 横剖面温度场分布图

图 3-26　载荷频率 f=50Hz 时橡胶块温度场分布(温升为 161.2℃)(单位：℃)

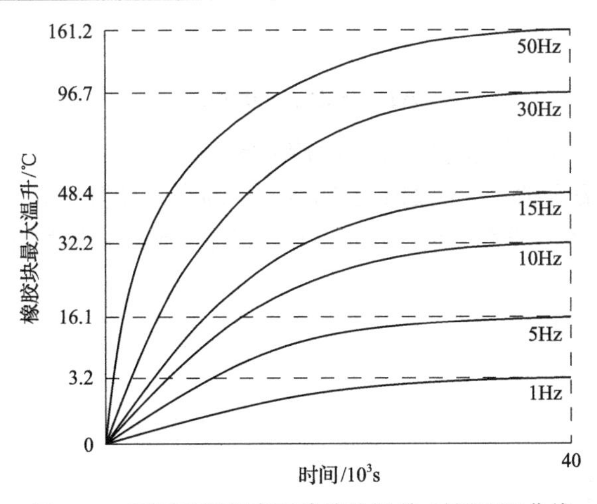

图 3-27　不同载荷频率下橡胶块温升-时间历程曲线

对比分析图 3-21～图 3-27 可知：

(1)联轴器的转速(载荷频率)对橡胶块的温升影响显著，转速越大，橡胶块温升越大；

(2)联轴器的转速(载荷频率)不影响橡胶块温度场区域的分布；

(3)联轴器在不同的转速下，橡胶块温度到达稳定值的时间不变，且温升幅度逐渐减小，最后趋于零。

3.6.2　橡胶块温升-载荷频率近似公式

3.6.1 节计算得到的膜片橡胶块联轴器在不同转速(载荷频率)下的温升如表 3-5 所示，但实际情况下的联轴器转速具有随机性，本节计算的六种转速不能代表联轴器工作时所有转速工况。下面对联轴器载荷频率与温升之间的关系进行数据拟合，以便得到联轴器在连续转速下橡胶块的温升。

表 3-5　六种载荷频率下橡胶块的温升

载荷频率/Hz	最大温度/℃	最大温升/℃	热平衡时间/h
1	53.3	3.2	11.1
5	66.3	16.1	11.1
10	82.5	32.2	11.1
15	98.8	48.4	11.1
30	147.6	96.7	11.1
50	212.6	161.2	11.1

与 3.4.4 节类似，基于 MATLAB 软件，运用最小二乘法原理对表 3-5 中的温升与载荷频率进行拟合，得到橡胶块最大温升与载荷频率近似呈一次函数关系，

温升的近似公式为

$$\Delta T = 3.25f - 0.0035 \tag{3-17}$$

式中，ΔT为橡胶块的最大温升；f为载荷频率。

橡胶块最大温升拟合曲线如图 3-28 所示，温升计算值与拟合曲线偏差几乎为零，温升-载荷频率呈线性关系。式(3-17)可以用于预测橡胶块在其他载荷频率下的橡胶块的温升。

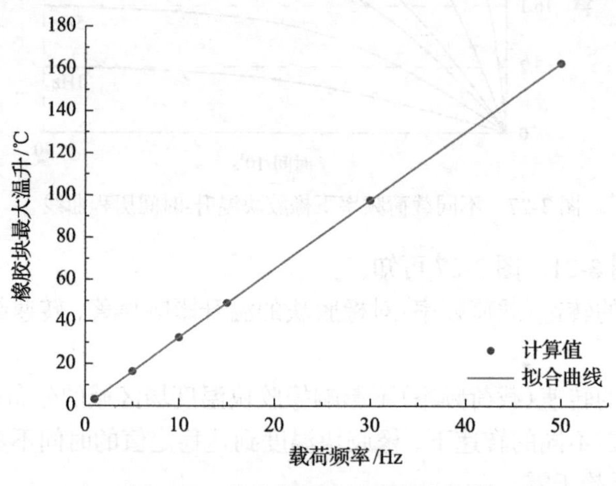

图 3-28　橡胶块最大温升拟合曲线

3.7　小　结

本章基于橡胶块部件的生热原理及传热方式，得到了 R-CF 结构中橡胶块温度场计算的新方法，首先分析了橡胶块在不同扭矩下的应变能分布，运用 Python 程序提取出了每个橡胶块网格节点的应变能；然后通过 APDL 程序建模并将橡胶块的生热率及对流换热系数等参数加载到了分析模型中；最终得到了橡胶块在不同载荷下的稳态及瞬态温度场分布规律，计算结果表明橡胶块的温升符合设计指标要求。通过研究联轴器位移载荷及转速对橡胶块温度场的影响，得到了位移载荷对橡胶块的温升影响较小、转速对橡胶块的温升影响显著的结论。最后得到了扭矩-橡胶块温升及载荷频率-橡胶块温升的近似公式，为准确预测橡胶块在其他扭矩及载荷频率下的温升提供了理论基础。

本章常见问题及解决方案

问题一：如何让联轴器的橡胶块达到热平衡？

要考虑生热和散热之间的关系，生热主要是由于橡胶块黏弹性损耗将应力-应变分析中得到的橡胶块部件应变能转化为橡胶的生热率。充分考虑散热因素的热传导、热辐射、热对流，使生热和散热处于平衡状态，否则橡胶元件的温度将持续升高，导致熔化破坏。

问题二：相比较弹性材料和黏性材料，黏弹性材料的功耗和性能是怎样的?

黏弹性材料介于两者之间，当其产生动态应力和应变时，一部分能量可以像位能那样储存起来，另一部分能量则转化为热能被耗散掉。这种能量的转化及耗散表现为机械阻尼，具有减振和降噪的作用，是机械能转化为内能的过程。

问题三：约束和载荷如何设置才能保证模型分析成功?

将扭矩和强制位移载荷等效加载至耦合控制点上，将扭矩定义在第一个分析步(Step1)中，径向/轴向位移定义在第二个分析步(Step2)中，加载方式为线性加载。

问题四：由于每个橡胶块网格节点的生热率不同，在Abaqus平台上向节点施加生热率的复杂性及不稳定性该如何解决?

利用ANSYS平台对橡胶块温度场分析模型进行参数化建模，并通过APDL程序对节点赋值，这样可以大大减少工作量，降低出错率。最后通过ANSYS温度场分析模块计算程序得到橡胶块的稳态及瞬态温度场分布。

问题五：如何减少分析中的计算量，提高联轴器的分析速度?

由于联轴器载荷具有对称性，且联轴器具有轴向对称结构，为了减少计算量，取联轴器1/6模型进行计算。利用Abaqus中的“循环对称”约束方法，可以实现1/6联轴器橡胶块的应变能密度计算结果等同于联轴器整体的计算结果。

问题六：在本章中，对联轴器的橡胶类材料热分析的条件假设有哪些?

对橡胶块材料进行无周向的辐射、材料各向同性、耦合问题的处理假设。

问题七：如何对获取的一些数据进行分析? 如温升和扭矩之间的关系。

运用最小二乘法拟合所得的温升与扭矩的关系。最小二乘法(又称最小平方法)是一种数学优化技术，它通过最小化误差的平方和寻找数据的最佳函数匹配。利用最小二乘法可以简便地求得未知的数据，并使得这些数据与实际数据之间误差的平方和最小。

问题八：怎样评价联轴器在温度场分析中的优良性能?

需要分别考虑扭矩、位移、转速等工况下温升的变化，通过最小二乘法进行拟合，可以为准确预测橡胶块在其他扭矩及载荷频率下的温升提供理论基础。

参考文献

[1] 花家寿. 新型联轴器与离合器[M]. 上海: 上海科学技术出版社, 1989.

[2] 张会福. 基于模糊可靠性的新型高弹性联轴器计算机辅助设计[D]. 重庆: 重庆大学, 2001.

[3] 杨江兵. 挤压和扭转复合式弹性联轴器设计与研究[D]. 重庆: 重庆大学, 2013.

[4] 林瑞霖, 黄次浩. 舰船高弹性联轴器的应用及发展趋势分析[J]. 海军工程大学学报, 2001, 13(2): 49-53.

[5] Piteau P , Delaune X, Antunes J , et al. Vibro-impact experiments and computations of a gap-supported tube subjected to single-phase fluid-elastic coupling forces[C]. ASME 2010 3rd Joint US-European Fluids Engineering Summer Meeting Collocated with 8th International Conference on Nanochannels, Microchannels, and Minichannels, 2010.

[6] Al-Hussain K M. Dynamic stability of two rigid rotors connected by a flexible coupling with angular misalignment[J]. Journal of Sound and Vibration, 2003, 266(2): 217-234.

[7] 何燕, 马连湘, 黄素逸, 等. 轮胎橡胶材料生热率的测定及分析[J]. 橡胶工业, 2004, 51(1): 53-55.

[8] 李宇燕, 黄协清. 金属橡胶材料阻尼性能的影响参数[J]. 振动、测试与诊断, 2009, 29(1): 23-26, 115.

[9] 杨世铭, 陶文铨. 传热学[M]. 4 版. 北京: 高等教育出版社, 2006.

[10] 阎安志, 徐晖. ER 制动器温度和热应力场的 ANSYS 分析[J]. 机械科学与技术, 2003, 22(4): 556-557, 652.

[11] 王新敏. ANSYS 工程结构数值分析[M]. 北京: 人民交通出版社, 2007.

[12] 刘迪辉, 范迪, 欧阳雁峰, 等. 温度对橡胶隔振器力学性能的影响[J]. 噪声与振动控制, 2014, 34(3): 203-206, 210.

[13] 顾智超, 史进, 史以捷, 等. 高弹性联轴器橡胶弹性元件传热与温度场的仿真分析[J]. 机械设计与研究, 2012, 28(1): 37-41, 45.

[14] 李庆扬. 现代数值分析[M]. 北京: 高等教育出版社, 1995.

第 4 章　气胎摩擦离合器动态结合特性分析

4.1　研究背景及意义

离合器是连接同轴线上的主动件、从动件以传递动力或运动，并在传递过程中具有接合或分离功能的传动部件。在船舶轴系传动系统中，通过离合器实现发动机和螺旋桨之间的功率传递并实现“离”“合”功能[1]。

近代，随着船舶的大型化和船舶功能的多样化，对动力装置技术性能要求越来越高，发动机的演变(从蒸汽机到柴油机的大量应用；从小功率柴油机发展到大功率柴油机、蒸汽轮机、燃气轮机；核动力技术的发展，柴油机与柴油机、柴油机与蒸汽轮机、燃气轮机与燃气轮机复合动力的应用等)对船用离合器的功能要求也越来越高。

同时，由于各类新型船舶动力装置中传动系统趋于多样化、大型化、复杂化，离合器不仅是轴系传动中的“离”“合”部件，还是倒顺机构、多级变速机构中不可缺少的传动部件。由于船舶低速、微速航行(如拖网渔船、拖网工况)和无级变速的要求，液体黏性传动技术及液黏调速离合器在船舶中的应用成为可能。

综上所述，在近代船舶动力装置中，离合器的功能扩展为：

(1)实现发动机和螺旋桨之间的“离”“合”功能；

(2)实现发动机的空载启动；

(3)调整轴系刚度，改善扭振情况；

(4)实现减振降噪功能；

(5)实现传动系统多级变速功能；

(6)实现柴油机多机并车、柴油机与燃气轮机、燃气轮机与燃气轮机复合动力等多种工况下自动切换功能；

(7)实现推进系统微速航行和无级变速功能。

对船用离合器的要求为传递功率大、尺寸小、重量轻、工作可靠、维修性好、易于实现遥控和集控。

在船型和机型(包括飞轮尺寸)已定的情况下，扭转振动问题主要应从轴系装置中加以解决。装配吸收和减小振动的联轴节或离合器是重要的方法之一。20 世纪 50 年代和 60 年代初，中速柴油机装置上较多采用液力联轴节和电磁离合器来解决扭转振动问题。液力联轴节存在一些固有缺点，例如，单位马力重量比较大，至少有 2.5%～3%的滑差损失，需要配置冷却器及其他附属设备，导致装置复杂化、尺寸增大、燃料消耗率增加等问题，因此逐渐被高弹性联轴节或高弹性离合器所取代。自 20 世纪 60 年代中期以来，中速柴油机单缸功率不断提高，利用烧重油和进一步缩小重量尺寸等措施，使中速柴油机的发展达到与低速柴油机相竞争的新阶段。因此，新阶段对配套使用的联轴节、离合器也提出了更高的要求，以便适应柴油机的发展。为了改变系统刚度、调整系统扭振特性、减少系统冲击振动以及补偿安装和运行中的误差，各种形式的弹性联轴器和弹性离合器越来越多。弹性离合器具有弹性传递转矩和摩擦离合的双重功能，因此在需要离合的动力装置中，采用弹性离合器具有明显的优势。在这种情况下，减振性能好、重量尺寸小、成本低、维护使用方便的各种新型结构的弹性联轴节和离合器相继研制成功。

弹性元件是高弹性离合器及高弹性联轴器中的关键部件，弹性元件能在受载时产生显著的弹性变形，一方面起着补偿所连两轴间相对位移的作用，另一方面可以通过储存弹性变形达到缓冲作用，最后一个方面可以通过改变联轴器的结构刚度来调节系统的固有频率，以减轻振动，避免共振。因此，弹性元件可以吸收能量实现衰减振动、缓和冲击；同时，其高弹性、低刚度的物理性能可以帮助实现位移补偿和大幅度调节传动装置的固有频率，达到避免共振和降低结构噪声的目的。

离合器是船舶动力装置中的重要部件之一。在船舶运行的工况中，经常出现主机转速变化与轴系转速变化不一致的情况，例如，多机并车装置在部分主机工作时，另外的主机要投入工作或撤出工作；船舶微速航行必须使艉轴时停时转，但又要保证主机有一定的转速。在很多这样的场合下[2]，主机和轴系尽可能在运转状态下更迅速地接合或分离，这些重要的功能均由离合器实现。

离合器的接合和分离时间应尽可能短；工作寿命与可靠性应与主机相适应；传递效率应尽可能高；重量尺寸应尽可能小；工作时无冲击、无噪声，能有效地降低轴系的扭转振动；保证离合器正常工作的能耗尽可能小。

本章所涉及的气胎摩擦离合器的工作原理是将气胎或气囊充入压缩空气，使之膨胀产生压紧力，主、从动部分通过摩擦副(鼓轮和摩擦块)压紧结合以传递扭矩。离合器利用空气系统气动遥控对气胎进行充气和放气，由此实现离合器抱紧和放松。气胎摩擦离合器具有构造简单、结构紧凑、重量尺寸小、维护工作量小、减振性能好、传递扭矩范围大、正常工作的能耗少、易于实现遥控和自动化的优点。本章对气胎摩擦离合器的不同接合工况冲击特性影响进行分析，得到各工况对离合器接合特性的影响，在此基础上可以得到离合器的进一步研究及改进方向，以解决实际生产使用过程中出现的问题。

4.2　具 体 内 容

4.2.1　主要内容

气胎摩擦离合器的建模需要包含外鼓轮、内鼓轮、气胎(含橡胶及帘线)、摩擦片、输出轴等主要零部件。本章计算包括两种模型：无芯轴气胎摩擦离合器模型(模型一)、带芯轴气胎摩擦离合器模型(模型二)。

在模型一中对不同接合转速工况下无芯轴气胎摩擦离合器接合冲击性能进行仿真，完成不同充气时间工况下无芯轴气胎摩擦离合器接合冲击性能的仿真。气胎充气时间分为 1s、2s、4s、6s 四种工况，在动/静摩擦系数、从动端转动惯量和径向偏心量等参数相同的情况下进行横向对比，给出每个工况下的计算结果，并得出相应的结论。在模型二中对不同径向偏心工况下带芯轴气胎摩擦离合器接合冲击性能进行仿真，根据计算结果，以减小离合器在接合瞬间振动噪声为目的，形成离合器优化改进方案，要求改进优化后的方案与原方案相比接合瞬态噪声有一定减小。

4.2.2　工作流程

气胎摩擦离合器的仿真分析流程如图 4-1 所示。

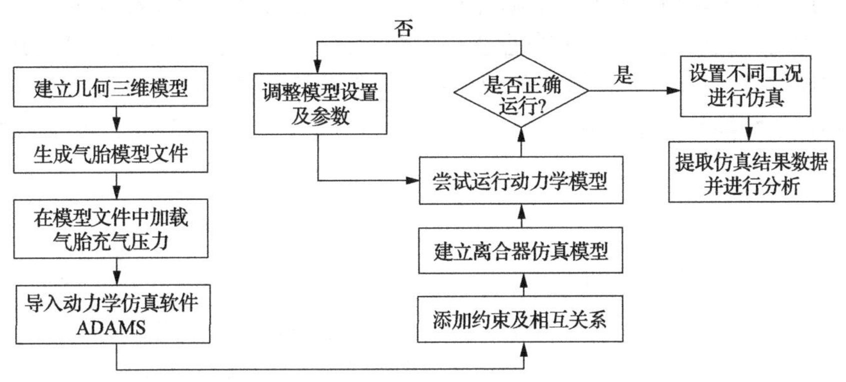

图 4-1　气胎摩擦离合器的仿真分析流程图

ADAMS：机械系统动力学自动分析

4.3　气胎摩擦离合器几何及有限元模型

4.3.1　气胎摩擦离合器几何模型的建立

参照二维计算机辅助设计(computer aided design，CAD)软件图纸，在 Abaqus

以及三维软件 Pro/E(Pro/ENGINEER)中建立离合器几何模型，无芯轴气胎摩擦离合器的内鼓轮和从动端三维模型如图 4-2 和图 4-3 所示。

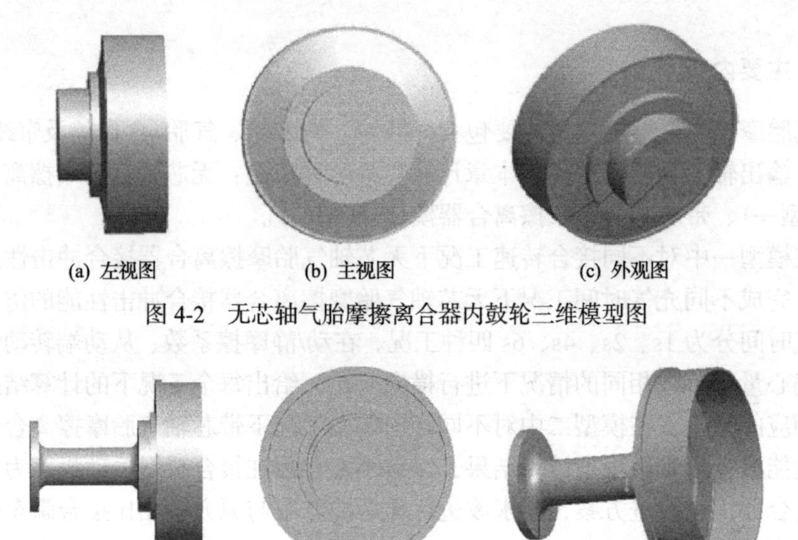

(a) 左视图　　(b) 主视图　　(c) 外观图

图 4-2　无芯轴气胎摩擦离合器内鼓轮三维模型图

(a) 左视图　　(b) 主视图　　(c) 外观图

图 4-3　无芯轴气胎摩擦离合器从动端三维模型图

摩擦片在运动仿真过程中，随着充气压力的逐渐增大，会被紧压到内鼓轮上，而摩擦片的外表面始终贴合在气胎上。因此，建模时摩擦片的外径等于气胎的内径，本模型取 665mm；摩擦片的内径等于内鼓轮的外径，本模型取 650mm。本模型中每个摩擦片沿圆周方向的圆心角为 14°，各摩擦片之间相隔 1°，如图 4-4 所示。

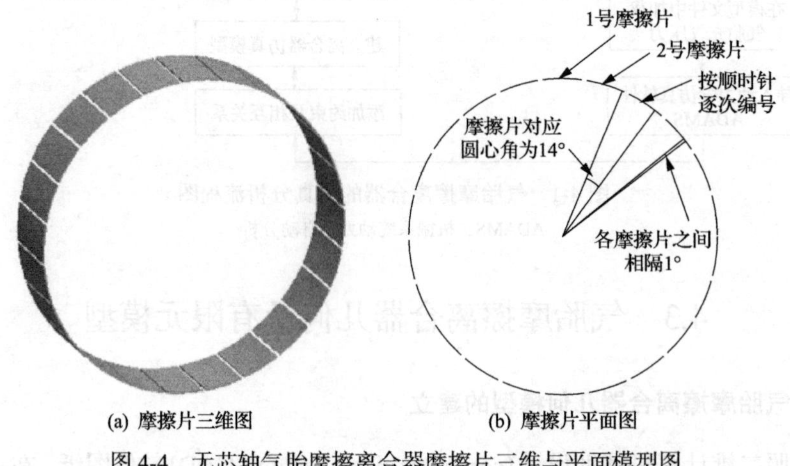

(a) 摩擦片三维图　　(b) 摩擦片平面图

图 4-4　无芯轴气胎摩擦离合器摩擦片三维与平面模型图

在进行模型处理时，外鼓轮、从动盘、输出轴在计算过程中同属于刚性单元且相互之间有固定关系，因此在建模过程中将这三个元件作为同一元件进行建模。同样，无芯轴气胎摩擦离合器模型中内鼓轮与动力输入轴也作为同一元件进行建模。带芯轴气胎摩擦离合器模型的内鼓轮和动力输入轴则需要分别进行建模，在模型中以弹性联轴器连接这两个零部件(弹性联轴器在仿真模型中以弹簧进行代替)。气胎需要建立柔性体文件，因此需要在 Abaqus 中建立网格模型。两个模型需要进行对比分析，因此除了内鼓轮的部分模型结构会有所改变，其余包括摩擦片、气胎及外鼓轮等元件使用相同的模型，并且内鼓轮的尺寸也不会有所改变，如图 4-5～图 4-8 所示。

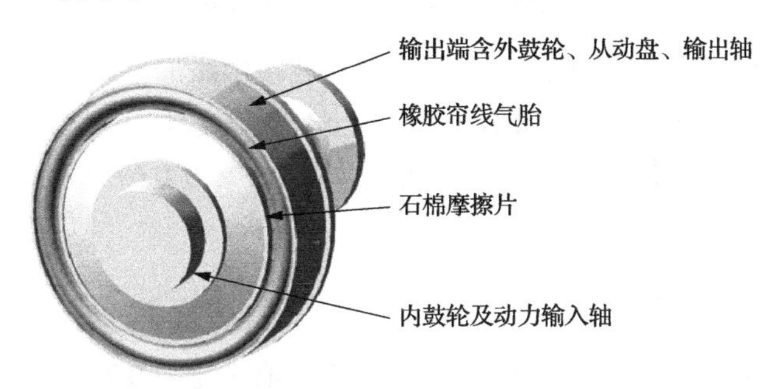

图 4-5　无芯轴气胎摩擦离合器三维模型图

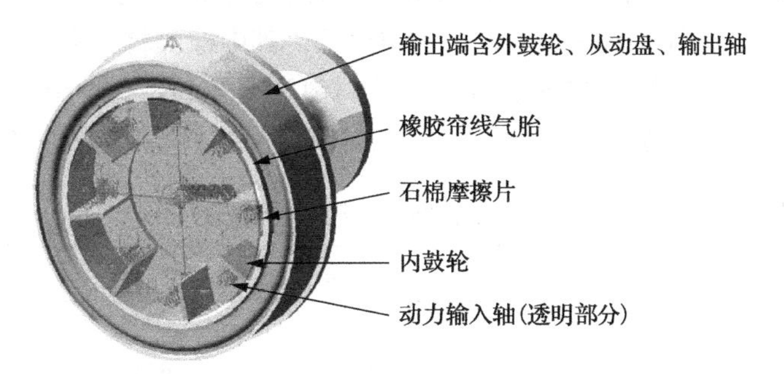

图 4-6　带芯轴气胎摩擦离合器三维模型图

图 4-7　气胎摩擦离合器气胎网格模型

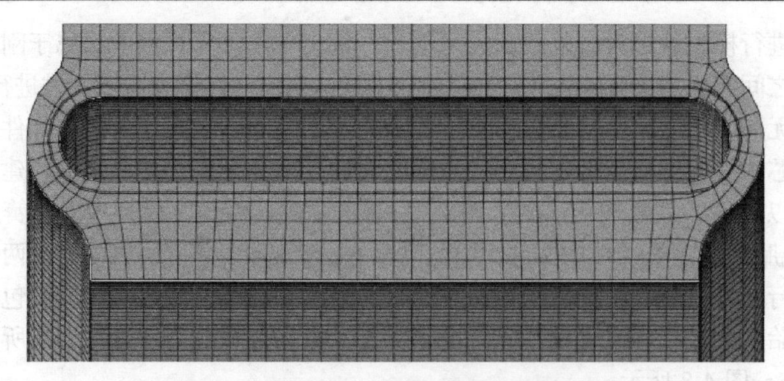

图 4-8　气胎摩擦离合器气胎帘线网格剖面图

对于气胎的柔性体模型的建立，为了在橡胶块中添加帘线，在 Abaqus 中先将帘线的参数定义在壳上，再将带有帘线的壳嵌入到橡胶块中。帘线层参数包括：帘线层数共 4 层；帘线截面积为 0.43mm^2；帘线密度为 0.67 根/mm；帘线与参考轴的夹角为±45°。

4.3.2　各个模型结构的材料属性

摩擦片材料为石棉橡胶，弹性模量为 3GPa，泊松比为 0.2，密度为 2000kg/m^3。内鼓轮材料为铸钢，弹性模量为 2.06GPa，泊松比为 0.3，密度为 7860kg/m^3。气胎材料为橡胶，采用 Mooney-Rivlin 本构模型，其中橡胶材料常量 C_{01}、C_{10} 分别为 0.135 和 0.212，密度为 1500kg/m^3。帘线材料为尼龙 66，弹性模量为 2.138GPa，泊松比为 0.35，密度为 1060kg/m^3。离合器各零部件材料参数如表 4-1 所示。

表 4-1　离合器各零部件材料参数

物理量	摩擦片	内鼓轮	气胎	帘线
C_{01}	3	2.06	0.135	2.138
C_{10}	0.2	0.3	0.212	0.35
密度/(kg/m^3)	2000	7860	1500	1060

4.3.3　气胎模型中帘线的定义

在建立气胎有限元模型时，将帘线正确定义在气胎内部是本节的难点。

帘线层主要用于增加气胎的刚度，其结构整体嵌入在气胎中，帘线的分布区域可以视为一类三维曲面，因此命名为单曲空间面，帘线的 Rebar 模型如图 4-9 所示。帘线嵌入气胎的模型如图 4-10 所示。

基于 Abaqus 平台上的帘线定义方法，先通过 Abaqus 中“Rebar”定义菜单，将帘线定义在单曲空间面的壳上，定义参数包括帘线材料、密度、间距、帘线角度，再将带有帘线的壳嵌入到气胎中。本模型中帘线层参数包括：帘线截面积为 0.43mm^2；两根帘线间距为 1.136mm；帘线与参考轴夹角为±45°；帘线层数为 4 层；帘线层之间的距离为 1mm。

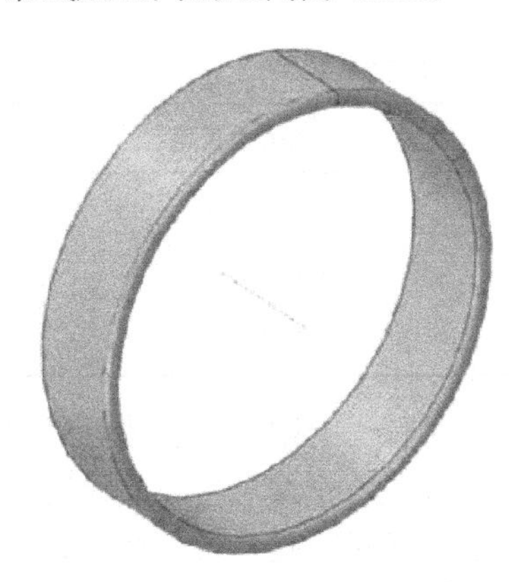

图 4-9　帘线的 Rebar 模型

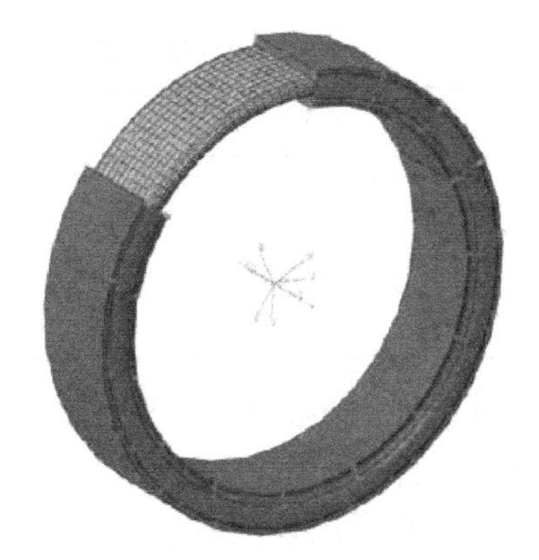

图 4-10　帘线嵌入气胎的模型

帘线角度的确定法则：帘线角度是相对于某一坐标系而言的，对其定义之前需要建立局部坐标系，包括 1 轴、2 轴及 n 轴，如图 4-11 所示。在局部坐标系中，帘线在 1-O-2 平面上的投影线条与 1 轴的夹角 α 为帘线角度。

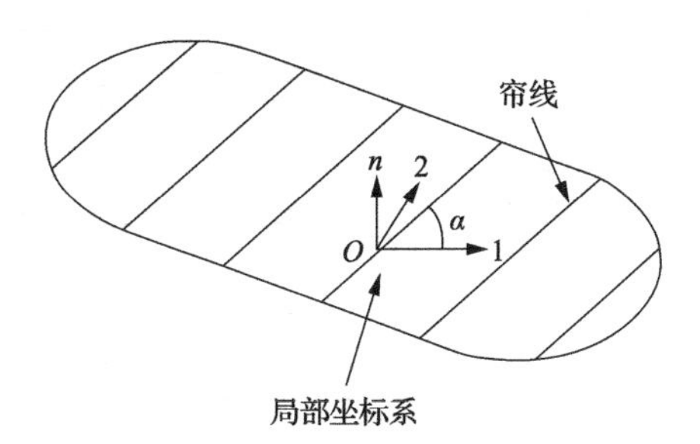

图 4-11　帘线角度的确定法则

4.4　气胎摩擦离合器网格单元选择

气胎摩擦离合器由多个零部件组成，每个零部件的受力位置和受力变形不同，在对其进行分析时需要为它们选择合适的单元。Abaqus/Standard 的实体单元库包括二维和三维的一阶（线性）插值单元和二阶（二次）插值单元[3]，应用完全积分或者减缩积分。二维单元包含三角形和四边形，三维单元包含四面体、三角楔形体和六面体（砖型）。Abaqus 还提供了修正的二阶三角形和四面体单元。

综合考虑气胎摩擦离合器各零部件受力变形趋势、计算量的大小、计算准确度等因素，选择联轴器中各零部件网格单元类型，如表 4-2 所示。气胎网格单元选择杂交单元，是因为橡胶材料本身的近似不可压缩性，需要采用杂交单元的数值计算程序。其他零部件由于其本身为金属件，受力变形趋势较小，综合衡量计算成本和计算准确度，网格单元类型选择减缩积分单元。

表 4-2　气胎摩擦离合器中各零部件网格单元类型

零部件名称	网格单元类型
气胎	杂交单元
摩擦片×24	减缩积分单元
内鼓轮	减缩积分单元

下面介绍气胎摩擦离合器有限元模型的建立过程。有限元模型建立过程中的难点是在气胎模型中定义具有一定分布规律的帘线层。帘线层主要起增强整个气胎刚度的作用，帘线是由交错的细线编织而成的，通过直接三维建模再划分网格是不可能达到帘线所表现的几何及物理性能的。因此，需要通过 Abaqus 自带的“Rebar”定义模块解决帘线建模问题。大型气胎摩擦离合器的有限元模型建立及分析流程如图 4-12 所示。

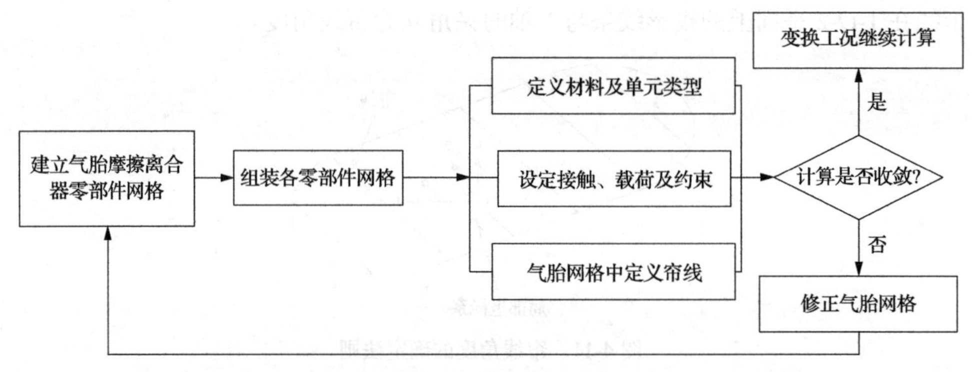

图 4-12　大型气胎摩擦离合器的有限元模型建立及分析流程

4.5　Abaqus 前处理

根据第 1 章所述的材料非线性、边界非线性、几何材料非线性等内容，可以同样解决本章所述的非线性问题[4]。通过 Abaqus[5]，对气胎进行材料、网格等前处理，材料参数如表 4-1 所示。气胎帘线采用 Rebar 单元，帘线角为±45°，分别交错布置于气胎内部。气胎网格类型为六面体，网格单元数量为 156740，如图 4-13～图 4-15 所示。

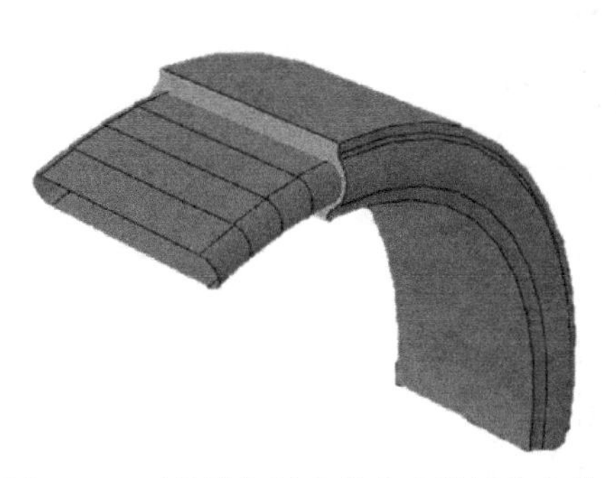

图 4-13　无芯轴气胎摩擦离合器插入帘线

图 4-14　无芯轴气胎摩擦离合器气胎网格图

图 4-15　无芯轴气胎摩擦离合器帘线网格图

4.6　船用气胎摩擦离合器结合过程仿真分析

4.6.1　离合器多体系统动力学模型的建立

多体系统动力学是虚拟样机仿真的理论核心，由多刚体动力学和柔性多体系统动力学构成[6]。

多刚体动力学将系统中各零部件均抽象成刚体，将质量集中在质心上，不考虑各零部件的变形，只考虑各零部件连接处的受力与零部件的刚体位移；在此基础上，柔性多体系统动力学进一步考虑了各零部件的变形。柔性多体系统动力学研究的核心是构件的变形运动与刚体运动相互耦合所造成的独特动力学特性。为了解决运动-弹性动力学分析(kineto-elasto dynamic analasis，KED)方法具有局限性的问题，提出使用混合坐标来描述柔性多体变形。如图 4-16 所示，柔性体上任意点 P_0 变形到 P_2 可描述为：P_0 到 P_1 表示柔性体整体的刚体运动，而 P_1 到 P_2 表示柔性体自身的弹性变形。

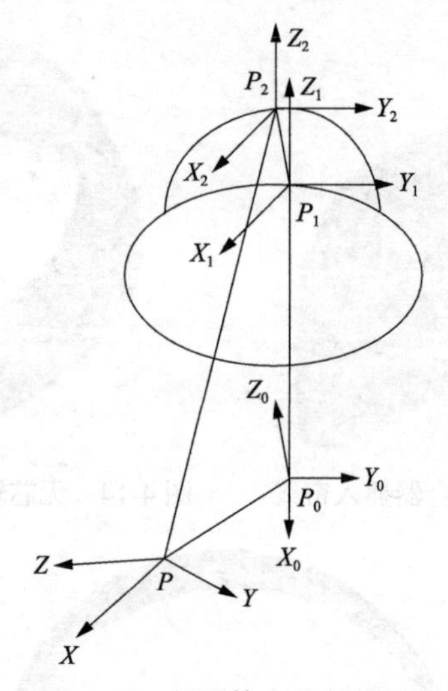

图 4-16　柔性体变形的描述

在建立船用气胎摩擦离合器仿真模型时[7]，需要考虑离合器接合过程中的三个基本特性：①非线性，在接合的过程中，摩擦片与内鼓轮之间的接触代表了一种最为显著的非线性特征；②不稳定性，在接合的过程中，结构的变形与振动的产生，摩擦力沿接触表面改变方向，可能会导致系统的不稳定；③时间依赖性，在接合的过程中，离合器系统的参数是随时间而改变的。因此，在建立离合器多体动力学模型时，需要考虑各种因素的影响。

本章使用多体系统耦合建模的模态集成法进行多体系统动力学建模，首先利用 Abaqus 对气胎和摩擦片进行有限元分析，再将有限元分析结果(模态中性文件)导入 ADAMS 软件，按照各零部件之间的相互关系设置接触副、旋转副等，最终生成动力学仿真模型，建模流程如图 4-17 所示。

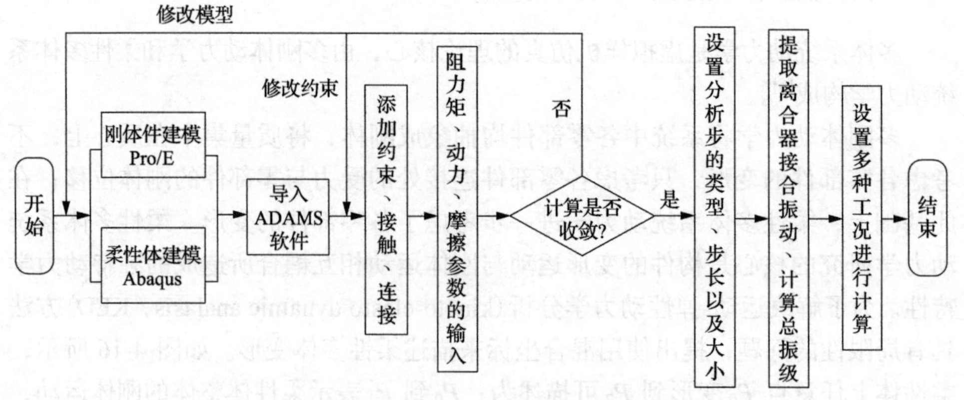

图 4-17　离合器多柔体建模流程图

4.6.2　转动副和主动端设置

主动端和从动端分别添加旋转副，主动端的旋转副添加在主动端的质心位置，主动物体选择主动端，从动物体选择大地；从动端的旋转副添加在从动端的质心位置，主动物体选择从动端，从动物体选择大地。

在主动端添加驱动，位置选择在主动端的转动副上。按照技术要求，驱动转速大小为 65r/min，转化为 390°/s。

4.6.3　气胎摩擦离合器固定副的设置

本节中，气胎为通过 Abaqus 的有限元分析得到的柔性体，在有限元分析中通过设置边界条件将气胎外圈作为一个整体，导入 ADAMS 软件，气胎的外侧依然会作为一个整体，因此只需要添加一个固定副进行约束。在每个摩擦片和气胎之间分别添加一个固定副，其中主动物体为气胎，从动物体为摩擦片，固定点设置在气胎外表面与摩擦片质心位置对应的点上。

4.6.4　气胎摩擦离合器接触的设置

在每个摩擦片和内鼓轮之间设置一个接触，接触类型为柔性体对刚体。接触参数包括：刚度系数为 2855N/mm，阻尼系数为 0.57N·s/mm；动摩擦系数和静摩擦系数依次设置为 0.3、0.35；动摩擦的切换速度为 40mm/s，静摩擦的切换速度为 20mm/s；并依次给 24 个摩擦片和内鼓轮之间设置 24 个接触。

4.6.5　材料和转动惯量的设置

本节仿真为回转体动力学分析，要求从动端有额定的转动惯量 20200kg·m^2，因此需要通过修改从动端的密度以达到所需的转动惯量。

设置从动端的额定转动惯量为 20200kg·m^2 后，根据式(4-1)～式(4-3)计算得到从动端的等效材料密度为 250000kg/m^3。

$$I = m \cdot R^2 \tag{4-1}$$

$$m = \rho \cdot V \tag{4-2}$$

$$I = \rho \cdot R^2 \cdot V \tag{4-3}$$

式中，I 为转动惯量；m 为质量；R、V 为半径和体积；ρ 为密度。

4.6.6　气胎摩擦离合器阻力矩的设置

由于摩擦的存在，离合器从动端会有阻力矩的作用，且阻力矩与输出端转速的平方成正比，如经验公式(4-4)所示：

$$M = 21.9n^2 \tag{4-4}$$

式中，M 为阻力矩；n 为输出端转速。

通过ADAMS软件中的angular velocity magnitude函数提取输出端的速度代入式(4-4)中，计算得到 M 值。设置时选择与输入驱动相反的方向为阻力矩方向，主动物体为从动端，从动物体为大地，阻力矩添加点位于从动端的质心。

4.7 气胎的充气过程模拟

离合器通过充气和放气完成接合与分离，仿真通过气胎内部压力的施加完成离合器的接合[8]。在得到包含压力的模态文件后，利用加载模态文件中的模态力的设置功能，在模态文件中添加均布载荷。

在 ADAMS 软件中，给气胎添加模态力，模态力按照 X、Y、Z 三个方向添加在气胎内部。在 ADAMS 软件中由于软件的局限性，不能在气胎内部直接施加压力。因此，在动力学仿真过程中，将压力换算成集中力平均施加在柔性体中的网格节点上，从而模拟充气过程中的气压。换算过程如式(4-5)所示：

$$F \cdot K = P \cdot S / n \tag{4-5}$$

式中，F 为每个点所受的力；K 为系数；P 为气胎内部压强；S 为气胎内表面面积；n 为气胎内表面节点个数。

此方法可近似模拟气胎内部的气压，气胎在 1MPa 的气压下变形较为显著，因此气胎内部的表面积会随着压力的增大而增大(气压不变，总压力会增大)，这时所加载的力比真实情况小。但是，在进行动力学模拟时，内鼓轮会阻止气胎的膨胀(变形被阻止)，因此在选取每个点所受力时，直接使用 1MPa 对应的集中力加载到气胎内表面。最终在气胎模型内表面的每个节点施加 1N 的集中力，通过计算得到的系数为 140，因此在动力学仿真模型中会将力放大 140 倍[9]。

此内部压力的添加并非在输出模态分析步上添加，因为这样不会表现在模态文件中，而且会影响模态文件的计算。本章通过编辑 Abaqus 模态生成模型的“*.inp”格式的输入文件，将内部压力的信息添加到模态中性文件中。最后，在 ADAMS 软件中加载模态中性文件中所包含的模态力，并通过 STEP 函数将压力在规定时间内(1s、2s、3s、4s)从 0MPa 增加到 1MPa。

4.8 加速度总振级的计算

在轴系传动过程中，通常使用总振级及振级落差对轴系中某元件的隔振性能进行评价，其中总振级为加速度的均方值，是描述其振动总能量的数据。因此，可以通过计算离合器摩擦片角加速度均方值的大小来判断振动级别的高低、振动能量的大小[10]。

总振级的单位为 dB，通过对离合器的动力学仿真，可以得到各零部件的角加速度。通过快速傅里叶变换(fast Fourier transform，FFT)得到频域下的振动角加速度曲线，将曲线导出，根据曲线即可得到各零部件在各频率下的振动角加速度为 a，单位为 $\mathrm{rad/s^2}$，利用式(4-6)[11]可以得到测试点的加速度振级 La：

$$\mathrm{La} = 20\lg(a / a_0) \tag{4-6}$$

式中，a_0 为参考值，$a_0 = 10^{-6}\mathrm{m/s^2}$。

设 N 个频率下的加速度振级分别为 $\mathrm{La}_1, \mathrm{La}_2, \cdots, \mathrm{La}_N$，则振动加速度总振级计算经验公式为

$$\mathrm{La}\sum = 10\lg\left(\sum_{i=1}^{N} 10^{\mathrm{La}_i/10}\right) \tag{4-7}$$

在离合器的设计过程中主要考虑 5～1000Hz 的振动，因此在计算总振级时需要剔除其他频率的干扰，因此总振级的计算方法如下。

根据导出的数据，在 5～1000Hz 有 1000 多个频率点，且每种工况下频率点的个数和间距都不相同，相近频率点的角加速度相差也非常大。这导致在计算总振级时取点非常困难，取点得到数据的随机性会导致结果不准确。为了降低取点数据的随机性，最终决定在 5～1000Hz 选取 1400 个数据进行总振级的计算。具体步骤为：

(1) 剔除 5～1000Hz 频率范围外的所有数据；

(2) 对剩下的数据进行编号，得出重复数据的数量 A；

(3) 在完成编号后的所有号码中，随机选取与 A 相同数量的号码；

(4) 剔除步骤(3)中选取号码对应的数据，最终得到 1400 个频率点相对应的摩擦片角加速度。

将这些数据代入式(4-6)和式(4-7)，即可获得加速度总振级。

4.9　无芯轴气胎摩擦离合器仿真结果分析

4.9.1　气胎不同充气时间的结合冲击性能仿真比较

表 4-3 为离合器的开始接触时间和达到角速度平衡的时间。

由表 4-3 可知，随着气胎充气时间的增加，气胎摩擦离合器的开始接触时间和达到平衡时间均变长。如图 4-18 所示，当气胎充气时间变长时，内鼓轮和摩擦

片之间的接触反力和摩擦力矩变化趋于平缓，即此时离合器的振动冲击较小。

表 4-3　离合器的开始接触时间和达到角速度平衡的时间　　(单位：s)

气胎充气时间	达到平衡时间	开始接触时间
1	1.28	0.06
2	1.81	0.11
4	2.83	0.22
6	3.79	0.33

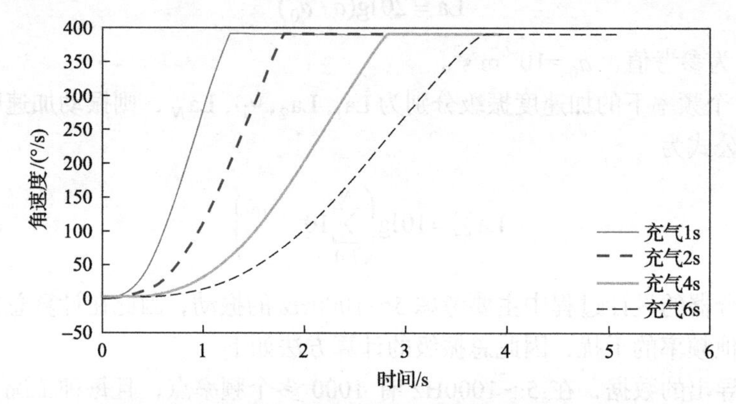

图 4-18　四种气胎充气时间下从动端的角速度对比图

由图 4-18 可知，从动端角速度达到平衡的时间随着充气时间的增加而增加，不同的充气工况下，气胎摩擦离合器的从动端达到平衡后，均达到相同的角速度，随着充气时间的增加，从动端的角速度趋于平缓。

由图 4-19 可知，随着充气时间的增加，从动端角速度的上升趋势减缓，达到峰值后缓慢降低，充气 1s 工况下角速度有明显的峰值，且上升和下降的趋势较快；当气胎充气时间较长时，角速度达到峰值以后，会呈现一定的匀加速过程，随后达到平衡，紧接着角速度快速下降，直至在平衡位置附近波动。

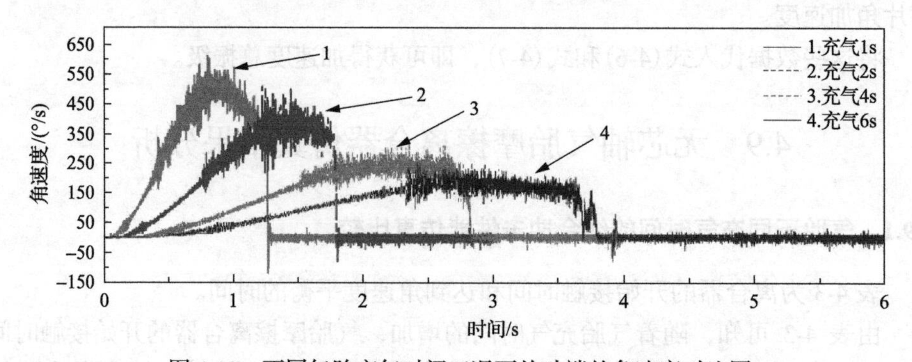

图 4-19　不同气胎充气时间工况下从动端的角速度对比图

提取摩擦片和内鼓轮的接触反力，可以得到气胎摩擦离合器从接合到平衡的时间内摩擦片和内鼓轮之间作用力的变化情况，从而初步得到气胎摩擦离合器的接合冲击振动情况。

将四种充气时间工况下内鼓轮和摩擦片之间的接触反力放在一起进行分析比较，结果如图 4-20 和图 4-21 所示。

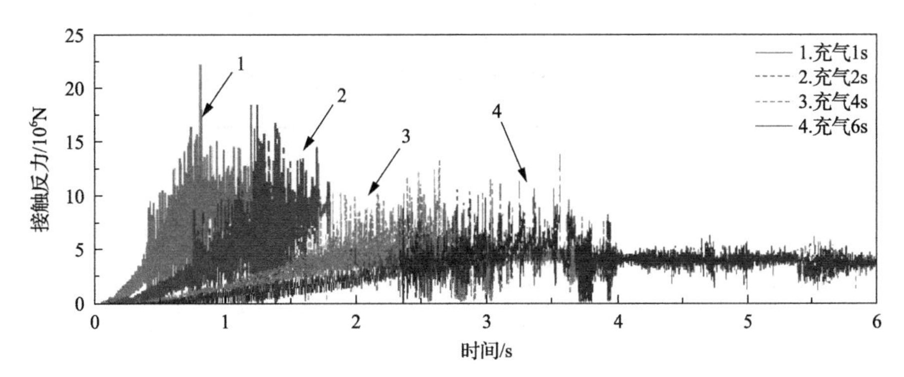

图 4-20　四种充气时间工况下内鼓轮和摩擦片之间接触反力的对比图

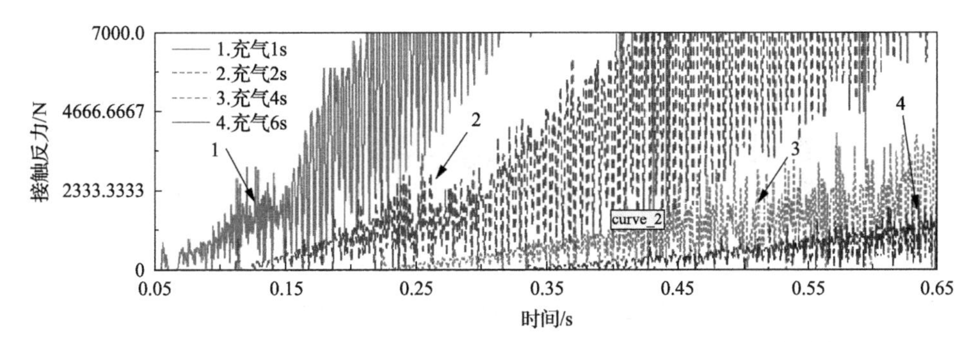

图 4-21　四种充气时间工况下内鼓轮和摩擦片之间接触反力的局部放大图

由图 4-20 和图 4-21 可知，气胎充气时间较短时，内鼓轮和摩擦片之间的接触反力变化较剧烈，气胎摩擦离合器从开始接触到平衡阶段的冲击振动较大。摩擦片和内鼓轮的接触时间随着充气时间的增加而增加，但是减小了摩擦片和内鼓轮之间的冲击。因此，建议在满足摩擦片、内鼓轮强度的前提下，增加气胎的充气时间，或者将气胎的充气过程设计为非线性的过程，即开始接触时，充气缓慢，气胎和摩擦片接触后，缩短充气时间，从而达到减缓振动的目的。

分别提取摩擦片和内鼓轮之间的摩擦阻力矩曲线，可以得出四种气胎充气时间工况下摩擦片和内鼓轮之间摩擦力的变化情况，结果如图 4-22～图 4-25 所示。气胎充气结束后，离合器从动端达到稳定运转速度时，摩擦片和内鼓轮之间的摩擦阻力矩在 4×10^6N·mm 附近波动。

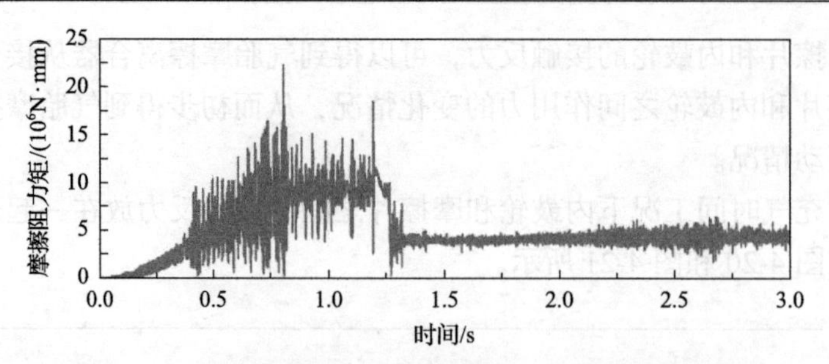

图 4-22　内鼓轮和摩擦片之间的摩擦阻力矩曲线(充气 1s)

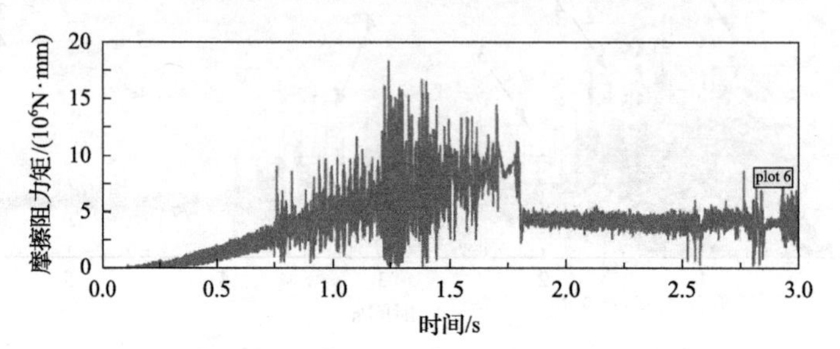

图 4-23　内鼓轮和摩擦片之间的摩擦阻力矩曲线(充气 2s)

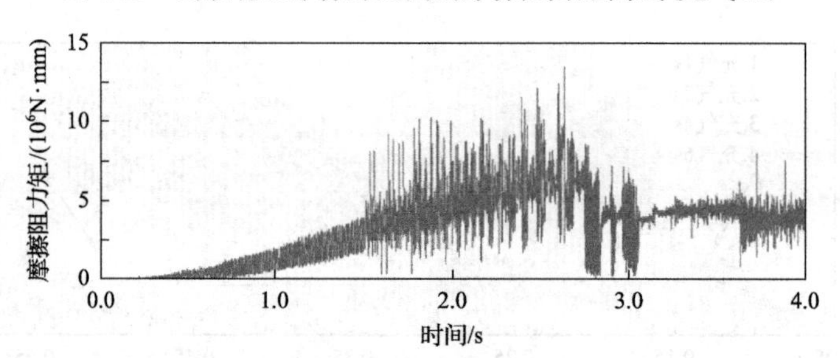

图 4-24　内鼓轮和摩擦片之间的摩擦阻力矩曲线(充气 4s)

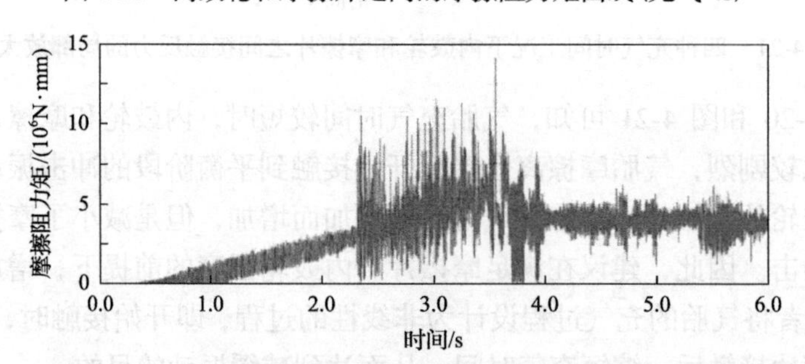

图 4-25　内鼓轮和摩擦片之间的摩擦阻力矩曲线(充气 6s)

由图 4-22～图 4-25 可知，四种充气工况下的内鼓轮和摩擦片之间的摩擦阻力矩平衡在 4×10^6N·mm 左右波动。而由计算所得到的输出轴的总阻力矩大小为 9.24×10^7N·mm。在平衡阶段 24 个摩擦片的摩擦力矩大小基本等于输出轴的总阻力矩。

通过计算方法来验证离合器仿真过程，内鼓轮和摩擦片之间的摩擦力矩和从动端的阻力矩在平衡阶段基本相等。通过提取每种工况下各个时刻 24 个摩擦片的摩擦力矩，制成表格，进行数据处理，将 24 个摩擦片的摩擦力矩求和，同时提取阻力矩的数据放在一起，绘制各个工况下内鼓轮和摩擦片之间的摩擦力矩和从动端的阻力矩随时间的变化曲线，如图 4-26～图 4-29 所示。

由图 4-26～图 4-29 可知，当充气时间由 1s 增加到 6s 的过程中，摩擦力矩的最大值由充气 1s 的约 2.8×10^8N·mm 下降到充气 6s 的 1.6×10^8N·mm，这说明：随着充气时间的增加，气胎最大的角加速度在逐渐减小，气胎达到平衡时的振动也会相应减小。

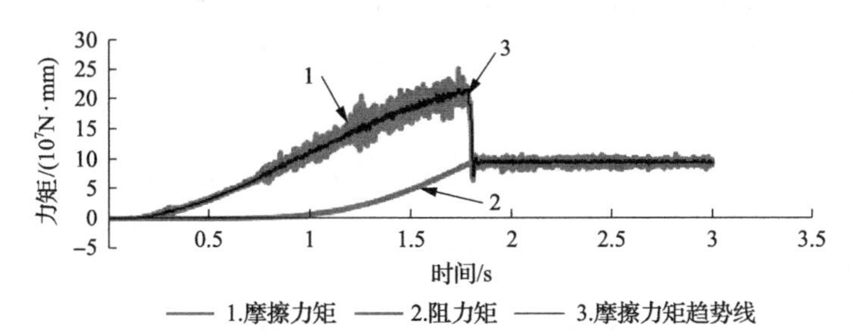

图 4-26　内鼓轮和摩擦片之间的摩擦力矩和从动端阻力矩的对比(充气 1s)

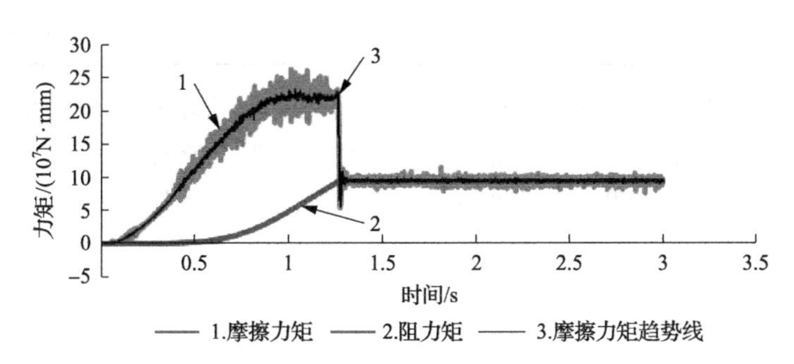

图 4-27　内鼓轮和摩擦片之间的摩擦力矩和从动端阻力矩的对比(充气 2s)

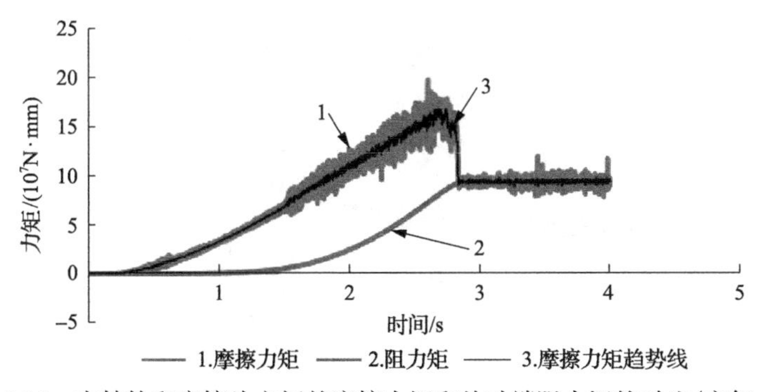

图 4-28　内鼓轮和摩擦片之间的摩擦力矩和从动端阻力矩的对比(充气 4s)

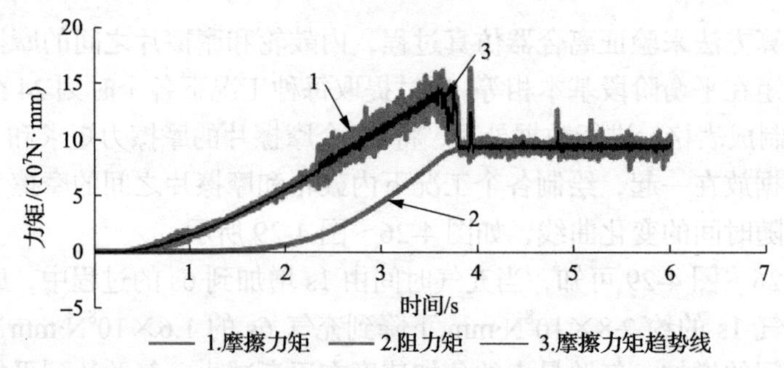

图 4-29　内鼓轮和摩擦片之间的摩擦力矩和从动端阻力矩的对比(充气 6s)

根据四种充气工况下的从动端角加速度曲线、气胎角加速度曲线、摩擦片角加速度曲线，由式(4-7)可得到四种充气工况下从动端角加速度、气胎角加速度、摩擦片角加速度的总振级，如表 4-4 所示。

表 4-4　四种充气工况下从动端、气胎、摩擦片角加速度的总振级（单位：dB）

工况	从动端	气胎	摩擦片
充气 1s	87.27595	116.8972	179.9102
充气 2s	84.38673	113.2869	176.8086
充气 4s	77.38715	106.061	168.8246
充气 6s	75.50021	103.49	165.2425

由表 4-4 可得，气胎充气时间 1s 时的从动端、气胎和摩擦片角加速度的总振级较大，即随着气胎充气时间的加长，从动端、气胎和摩擦片角加速度的总振级减小，从动端、气胎和摩擦片角加速度的波动减小，从而使得气胎摩擦离合器模型的接合阶段抗冲击振动性能有所提高。

4.9.2　气胎刚度分析

气胎扭转刚度的分析模型如图 4-30 所示，分析结果如表 4-5 所示。

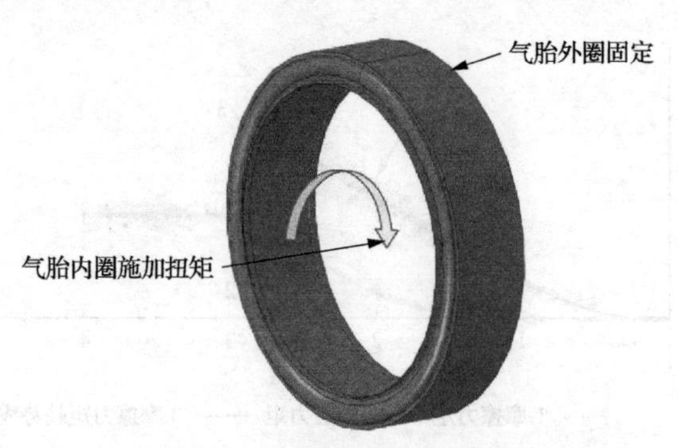

图 4-30　气胎扭转刚度的分析模型

表 4-5　气胎扭转刚度的分析结果

参数	取值
气胎充气气压	1MPa
气胎内圈施加的扭矩	10000N·m
气胎扭转角度	2.3×10^{-3}rad
气胎扭转刚度	4.35×10^{6}N·m/rad

分析气胎扭转刚度时，将气胎的外圈固定，内圈通过参考点耦合，施加周向扭矩，并测出其扭转角度。

分析气胎的径向刚度时，将气胎的外圈固定，施加径向载荷，测出其变形。气胎径向刚度的分析模型如图 4-31 所示，分析结果如表 4-6 所示。

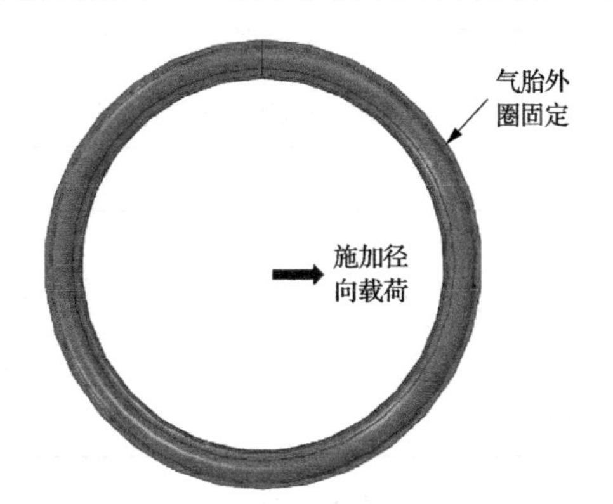

图 4-31　气胎径向刚度的分析模型

表 4-6　气胎径向刚度的分析结果

参数	取值
气胎充气气压	1MPa
沿气胎径向施加的载荷	10000N
气胎沿径向方向的变形	1.224mm
气胎径向刚度	8170N/mm

分析气胎的轴向刚度时，将气胎的外圈固定，内圈通过参考点耦合后，施加轴向载荷，并测出其变形。气胎轴向刚度的分析模型如图 4-32 所示，分析结果如表 4-7 所示。

由分析结果可知，气胎的扭转刚度为 4.35×10^{6}N·m/rad，气胎的径向刚度为 8170N/mm，气胎的轴向刚度为 600N/mm。气胎刚度的测试数值反映了气胎各个方向的刚度，而气胎的实际刚度也有待实验数据的检验，该计算方法可推广应用到同种类型的气胎刚度计算中。

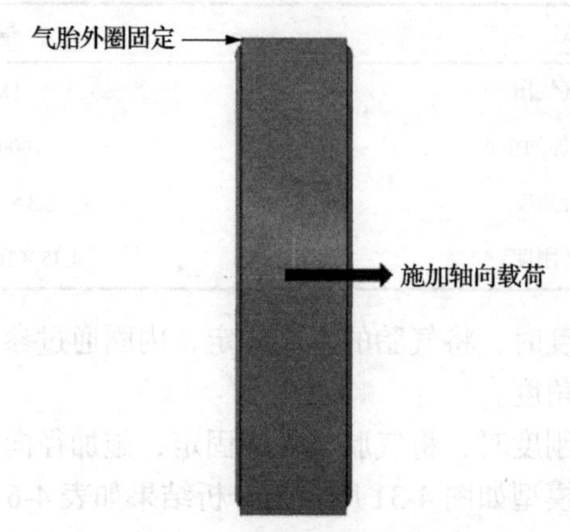

图 4-32　气胎轴向刚度的分析模型

表 4-7　气胎轴向刚度的分析结果

参数	取值
气胎充气气压	1MPa
沿气胎轴向施加的载荷	10000N
气胎沿轴向方向的变形	16.67mm
气胎轴向刚度	600N/mm

由上述计算可知，气胎的轴向刚度相对于径向刚度和扭转刚度是比较小的，采用该种形式的气胎作为气胎摩擦离合器的弹性元件，对减小轴系的相对轴向窜动是比较有利的；在气胎的外形结构尺寸和材料已定的情况下，经反复计算，发现气胎的气室半径和帘布层数对气胎的刚度影响比较显著，气室半径越小，帘布层数越多，气胎的刚度越大。

由气胎充气时间 1s、2s、4s、6s 四种工况下气胎摩擦离合器接合冲击性能仿真分析可知，气胎充气时间影响气胎摩擦离合器的开始接触时间和达到平衡时间，从而影响从动端、气胎和摩擦片角加速度的变化，即随着气胎充气时间的增加，从动端、气胎和摩擦片角加速度的波动减小，从动端、气胎和摩擦片角加速度的总振级减小，从而使得气胎摩擦离合器模型抗冲击振动性能提高。考虑气胎摩擦离合器的冲击振动性能，应适当延长气胎的充气时间。

由对径向偏心 0mm、2mm 和 5mm 三种工况下气胎摩擦离合器接合冲击性能仿真分析可知，随着径向偏心量的增大，气胎摩擦离合器的从动端、气胎和摩擦片角加速度的增大，从动端、气胎和摩擦片角加速度总振级增大。说明从动端、气胎和摩擦片的振动较大，尤其是偏心 5mm 的工况，气胎摩擦离合器的振动冲击最大。因此，在考虑减小气胎摩擦离合器接合的振动冲击时，应尽量保证在安装气胎摩擦离合器过程中不出现偏心，或者通过施加弹性联轴器等措施来弥补偏心量，从而减小气胎摩擦离合器的振动。

4.10　带芯轴模型的弹性联轴器参数设定

在进行带芯轴气胎摩擦离合器仿真分析的过程中，弹性联轴器使用的橡胶材料具有黏弹性阻尼特性，能够消耗振动能量，从而起到减振的作用。

弹性联轴器的尺寸、材料、帘线参数未知，因此使用弹簧来代替弹性联轴器，模拟弹性联轴器在离合器中减振与补偿径向、轴向和周向误差的作用。因此，改变内鼓轮及动力输入轴的模型(内鼓轮与动力输入轴均为刚性体，改变模型的非关键位置对仿真计算影响不大)，以添加各方向的弹簧。如图 4-33 所示，在内鼓轮和动力输入轴伸出的挡板上添加径向、轴向和周向上的弹簧。弹簧的参数未知，因此需要在 ADAMS 软件内进行调试验证，以得到弹簧的各项参数。首先将内鼓轮固定，使弹簧与动力输入轴连接，然后对动力输入轴施加径向力。模型进行仿真并等到模型平衡后，得到动力输入轴在径向的位移，参照位移结果即可得到弹簧径向上的刚度。施加载荷及结果如图 4-34 和图 4-35 所示。

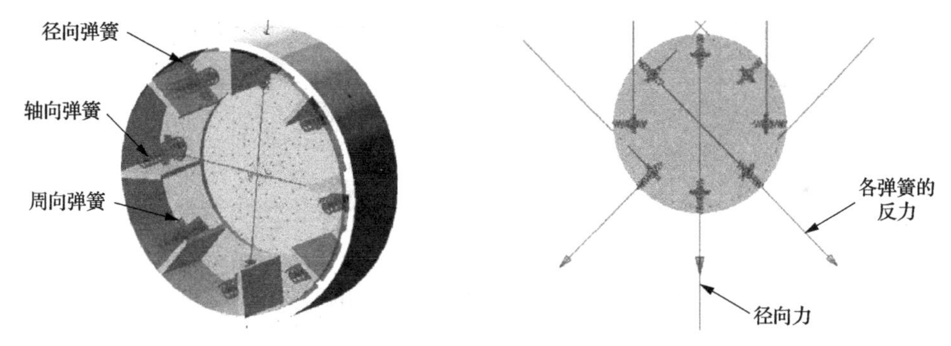

图 4-33　带芯轴气胎摩擦离合器动力输入端模型　　图 4-34　施加 3000N 径向力的弹簧受力图

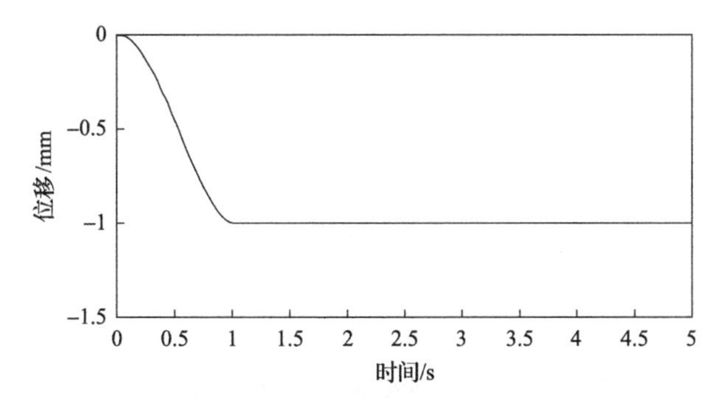

图 4-35　施加 3000N 径向力的输入轴位移曲线图

由图 4-35 可知，施加 3000N 向下的径向力后，动力输入轴向下平移 1mm，可得径向刚度为 3000N/mm，与提供的径向刚度相同。同理，分别在轴向和周向施加力与力矩，仿真后得到动力输入轴的轴向与周向位移。施加载荷及结果如图 4-36～图 4-39 所示。

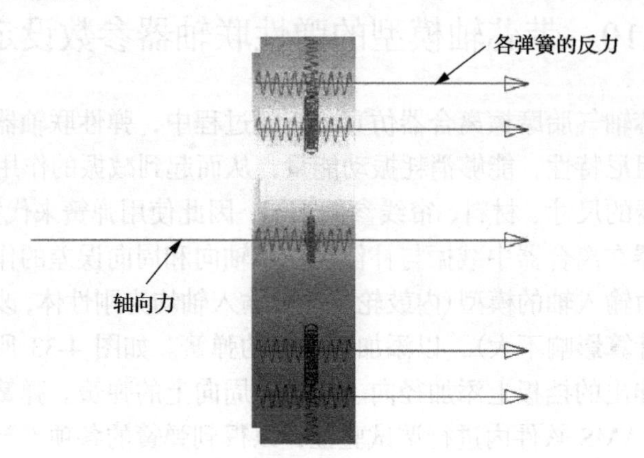

图 4-36　施加 500N 轴向力的弹簧受力图

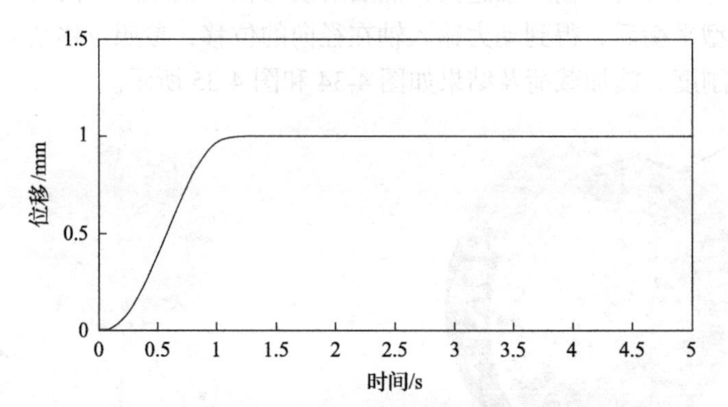

图 4-37　施加 500N 轴向力的输入轴位移曲线图

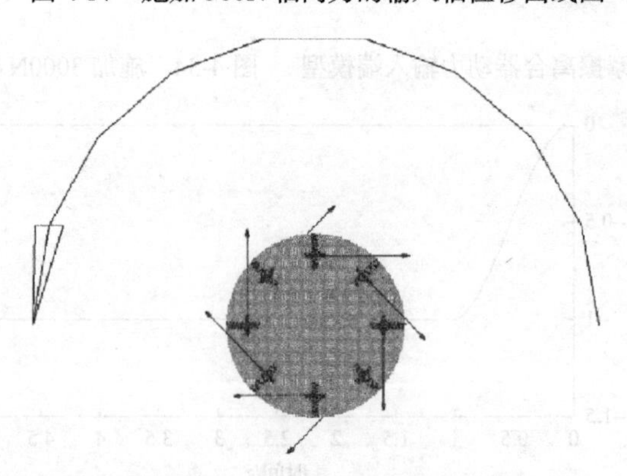

图 4-38　施加 5000N·m 周向力的弹簧受力图

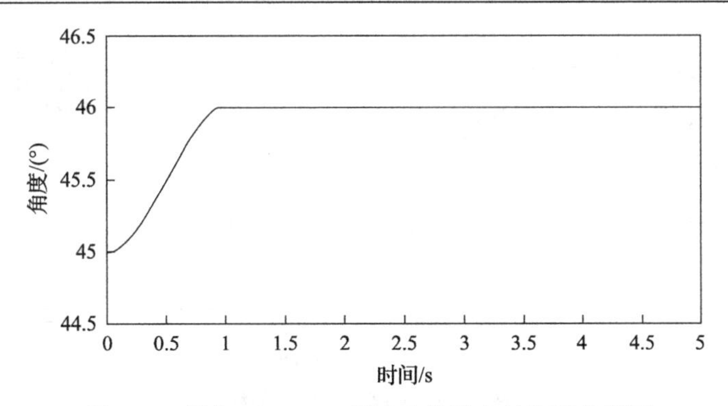

图 4-39　施加 5000 N·m 周向力的输入轴位移曲线图

由图 4-37 和图 4-39 中施加载荷后输入轴位移曲线并计算可知，使用弹簧代替的弹性联轴器轴向的刚度为 500N/mm，周向刚度为 286533N·m/rad，完全符合提出的刚度要求。

4.11　带芯轴不同径向偏心工况下仿真结果分析

本章使用 ADAMS 软件进行无芯轴气胎摩擦离合器和带芯轴气胎摩擦离合器在不同的径向偏心工况下的动力学仿真。本节同时对模型一、模型二进行仿真，每种模型各有三种工况条件。各种工况的统一边界条件为：气胎在 1s 内以恒定速度进行充气；摩擦参数设定为动摩擦系数 0.3、静摩擦系数 0.35，其中动、静摩擦切换系数临界值分别为 V_s=20mm/s、V_d=40mm/s，刚度系数 2855N/mm，阻尼系数 0.57N·s/mm；从动端转动惯量 20200kg·m^3；从动端无初始速度。按照要求将动力输入端(无芯轴为内鼓轮，带芯轴为输入轴)进行径向偏置，偏置距离分别为 0mm、2mm、5mm。

按照偏置距离进行动力输入端径向偏置后，再重新定义旋转副及驱动(旋转副及驱动需定义在偏置后的质心上)，然后进行仿真。偏置工况的设定及弹簧力因偏置产生的结果如图 4-40 和图 4-41 所示。

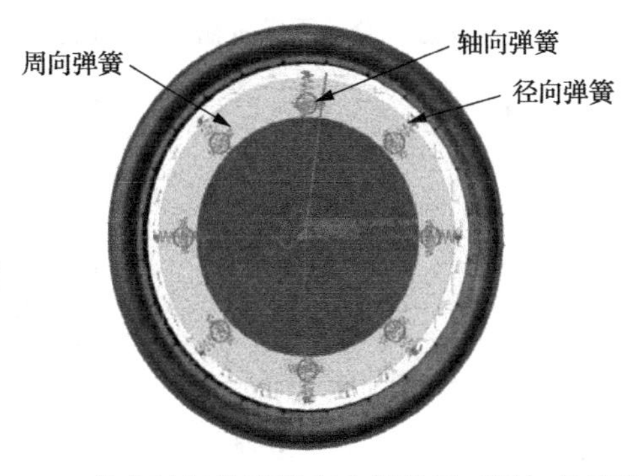

图 4-40　带芯轴气胎摩擦离合器偏置工况加载示意图

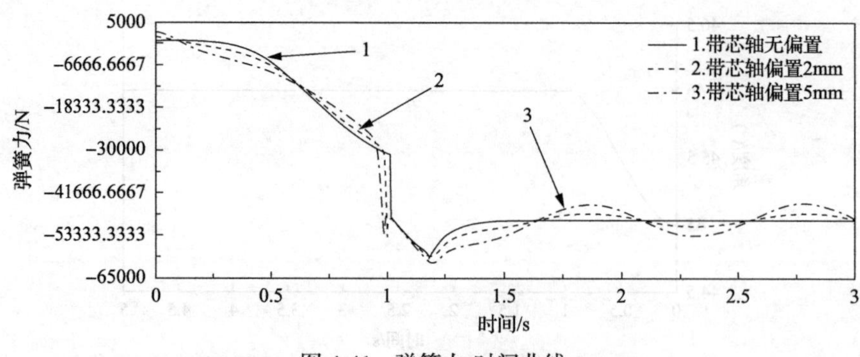

图 4-41　弹簧力-时间曲线

由于偏置，在转动过程中弹簧处于不同位置时，弹簧伸长长度会随着转角而发生变化。这种现象可以表现为弹簧力变化，如图 4-41 所示，当输出端转速稳定后(时间超过 1.3s)，弹簧所受的力会随着时间呈正弦波动(驱动轴匀速转动)，且波动的幅值大小与偏置的距离呈正相关。

4.11.1　不同径向偏心工况下的角速度结果

仿真后，通过 ADAMS/PostProcessor 后处理模块，得到各零部件的角速度仿真结果，图 4-42～图 4-48 给出了不同转速工况下气胎摩擦离合器输出轴的角速度曲线。

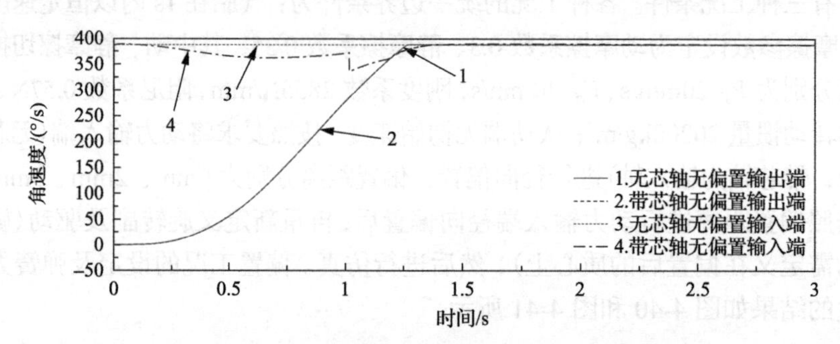

图 4-42　气胎摩擦离合器无偏置输出轴角速度曲线

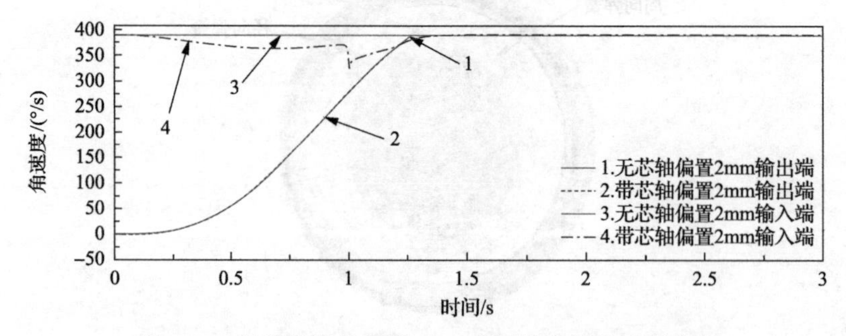

图 4-43　气胎摩擦离合器 2mm 偏置输出轴角速度曲线

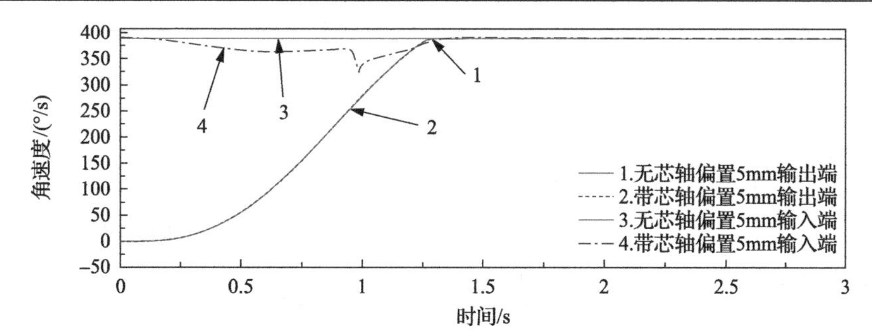

图 4-44　气胎摩擦离合器 5mm 偏置输出轴角速度曲线

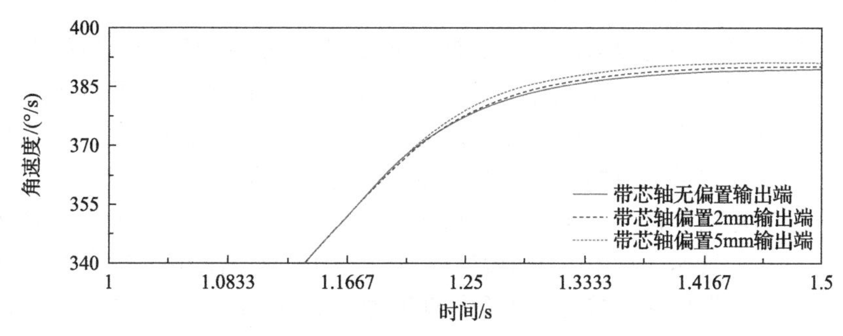

图 4-45　带芯轴气胎摩擦离合器输出轴角速度局部曲线

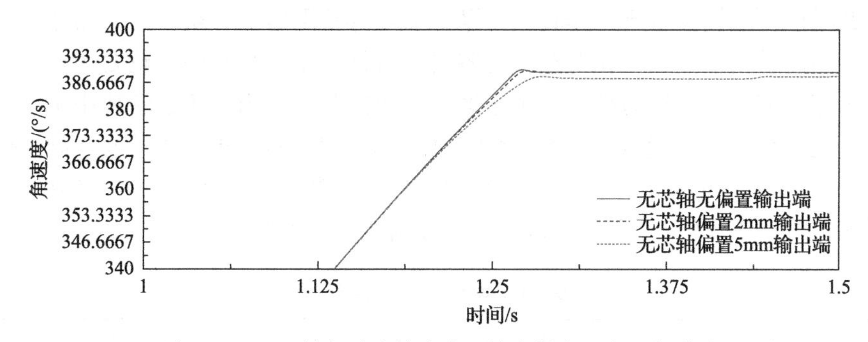

图 4-46　无芯轴气胎摩擦离合器输出轴角速度局部曲线

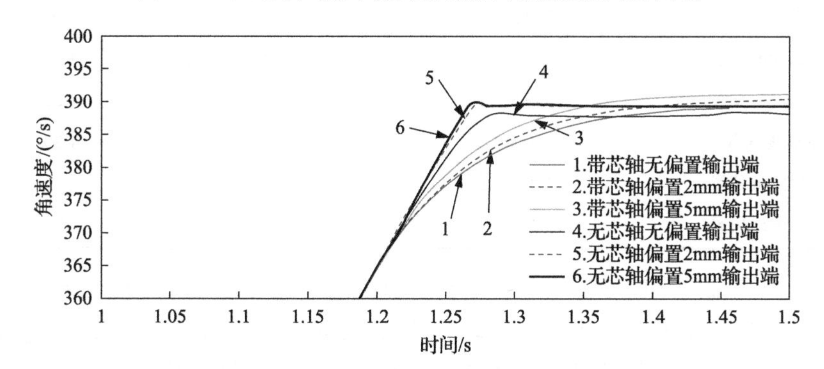

图 4-47　气胎摩擦离合器输出轴角速度局部曲线(对比)

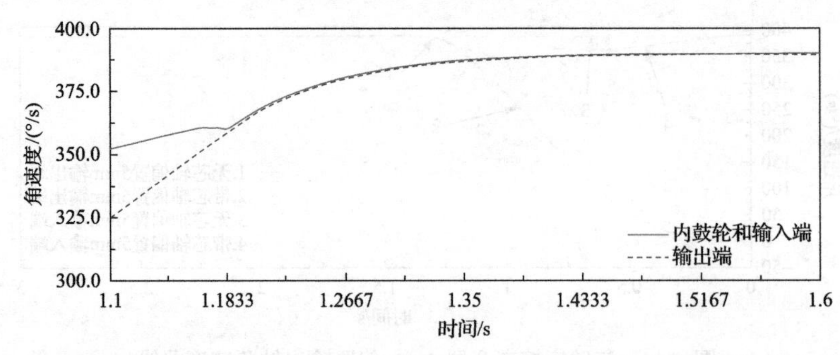

图 4-48 带芯轴气胎摩擦离合器输出轴角速度与内鼓轮角速度对比局部曲线(无偏置)

带芯轴气胎摩擦离合器的角速度曲线与无芯轴气胎摩擦离合器的角速度曲线有很大区别。当气胎开始充气时，气胎逐渐膨胀，气胎膨胀会将摩擦片慢慢压到内鼓轮上，此时摩擦片与内鼓轮之间开始产生摩擦力矩及接触反力。对于不同径向偏心工况，径向偏心方向上对应的摩擦片在接触开始时间上有明显的不同。摩擦力矩开始对输出端做功，带动输出端转动，此时由于摩擦力矩很小，加速并不明显。不同接合转速工况下，由于需要克服阻力矩，开始接触时输出端为减速运动。随着气压逐渐增大，接触压力和接触摩擦力矩也会随着气压增大，为输出端提供更大的做功力矩，输出端加速增快。这样的加速过程会一直持续到离合器抱死，此时输出端转速等于工作转速，摩擦力矩等于阻力矩，整个离合器达到平衡状态。当内鼓轮与输出端相对速度为零时，可认为摩擦片与内鼓轮之间相对速度基本为零，离合器已经抱死。但由于摩擦力矩的存在，内鼓轮的转速小于动力输入轴转速，这时弹性联轴器(弹簧)会由于摩擦力矩减小(不再加速转变为静摩擦平衡阻力矩)，减小形变(收缩)，整个输出端会和内鼓轮一起缓慢加速直到稳定(输出端转速等于工作转速)。接合过程相关数据如表 4-8 所示。

表 4-8 接合过程相关数据

接合工况	达到稳定角速度/(°/s)	达到稳定时间/s	达到无相对滑动时间/s
带芯轴无偏置	389.5536	1.5	1.185
带芯轴 2mm 偏置	389.5552	1.5	1.21
带芯轴 5mm 偏置	389.5636	1.5	1.21
无芯轴无偏置	389.5614	1.27	1.27
无芯轴 2mm 偏置	389.3432	1.275	1.275
无芯轴 5mm 偏置	388.3354	1.284	1.284

对于带芯轴气胎摩擦离合器，最终达到的稳定角速度基本一致，有微小的差别，且偏置后的角速度更大。无芯轴气胎摩擦离合器与之正好相反，稳定时的角速度有明显的差别，偏置越大，角速度越小。同种模型达到稳定的时间只有微小

的差别，带芯轴气胎摩擦离合器达到稳定的时间比无芯轴气胎摩擦离合器所用的时间要长。对于摩擦达到稳定的时间，带芯轴气胎摩擦离合器要比无芯轴气胎摩擦离合器短，但带芯轴气胎摩擦离合器在进入稳定阶段时的曲线更加光滑、平顺。因此，带芯轴气胎摩擦离合器对减小离合器接合冲击振动有好的影响。

4.11.2　不同径向偏心工况下的接触反力结果

在不同的径向偏心工况下，选取摩擦片的接触反力进行分析，摩擦片位置如图 4-4(b)所示，结果如图 4-49～图 4-58 所示。

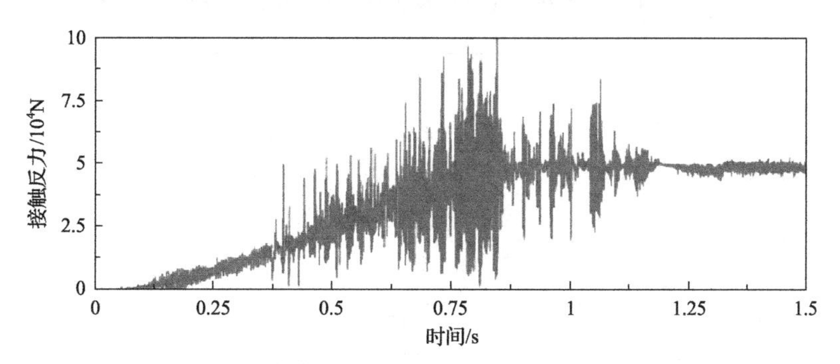

图 4-49　摩擦片 1 接触反力曲线(带芯轴无偏置)

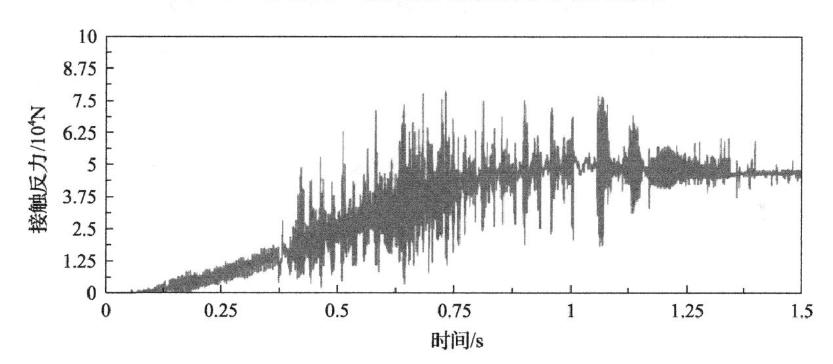

图 4-50　摩擦片 1 接触反力曲线(带芯轴 2mm 偏置)

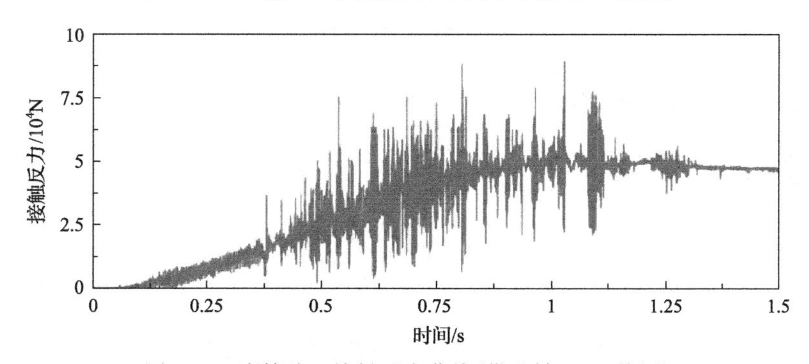

图 4-51　摩擦片 1 接触反力曲线(带芯轴 5mm 偏置)

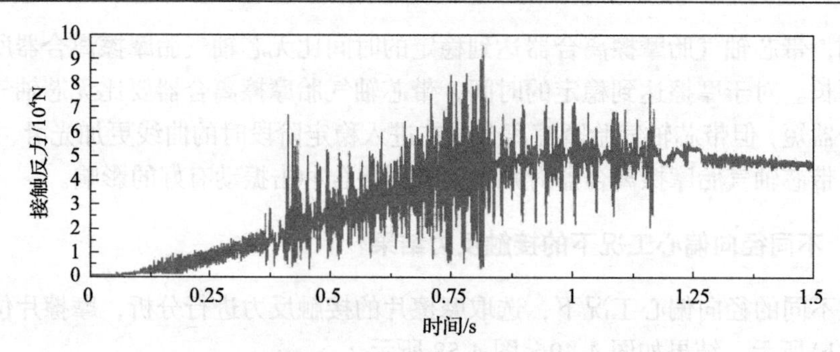

图 4-52　摩擦片 1 接触反力曲线(无芯轴无偏置)

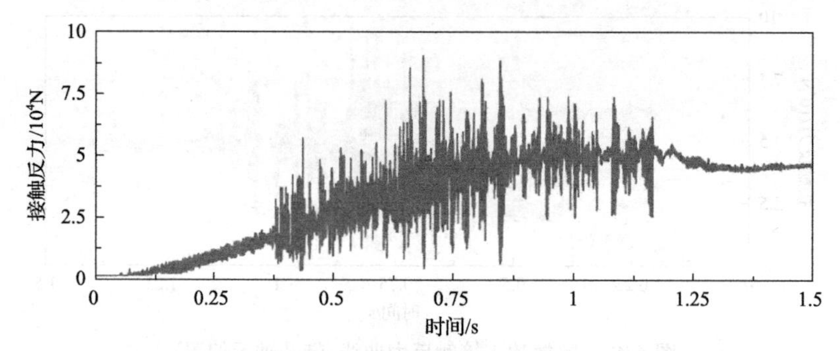

图 4-53　摩擦片 1 接触反力曲线(无芯轴 2mm 偏置)

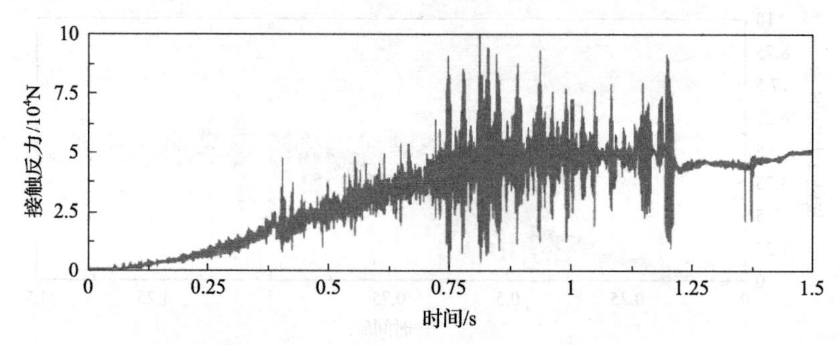

图 4-54　摩擦片 1 接触反力曲线(无芯轴 5mm 偏置)

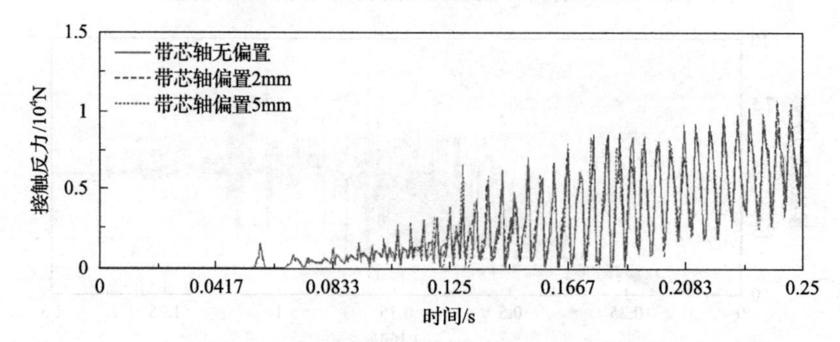

图 4-55　带芯轴摩擦片 19 接触反力局部曲线

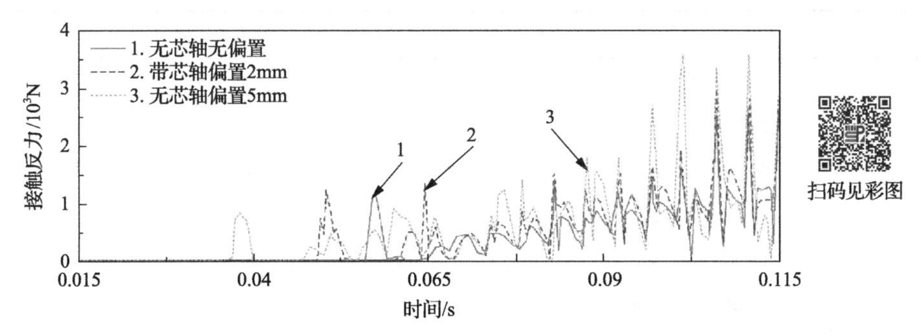

图 4-56　无芯轴摩擦片 19 接触反力局部曲线

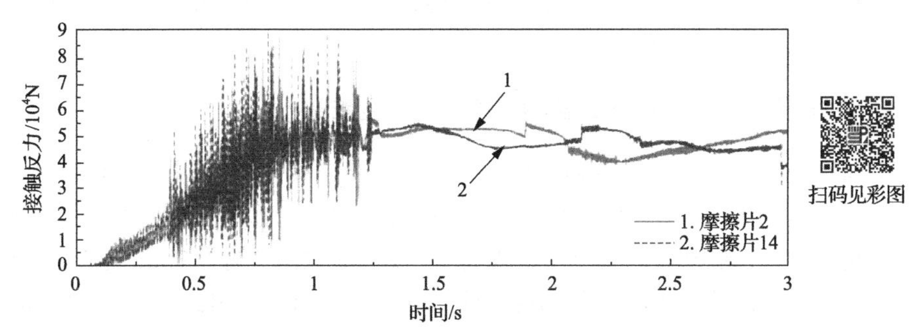

图 4-57　无芯轴偏置 2mm 工况下相对摩擦片(2、14)接触反力曲线

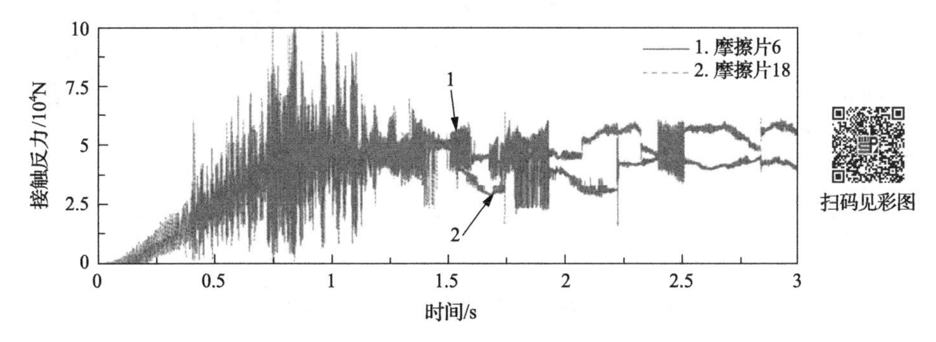

图 4-58　无芯轴偏置 5mm 工况下相对摩擦片(6、18)接触反力曲线

图 4-55 和图 4-56 均为初始阶段的放大图，可看出带芯轴摩擦片的接触反力三条曲线几乎完全重合，无芯轴摩擦片的接触反力三条曲线则会有明显的不同，包括接触开始时间(具体接触开始时间如表 4-9 所示)及波动的大小等。如图 4-57 和图 4-58 所示，可看出接触反力会有与转速相同周期的起伏变化，而相对摩擦片之间的相位差刚好为半个周期。由此可以看出，弹性联轴器可以有效地补偿装配误差、运行误差，也可以起到减少系统波动的作用。

表 4-9　各工况接触开始时间

接合工况	接触开始时间/s
带芯轴无偏置	0.0556
带芯轴 2mm 偏置	0.0556
带芯轴 5mm 偏置	0.0556
无芯轴无偏置	0.0557
无芯轴 2mm 偏置	0.0492
无芯轴 5mm 偏置	0.037

不同径向偏心工况下，每块摩擦片的接触反力大小各不相同，但由于对称偏置，接触反力的总和符合相同的趋势。

4.11.3　不同径向偏心工况下的各零部件角加速度结果

不同接合工况下，仿真得到的输出端角加速度曲线如图 4-59～图 4-62 所示。

由图 4-59 中输出端角加速度曲线可以看出，偏置工况对带芯轴气胎摩擦离合器的影响非常小，输出端角加速度曲线基本一致。无偏置、偏置 2mm 与偏置 5mm 的区别很小，三种偏置工况的角加速度曲线几乎完全重合。由图 4-62 可知，动摩

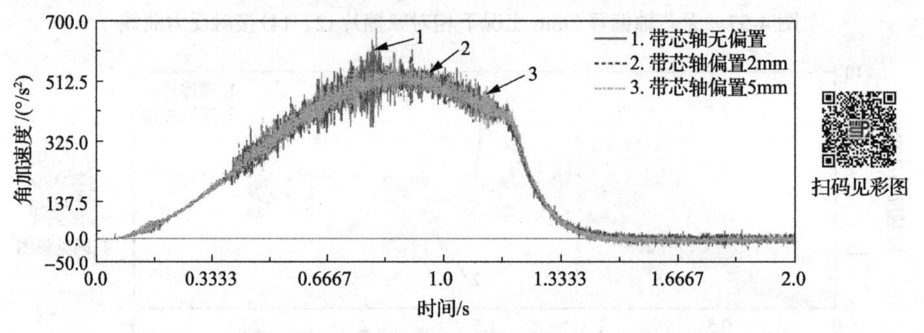

图 4-59　输出端角加速度曲线(带芯轴)

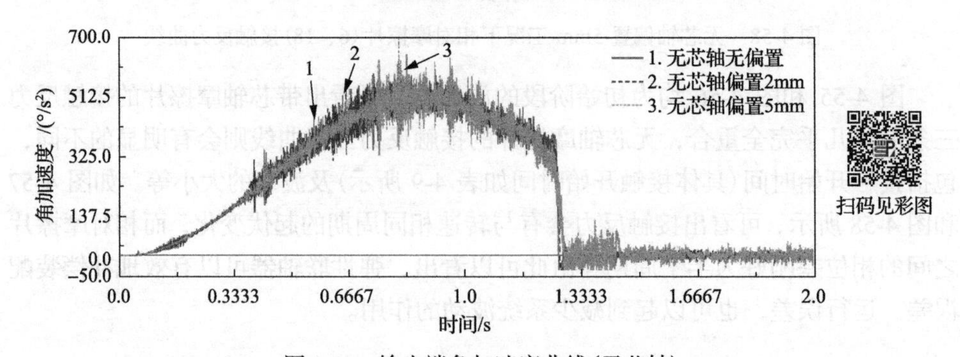

图 4-60　输出端角加速度曲线(无芯轴)

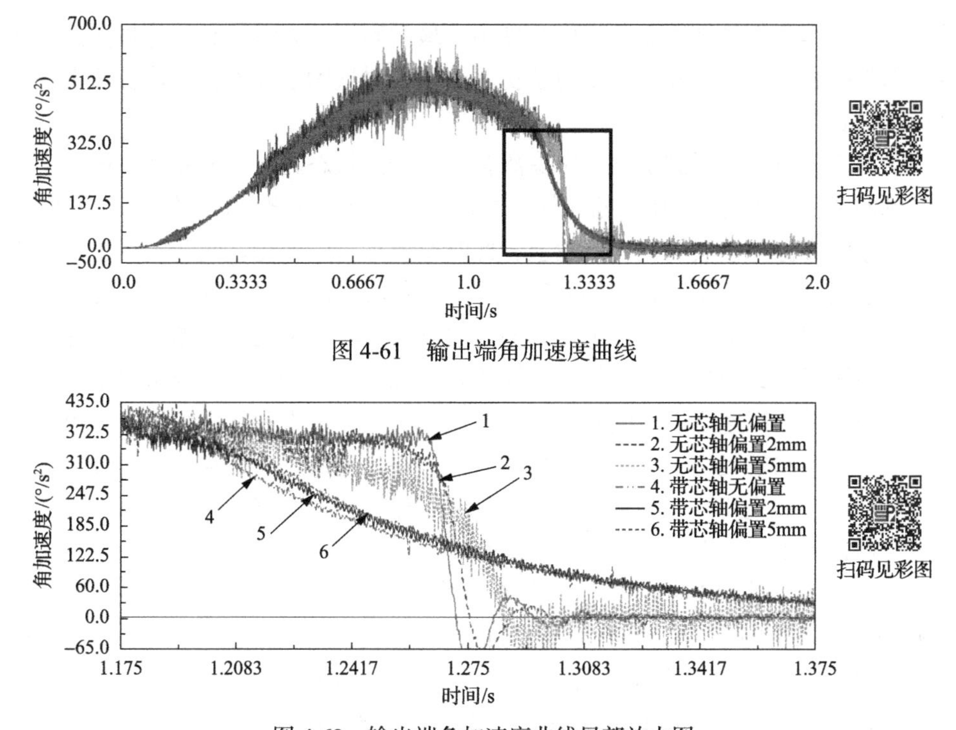

图 4-61　输出端角加速度曲线

图 4-62　输出端角加速度曲线局部放大图

擦和静摩擦进行转换时，带芯轴离合器的转换过程比无芯轴离合器的转换过程更为平缓。无芯轴离合器偏置 5mm 工况下的角加速度曲线中的振动明显比其他两种工况更加剧烈。

首先，改变带芯轴偏心 5mm 工况的充气时间(改为充气时间 2s)，仿真得到角加速度的结果，进而计算得到总振级数据。计算得到的数据与无芯轴 5mm 偏置工况(1s 充气时间 1s)的总振级之间的差值结果在 5dB 以上。其次，将偏置 5mm 工况下的充气时间都改为 0.5s，仿真得到两种模型的总振级结果。将这一组结果进行对比，差值都达到了 5dB 以上。这说明在气胎摩擦离合器上加上芯轴(利用滚动轴承进行固定)及设置弹性联轴器，对噪声的消减有非常重要的作用。尤其在偏置工况下，弹性联轴器能够有效地补偿偏心所造成的振动，并减小噪声。

4.12　小　　结

本章首先使用专业建模软件对分析中含有接触的零部件根据绝对精度进行了精准建模；然后通过有限元软件计算得出了具有复杂帘线结构的气胎柔性体文件，得到了柔性体文件后同样通过有限元软件将动力学软件中不能模拟的压力以均布载荷的形式作为信息加载到柔性体文件中；最后利用动力学仿真软件将前面的所有零部件整合在一起，建立了动力学仿真模型，对气胎摩擦离合器接合冲击特性进行了仿真分析。

动力学分析后，得到了气胎摩擦离合器由分离状态到接合抱死状态过程中每个时刻的变化。首先，气胎开始充气，气胎内部气压的变化会导致气胎逐渐膨胀，气胎膨胀将摩擦片慢慢压到内鼓轮上，此时摩擦片与内鼓轮之间开始产生摩擦力矩及接触反力。对于不同径向偏心工况，径向偏心方向上对应的摩擦片在接触开始时间上有明显的不同。摩擦力矩开始对输出端做功，带动输出端转动，此时由于摩擦力矩很小，加速并不明显。不同接合工况下，由于需要克服阻力矩，开始接触时输出端为减速运动。随着气压逐渐增大，接触压力和接触摩擦力矩也随气压增大，为输出端提供更大的做功力矩，输出端加速增快。这样的加速过程会一直持续到离合器抱死，此时输出端转速等于工作转速，摩擦力矩等于阻力矩，整个离合器达到平衡状态。

通过动力学仿真分析，即可得到在接合冲击过程中，所有零部件及固定、约束等边界条件的受力、运动状态。通过分析这些数据就可以有效地推断各种接合工况对气胎摩擦离合器接合冲击特性的影响。由分析可知，接合转速越接近工作转速，产生的接合冲击噪声就会越小；在气胎摩擦离合器中增加芯轴(使用滚动轴承固定)、弹性联轴器等构件能够有效地降低离合过程中接合冲击产生的噪声。

本章常见问题及解决方案

问题一：在生成气胎柔性体文件时，计算所需的气胎具有复杂的帘线结构，且橡胶属于非线性的超弹性材料，故不能直接在 ADAMS 软件中生成柔性体，针对此问题应当如何解决？

选用有限元分析软件——Abaqus 进行气胎柔性体模态文件的生成。生成气胎柔性体文件后，导入 ADAMS 软件进行仿真测试，在进行各方向刚度的测试中，气胎在 ADAMS 软件中的表现与 Abaqus 中所测得的刚度不一致。对气胎材料参数进行修改以在 ADAMS 软件中达到气胎的各方向刚度。但是，要在三个方向上完全符合提供的刚度是非常困难的事情，不是仅修改材料的参数就可以达到，最终选取与气胎刚度最接近的气胎作为动力学仿真中使用的模型。

问题二：在模拟充气气压的施加时，由于 ADAMS 软件的限制，不能在气胎内部直接施加压力，应该如何解决此问题？

在动力学仿真过程中，将压力换算成集中力平均施加在柔性体文件的网格节点上，以模拟充气过程中的气压。换算公式为 $F \cdot K = P \cdot S / n$。此方法可近似模拟气胎内部的气压，但气胎在 1MPa 的气压下变形较为显著，因此气胎内部的表面积会随着压力的增大而增大(气压不变，总压力会增大)，这时所加载的力就比真实情况小。但在进行动力学模拟时内鼓轮会阻止气胎的膨胀(变形被阻止)，因此在选取每个点所受力时，直接使用 1MPa 对应的集中力加载到气胎内表面。

问题三：带芯轴气胎摩擦离合器在建模时，对弹性联轴器只给出了三个方向上的刚度参数(未给出具体的结构、材料等参数)，因此需要对弹性联轴器的参数进行调整以达到所需求的条件参数。在调整参数时，使用单一的材料一直达不到弹性联轴器的刚度条件，如何解决此问题?

使用弹簧来代替弹性联轴器的柔性体建模。由于只能得到弹性联轴器的相对阻尼参数，相对阻尼系数为 1.0，最终将弹簧的阻尼设置为 100N·s/mm。

问题四：本章仿真过程中采用了最简单的不考虑黏性摩擦及负阻尼效应的滑动库仑摩擦模型。在这种摩擦模型中，摩擦力会产生阶梯函数状的变化。这种不连续的变化会让计算变得非常困难。如何解决此问题?

ADAMS 软件在设置库仑摩擦力时采用了双线性化处理，近似处理了库仑摩擦模型。其中，设置有两个临界值 V_s 与 V_d，当摩擦切换系数小于 V_s 时，使用 STEP 函数进行过渡；当摩擦切换系数大于 V_d 时，摩擦系数为动摩擦系数；当摩擦切换系数处于两者之间时，同样使用 STEP 函数由动摩擦系数过渡到静摩擦系数。最终选取了适当的摩擦模型的动、静摩擦切换系数，当摩擦片与内鼓轮相对速度临近 40mm/s 时，摩擦系数开始由动摩擦向静摩擦切换。

问题五：在仿真时，Abaqus 出现了如下错误：ERROR:THE VALUE OF 256MB THAT HAS BEEN SPECIFIED FOR STANDARD FOR STANDARD_MEMORY IS TOO SMALL TO RUN ANALYSIS AND MUST BE INCRESED.THE MINIMUM POSSIBLE VALUE FOR STANDARD_MEMORY IS 560 MB. 针对此问题如何解决呢?

Windows 操作系统设定了使用内存的上限，若需要设置非常大的 pre-memory 和 standard-memory，则可以使用 Linux 操作系统。另外，Abaqus 在 Linux 系统下的分析求解速度也比 Windows 系统快很多。

问题六：将“*.stp”格式的外鼓轮文件导入 Abaqus 时，在窗口底部的信息区看到如下提示信息：A total of 4 parts have been created。此信息表明 CAD 模型已经被成功导入，但是在 Abaqus 的视图区中却只显示出一条白线，看不到导入的几何部件，这是什么原因?

“IGES”格式的文件，一般不会出现这类问题，因此可以在 CAD 软件中输出“IGES”格式的文件，再导入 Abaqus。

问题七：将摩擦片导入 Abaqus 来生成几何部件，在为其划分网格时，出现了 “The current pat contains invalid geometry and cannot be meshed or assigned mesh attributes”，这是什么原因？

在 Part 功能模块中，选择 Geometry diagnostics，选中 Invalid entities，将会高亮无效的部位，放大显示这个无效部位，查看是否有微小的缝隙等几何缺陷，若看不到明显的缺陷，则可能是由几何模型本身存在数值误差或内部错误导致此部位无效。

问题八：内鼓轮的一条边上需要施加均布载荷，但是 Abaqus 并没有提供该类型的载荷，如何在一条边上施加均布载荷？

需要将内鼓轮的这条边与一个耦合点固定在一起，然后在该参考点上施加集中载荷。

参 考 文 献

[1] 高晓敏, 王晓明. 现代船用离合器技术的发展[J]. 机械技术史, 2000, (00): 456-462.
[2] 杨承参, 施仲篪. 船用高弹性橡胶摩擦离合器的减震性能与接合特性[J]. 船舶工程, 1978, (3): 17-33.
[3] Till R. An archaeoacoustic study of the hal saflieni hypogeum on malta[J]. Antiquity, 2017, 91(355): 74-89.
[4] 危银涛, 杨挺青, 杜星文. 橡胶类材料大变形本构关系及其有限元方法[J]. 固体力学学报, 1999, 20(4): 281-289.
[5] 曹金凤, 石亦平. ABAQUS 有限元分析常见问题解答[M]. 北京:机械工业出版社, 2009.
[6] 洪嘉振. 计算多体系统动力学[M]. 北京: 高等教育出版社, 1999.
[7] 宁晓斌, 张文明, 王国彪. 用虚拟样机技术分析鼓式制动器的振动[J]. 有色金属, 2003, (2): 105-108.
[8] 汪中厚, 张艺, 刘欣荣, 等. 气胎摩擦离合器接合特性动力学仿真研究[J]. 农业装备与车辆工程, 2017, 55(4): 34-37, 42.
[9] 张坤. 基于 ADAMS 的盘式制动器多柔体仿真分析[D]. 武汉: 武汉汉理工大学, 2010.
[10] 潘孝勇. 橡胶隔振器动态特性计算与建模方法的研究[D]. 杭州: 浙江工业大学, 2009.
[11] 郭凤骏, 杨德庆. 考虑振级落差要求的齿轮箱基座优化设计[J]. 船舶工程, 2008, 30(4): 40-43.

第5章 渐开线斜齿轮的滚齿加工仿真与加载接触分析

5.1 研究背景及意义

现代齿轮传动系统的发展主要围绕齿面高精度、齿面高强度、运行高速度、传动高载荷这几个方面。传递动力时，渐开线斜齿轮所受载荷先逐渐加载，然后逐渐卸载。因此，渐开线斜齿轮具有传动平稳、冲击振动和噪声较小等优点，因此适用于高速重载的传动工况。

随着计算机技术的快速发展与应用，采用计算机辅助设计/计算机辅助制造(computer aided design/computer aided manu facturing, CAD/CAM)来进行圆柱齿轮设计与加工的研究越来越多。本章在现有研究的基础上，对斜齿轮的切齿加工过程进行模拟仿真。针对加工仿真得到的精确齿轮整体模型，使用有限元法对齿根弯曲强度和齿面接触强度进行分析和计算，并在此基础上探讨齿根过渡曲线的优化设计方法。

本章针对斜齿轮实际加工和使用过程中存在的各种问题，主要进行如下研究：

(1)提出一种在计算机上显示斜齿轮三维实体加工仿真过程的方法。利用三维软件 CATIA V5 的宏程序功能，基于共轭齿面包络原理，研究滚刀加工斜齿轮的理论计算和虚拟加工问题，并完成斜齿轮的滚齿加工仿真。针对获得的三维模型，提取其刀痕线上的点集，将其与标准齿面对比，完成齿面精度的检验。

(2)进行齿面重构，将重构模型导入 HyperMesh 软件，进行六面体网格划分，以便后续开展精确的有限元分析。

(3)利用 Abaqus 对齿轮齿根的弯曲强度和齿面的接触强度进行分析，综合评定齿轮的传动质量与承载能力等性能，为齿根过渡曲线的优化设计提供选择依据。

5.2 建立分析模型

迄今为止，国内外广泛采用的齿轮加工方法有滚、插、剃、磨等。根据加工原理，加工方法可以分为成形法与展成法两类[1]，其中最常见的是展成法，包括插齿加工与滚齿加工。其中，滚齿加工是应用最广泛、最主要的切齿方法，并且滚齿具有：①适应性好；②生产率高；③被切齿轮的齿距偏差小；④滚齿加工的齿廓表面粗糙度相对于插齿加工的齿廓表面粗糙度较小；⑤滚齿加工适用于直齿、斜齿和蜗轮等。因此，本章选用滚齿作为虚拟仿真研究对象。

依据齿轮啮合原理，可以运用计算机进行齿轮的仿真加工。根据被加工齿轮的基本参数，首先选择齿轮滚刀类型，并建立滚刀模型，其次建立被加工齿轮的毛坯模型，最后通过特定的加工方式使滚刀转动，并进行切齿加工，即滚刀与齿坯做相对纯滚动。通过滚刀的反复运动加工，即可加工出完整的齿轮齿形。

5.2.1 齿轮的关键参数及各参数间的关系

1. 仿真模型的关键参数

为了获得仿真模型的正确齿形，需要研究标准齿轮的基本参数。渐开线圆柱斜齿轮的基本参数包括法面模数、法面压力角、分度圆螺旋角、齿数、法向齿高系数和顶隙，若是变位齿轮，则需要增加变位系数。在进行齿轮基本参数计算时，主要是通过分度圆螺旋角对齿轮端面尺寸与法面尺寸进行换算。斜齿轮端面尺寸关系与直齿轮相同，可根据直齿轮相关公式进行计算[2]。

螺旋角是区分斜齿轮与直齿轮的重要参数。设想将一直齿圆柱齿轮垂直于轴线，切成无穷多的理论厚度接近于零的薄片，并使得各个薄片绕轴线均匀扭转错开，即可获得斜齿圆柱齿轮。此时齿轮的侧面为螺旋面，螺旋面与分圆柱的交线为螺旋线，其螺旋角称为分圆柱螺旋角和螺旋升角，分别用 β 和 λ 表示。同理可得基圆柱螺旋角和螺旋升角，分别用 β_0 和 λ_0 表示，则有[2]

$$\sin\beta_0 = \sin\beta\cos\alpha_n \tag{5-1}$$

$$\cos\lambda_0 = \cos\lambda\cos\alpha_n \tag{5-2}$$

$$d_0 = \frac{m_n\tan\beta_0}{\sin\beta} = \frac{m_n z}{\tan\lambda_0\cos\lambda} \tag{5-3}$$

式中，z 为齿数；α_n 为法面压力角；d_0 为分度圆直径。斜齿轮端面与法面之间参数的计算，关键在于确定端面与法面之间尺寸的换算。其中，法面模数 m_n 与端面模数 m_t 之间的关系，可以根据图 5-1 所示的斜齿轮分度圆柱面展开图进行推导计算，则有

$$m_n = m_t\cos\beta \tag{5-4}$$

图 5-1 中，细斜线表示轮齿，空白部分表示齿槽，并且法面齿距 $P_n = \pi m_n$、端面齿距 $P_t = \pi m_t$，根据法面模数 m_n 和端面模数 m_t 之间的数学关系，则有

$$P_n = P_t \cos\beta \tag{5-5}$$

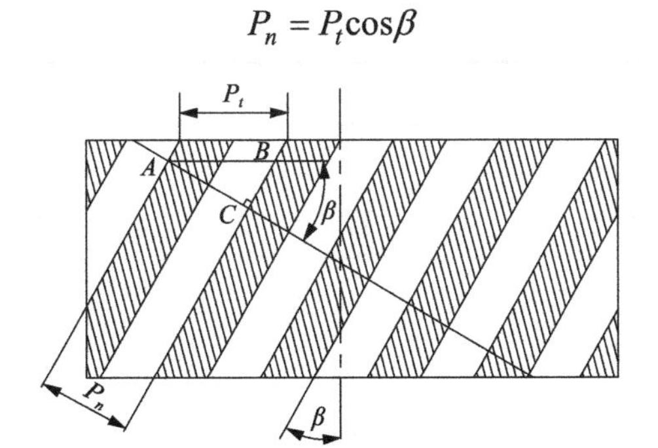

图 5-1　斜齿轮分度圆柱面展开图

图 5-2 为斜齿轮压力角的关系图。在 ΔABC 和 ΔA_1B_1C 中：

$$\tan\alpha_t = \frac{AC}{AB} = \frac{A_1C}{A_1B_1\cos\beta} = \frac{\tan\alpha_n}{\cos\beta} \tag{5-6}$$

式中，$\tan\alpha_n = \tan\alpha_t\cos\beta$；$\alpha_t = \angle ABC$；$\alpha_n = \angle A_1B_1C$，进而求得斜齿轮分度圆柱处螺旋角 β 为[3]

$$\tan\beta = \pi d / P_z \tag{5-7}$$

式中，P_z 为导程，且各个圆柱面上的螺旋角不相同。

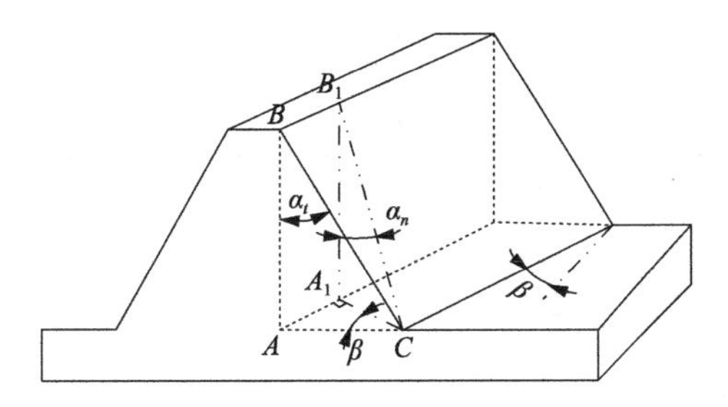

图 5-2　斜齿轮压力角的关系图

2. 齿轮基本尺寸计算

通过相应的基本参数及计算公式，可得斜齿圆柱齿轮的几何尺寸及其计算公式如表 5-1 所示。

表 5-1　斜齿圆柱齿轮的几何尺寸及其计算公式

名称	符号	计算公式
螺旋角	β	一般取 8°～15°
端面模数	m_t	$m_t = m_n / \cos\beta$

续表

名称	符号	计算公式
端面压力角	α_t	$\tan\alpha_t = \tan\alpha_n / \cos\beta$
端面齿顶高系数	h_{at}^*	$h_{at}^* = h_{an}^*\cos\beta$
端面顶隙系数	c_t^*	$c_t^* = c_n^*\cos\beta$
当量齿数	z_v	$z_v = z / \cos^3\beta$
最小齿数	$z_{\min}$	$z_{\min} = 2h_{at}^* / \sin^2\alpha_t$
端面变位系数	x_t	$x_t = x_n\cos\beta$
端面啮合角	α_t'	$\cos\alpha_t' = \cos\alpha_t \cdot \alpha / \alpha'$
分度圆直径	d	$d = m_t z$
标准中心距	a	$a = m_t(z_1 + z_2) / 2$
基圆直径	d_b	$d_b = d\cos\alpha_t$
节圆直径	d'	$d' = d_b / \cos\alpha_t'$
齿顶高	h_a	$h_a = (h_{at}^* + x_t)m_t$
齿根高	h_f	$h_f = (h_{at}^* + c_t^*)m_t$
全齿高	h	$h = h_a + h_f$
齿顶圆直径	d_a	$d_a = d + 2h_a$
齿根圆直径	d_f	$d_f = d + 2h_f$

注：h_{an}^* 为法面齿顶高系数；c_n^* 为法面顶隙系数；z 为仿真模型目标齿轮齿数；x_n 为法面变位系数。

5.2.2 滚齿原理简介及滚刀建模

1. 滚齿原理简介

假设渐开线齿轮啮合传动时，保持恒定的传动比，即两齿轮的节圆相切并做纯滚动。设其中一个齿轮为刀具，切削刃与毛坯齿形在啮合线上逐点啮合，切出渐开线齿形。

由上述分析可知，加工齿轮时，通常采用与齿轮模数与压力角相同的滚刀[4]。要切削渐开线齿轮，必须采用与该齿轮齿形共轭的渐开线齿形或者齿条切削刀具。

滚齿加工可以等效为齿轮和齿条啮合传动，即展成法加工齿轮。在加工过程中，滚刀绕中心轴做高速旋转运动，此时滚刀在轴向剖面具有无限长齿条形状。如图 5-3(a)所示，齿条以速度 V 前进，齿轮绕自身轴线旋转，r 为齿轮的节圆半径。齿条线速度等于齿轮角速度与节圆半径的乘积，且齿条的节线与齿轮的节圆做纯滚动。当齿条垂直于齿轮轴线方向移动时，即可包络出渐开线齿形曲线。滚刀顺序进入齿坯的齿槽各位置如图 5-3(b)所示，滚刀的每次滚动都会从齿坯上切除一层金属。通过滚刀与齿坯的反复滚切，可以模拟全齿的滚切加工。

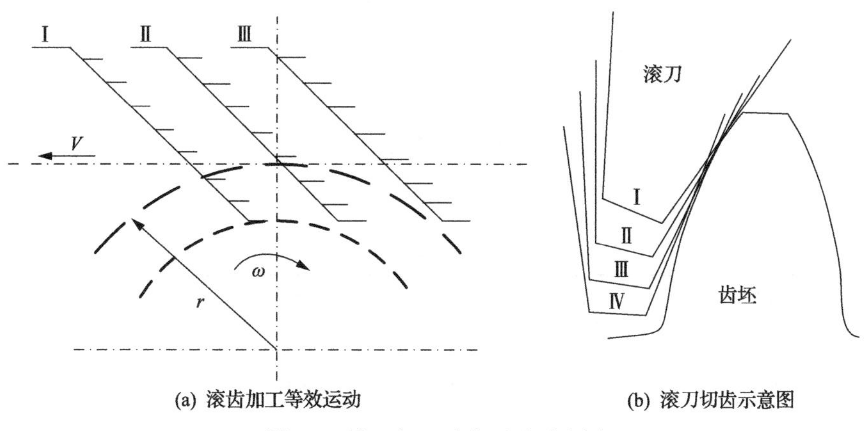

(a) 滚齿加工等效运动　　(b) 滚刀切齿示意图

图 5-3　滚刀加工啮合运动示意图

2. 滚刀建模

已知目标齿轮基本参数：齿数 z、法面模数 m_n、法面齿顶高系数 h_{an}^*、螺旋方向为右旋、分度圆法向压力角 α_n、法面顶隙系数 c_n^*、分度圆螺旋角 β、变位系数 x。

根据上述目标齿轮基本参数确定滚刀参数，包括滚刀外径、长度、容屑槽、切屑角度、分度圆直径等。

如图 5-4 为齿轮滚刀结构示意图。通过查阅《齿轮滚刀　基本型式和尺寸》(GB/T 6083—2016)即可完成滚刀设计，基本参数如表 5-2 所示。

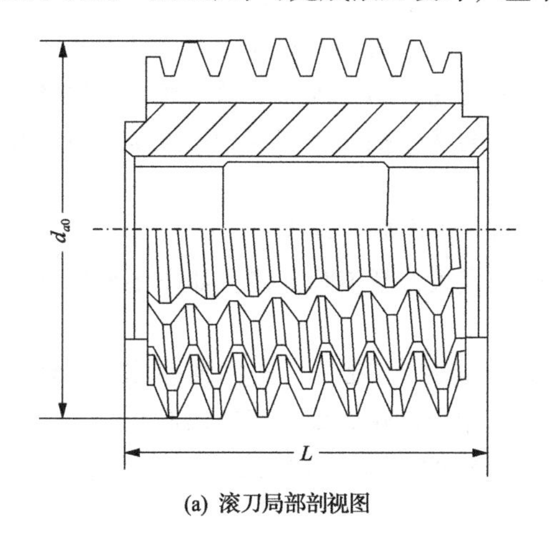

(a) 滚刀局部剖视图

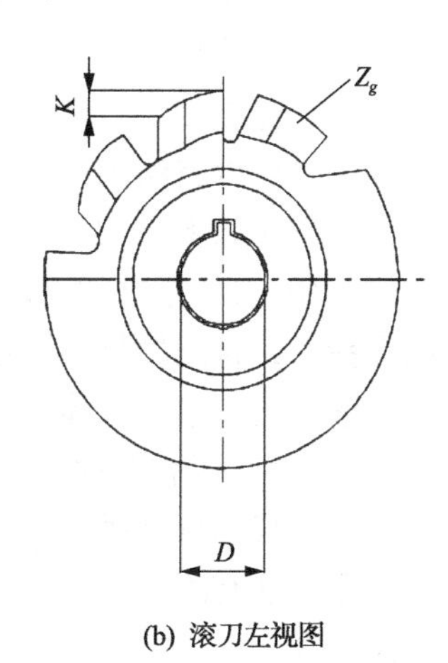

(b) 滚刀左视图

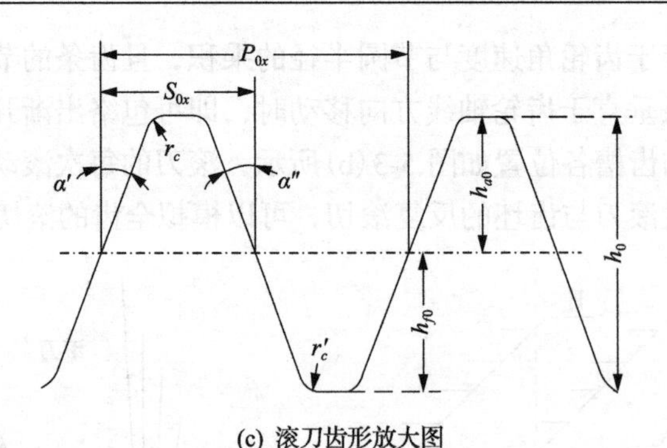

(c) 滚刀齿形放大图

图 5-4　齿轮滚刀结构示意图

表 5-2　滚刀基本参数

参数	数值	参数	数值
模数/mm	2	分度圆直径/mm	73.96
全长/mm	80	轴向齿距/mm	6.285
外径/mm	79	轴向齿形角/(°)	20.0166
齿顶高/mm	2.5	轴向齿厚/mm	3.143
孔径/mm	32	齿根圆弧半径/mm	0.5
全齿高/mm	5	滚刀螺旋方向	右旋

根据目标齿轮的基本参数，选定齿轮滚刀，查表选定滚刀参数[5]。

工程中，通过铲背工序形成滚刀的不连续切削刃，利于散热和排屑，因此滚刀齿形相当复杂；当需要考虑滚刀的寿命、切削效率等因素时，滚刀齿形会更加复杂。在三维软件中进行齿轮的仿真加工时，无须考虑散热和排屑的工况，因此只须保障滚刀在切削运动中产生正确的齿形。本章对滚刀进行了简化处理，在保障切齿仿真效果的前提下，大幅度降低了滚刀三维建模的难度。

滚刀在高速旋转时，其刀形在视觉上是连续的，等效于梯形螺纹。因此，在切齿仿真中，可以将滚刀简化为一个简单的螺旋扫描体来实现连续滚切的效果，具体的建模方法如下。

(1)在“part1”零件的“*ZOX* 平面”中新建圆柱体草图，如图 5-5(a)所示，通过凸台命令，将圆柱体草图通过拉伸形成滚刀基本圆柱体，如图 5-5(b)所示，圆柱体即滚刀的基本圆柱体。

(2)进入“线框和曲面设计”，单击“轴线”命令，选择圆柱体上圆柱面为“元素”，生成圆柱体轴线；单击“点”命令，建立螺旋线所需起点；单击“螺旋线”命令，以上述生成点为起点，圆柱体轴线为轴，输入螺距，即可生成图 5-6 所示的螺旋线。

(3)根据表 5-2 中的数据，绘制图 5-7(a)所示草图，草图中曲线轮廓为滚刀轴向齿形。单击“开槽”命令，选择图 5-7(a)中的滚刀轴向齿形为轮廓，图 5-6 的螺旋线为中心曲线，选择圆柱体的轴线为拔模方向，单击“确定”即可完成滚刀基本圆柱体开槽，图 5-7(b)为滚刀切出沟槽三维模型。

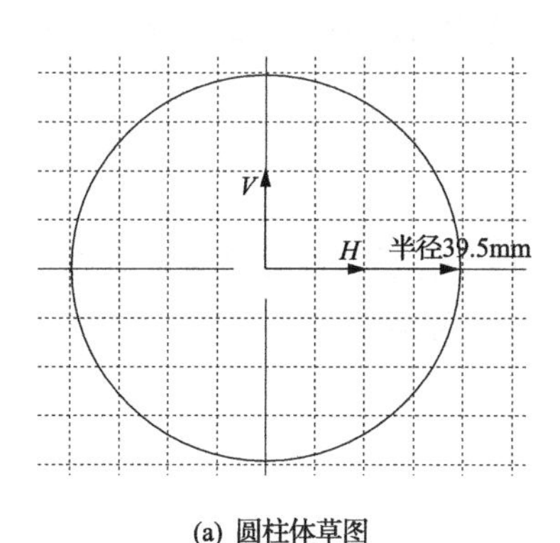

(a) 圆柱体草图

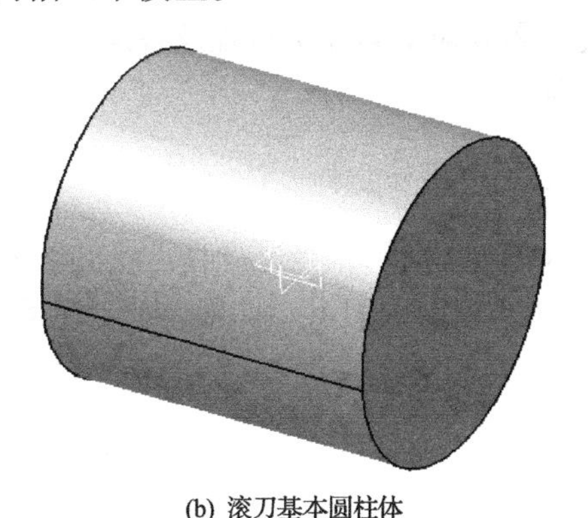

(b) 滚刀基本圆柱体

图 5-5　滚刀基本圆柱体建模

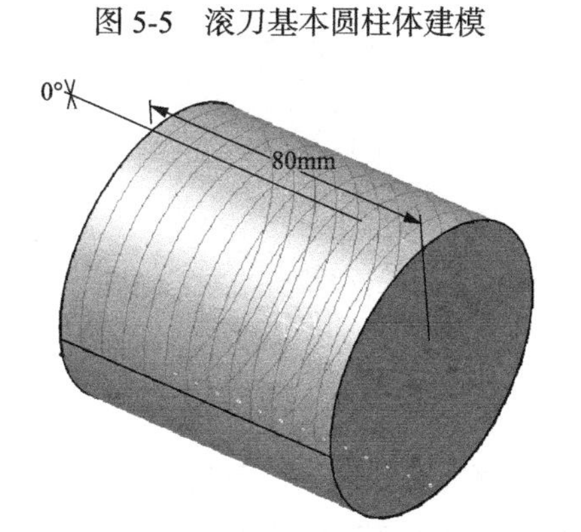

图 5-6　螺旋线建模

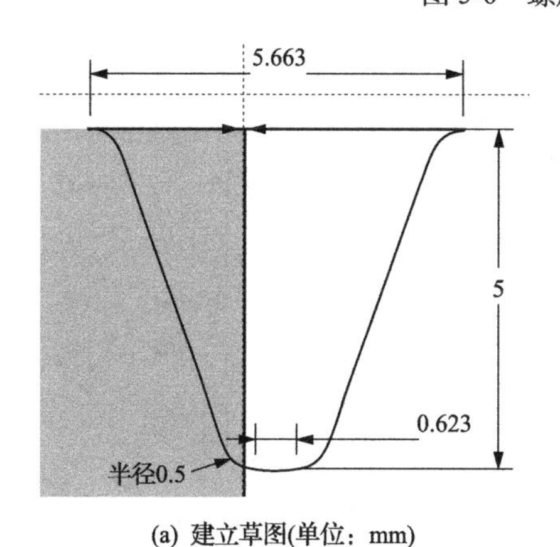

(a) 建立草图(单位：mm)

(b) 滚刀切出沟槽三维模型

图 5-7　滚刀建模

5.2.3　滚齿运动分析及齿轮切制

齿轮的仿真加工是指在计算机上模拟滚刀与齿坯的加工运动。仿真过程中，齿坯和刀具之间的相对运动及各运动参数的调整都是基于实际加工运动进行的。因此，需要对实际加工过程及各运动参数的调整进行研究，才能完成精确的齿轮仿真加工。

1. 滚齿运动分析

如图 5-8 所示，当进行直齿轮的滚齿加工时，需要具备滚刀的转动 N_d、齿坯的转动 N_g 以及滚刀沿工件轴向的走刀运动 S_z 共三种运动。

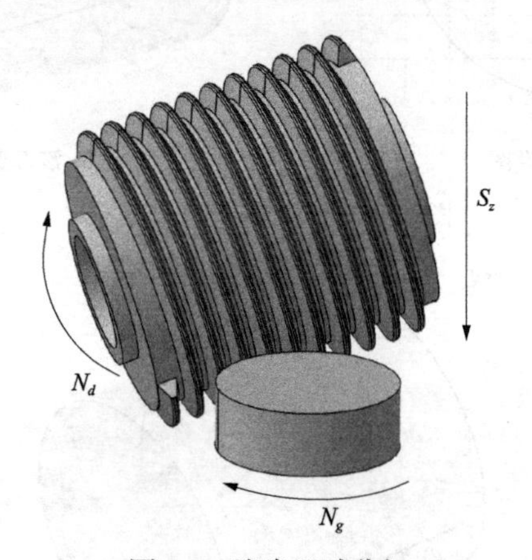

图 5-8　滚齿运动分解

斜齿轮沿着齿宽方向是螺旋线形状，因此滚切斜齿轮时，滚刀沿齿坯轴方向走刀的同时，齿坯也要沿自身轴线转动。如图 5-9 所示，当滚刀由 A 点走至 A_1 点

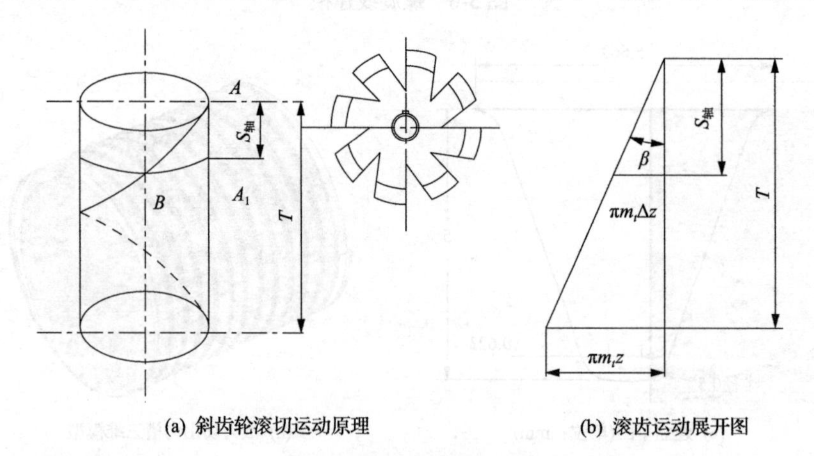

(a) 斜齿轮滚切运动原理　　(b) 滚齿运动展开图

图 5-9　斜齿滚切原理图

时，齿坯也要多转一段距离 BA_1。因此，按照斜齿轮螺旋角 β 与导程 T 的关系，只要增加一个附加运动，就可以满足滚刀在轴向走刀一个导程 T 时工作台多转或者少转一圈的关系。

由此可见，滚切斜齿轮时，既要求加工机床能严格保持滚刀转一圈时齿坯旋转一齿的旋转运动，又要求使滚刀对齿坯轴向的进给运动为一导程 T 时工作台具有多转或者少转一圈的附加运动。

2. 滚齿机的主要参数调整

滚齿机的主要调整参数包括滚刀安装角 φ 、走刀量 S_n、径向进刀量 Δh 与滚比。为了得到准确的齿形，应使滚刀和齿坯处于正确的“啮合”位置，如图 5-10(a)所示，当旋向相反时，滚刀与齿坯的安装位置如图 5-10(b)所示；当旋向相同时，滚刀与齿坯的安装位置如图 5-10(c)所示。因此，需要将滚刀轴线与工件顶面安装成一定的角度，即安装角 φ ，当滚切直齿轮时， $\varphi=\gamma_z$ ， γ_z 为滚刀的螺旋升角，即通过安装角 φ 抵消螺旋升角 γ_z 的影响。

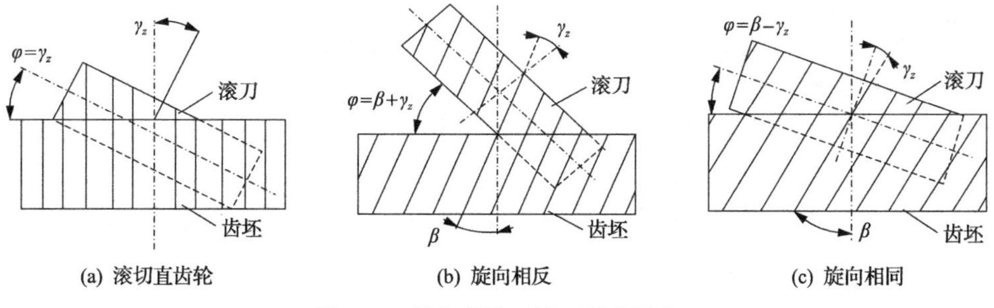

(a) 滚切直齿轮　(b) 旋向相反　(c) 旋向相同

图 5-10　滚切斜齿时滚刀的安装角

而滚切斜齿轮时， $\varphi=\gamma_z\pm\beta$ ， β 为目标齿轮螺旋角，滚刀与齿坯螺旋方向相反时取“+”，滚刀与齿坯螺旋方向相同时取“−”。

走刀量 S_n 又称为垂直进给量，是指工件每转一圈，滚刀沿工件轴向的进给量。

在滚切齿轮时，滚刀的径向进刀量 Δh 为加工完齿轮的全齿高 h。例如，滚切标准齿轮按 2.25mm 进刀，根据齿坯基本参数计算得到的滚切加工量即加工齿轮全齿高的数值，并且需要保证滚刀分度圆和齿坯分度圆相切。

滚比是保证滚刀和目标齿轮间按照确定速度做相对滚动的数值。加工过程中，齿坯和滚刀之间的滚切运动相当于齿轮齿条的啮合运动，因此齿轮分度圆与齿条分度线相切并做纯滚动，齿坯的齿廓曲线是由运动过程中齿条每一位置处的刀齿廓线包络出来的。因此，为了包络出正确的齿形，要求齿条的移动速度与齿坯的圆周线速度相等，即齿条沿着中线方向移动一个齿距，齿轮也转过一个相同的齿距，传动比不变。

滚切斜齿轮时，具体运动如下：齿坯绕自身轴线做等速转动，刀具绕自身轴线转动的同时沿着齿宽方向做进给运动，滚刀和齿坯的转数必须满足一定的传动关系，才可保障齿坯和滚刀之间正确且连续地运动。例如，用右旋滚刀加工右旋齿轮时，滚刀旋转 Z/n 时，齿坯应旋转 $1+S_n/T$ 转，Z 为滚刀的齿数，n 为滚刀的头数，S_n 为齿轮的走刀量，T 为齿轮的导程。

5.2.4　仿真加工方法简介

目前，齿轮仿真加工系统大都基于程序设计语言(visual basic, VB)、Auto LISP(LISP 为 List Processor 缩写)等开发，也有部分系统基于三维软件的二次开发模块建立[6]。然而多数都利用了渐开线函数绘制渐开线的方法，对于齿廓过渡曲线，这种方法很难准确地构建过渡曲线方程，仅验证了齿轮的公法线误差，对齿面误差并没有做出验证。在齿轮的实际工作中，齿面质量的好坏对齿轮传动有较大的影响，因此仅验证公法线误差不能充分说明加工结果的准确性，具有一定的局限性。

综上所述，本章以 CATIA 为开发平台，通过模拟齿轮实际加工环境的方法，利用宏程序功能，基于 VB 编制切齿程序，从而实现斜齿轮的仿真加工，以便得到高精度的齿轮模型。

以上述方法建立的齿轮模型为基础，开展啮合仿真和齿面接触分析，从而创建加工设计参数和齿轮整体分析之间的关系，能够直观地反映齿轮的设计问题和加工设计参数调整引起的齿形及接触区域的变化，可以为后续齿轮的有限元分析提供很好的理论基础和技术支持。

5.2.5　齿轮加工仿真

1. 齿坯及滚刀的装配

为了准确调整齿坯与滚刀之间的相对位置，在 CATIA 中需要对齿坯与滚刀进行组装，从而形成一个全新的装配体，在装配体中，齿坯与滚刀各自具有一个空间坐标系。

如图 5-11(a)所示，选择滚刀坐标系，插入滚刀后，将滚刀坐标系设置为默认坐标系，并且作为滚刀和齿坯三维运动的尺寸参照坐标系。

如图 5-11(b)所示，选择齿坯坐标系，插入齿坯模型后，即可将齿坯坐标系带入整个装配体。

2. 滚齿主要参数的调整

在完成滚刀与齿坯的三维模型装配后，即可确定滚齿仿真过程中齿坯与刀具的中心位置，进行二者之间位置关系的调整。

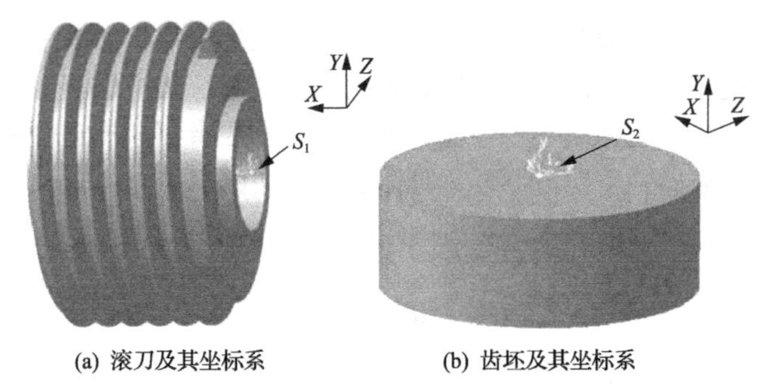

(a) 滚刀及其坐标系　　(b) 齿坯及其坐标系

图 5-11　坐标系的建立

首先进行滚刀与齿坯中心位置及安装角的调整。如上所述，加工直齿轮和斜齿轮所对应的安装角并不相同，并且若滚刀和齿坯的旋向不同，则其对应的安装角也不同。

根据公式$\varphi = \gamma_z + \beta$，将滚刀进行旋转，如图 5-12 所示。式中，$\gamma_z = \arcsin(m/d)$，$d$为滚刀分度圆直径，$\beta$为需要切制齿轮的螺旋角，$m$为模数。

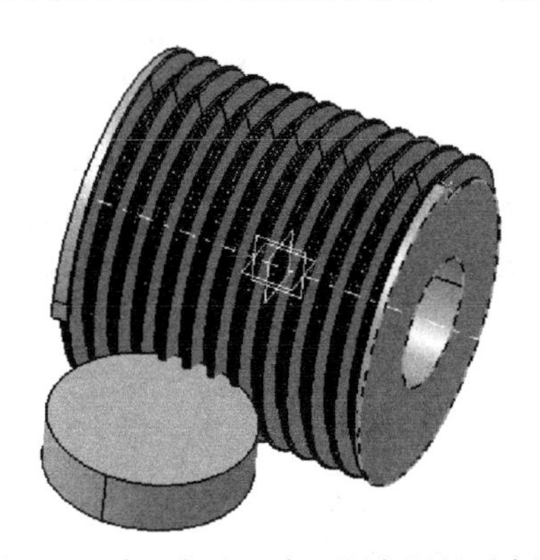

图 5-12　齿坯与滚刀中心距离调整示意图

然后进行齿坯与滚刀相对空间位置的调整。为了保证仿真加工的准确性，需要保证齿条中线与齿坯分度圆相切，从而模拟齿轮的实际切齿过程。根据滚刀和齿坯的建模过程，设置齿坯轴线与滚刀轴线保持中心距$a = (d_1 + d_2)/2$，式中，d_1、d_2分别为滚刀与齿坯的分度圆直径。

对于变位齿轮，在仿真加工过程中，可以通过调整滚刀和齿坯的径向位置来实现变位齿轮仿真加工。根据变位齿轮成型原理，加工正变位齿轮时，滚刀相对于相切位置，沿径向远离齿坯圆心的距离为xm_n；加工负变位齿轮时，滚刀相对于相切位置，沿径向靠近齿坯圆心的距离为xm_n，其中x为变位系数的绝对值，m_n为斜齿轮的法面模数。此时，齿坯轴线与滚刀轴线的中心距离为$a = (d_1 + d_2)/2 + xm_n$。

最后进行齿坯和滚刀之间的运动关系调整。在齿轮仿真加工过程中，齿坯每次以固定的角度转动，复制滚刀一次，根据滚比关系，相应地滚刀也转动一个角度，同时沿着齿宽方向移动一个导程 T 的距离，当二者到达确定位置时，做一次布尔运算，从而完成一个切齿循环，具体实现方法如下。

对于直齿轮，假设齿坯每次转过的角度为 θ，则在齿坯分度圆上的角速度为

$$\omega = \frac{\theta}{t} \tag{5-8}$$

式中，ω为齿坯转动的角速度。

齿条的线速度与分度圆的圆周速度相等，则有

$$v_1 = v_2 = \omega r = \frac{\pi\theta}{180t}.\frac{mz}{2} = \frac{\theta mz\pi}{360t} \tag{5-9}$$

式中，v_1、v_2分别为齿坯、刀具在分度圆相切位置处的瞬时速度。

齿坯转动θ时，齿坯和刀具在中线方向移动相同的距离：

$$s_1 = s_2 = v_1 t = v_2 t = \frac{\theta mz\pi}{360} \tag{5-10}$$

式中，s_1为刀具沿着中线方向移动的距离；s_2为齿坯沿着分度圆方向转过的齿距。

如图 5-13 所示，本章研究的斜齿轮和滚刀之间的滚切关系等同于斜齿轮和齿条之间的啮合传动关系。齿坯螺旋角 β 和滚刀安装角 φ 的存在，使得齿坯和刀具的纯滚动位置发生变化。

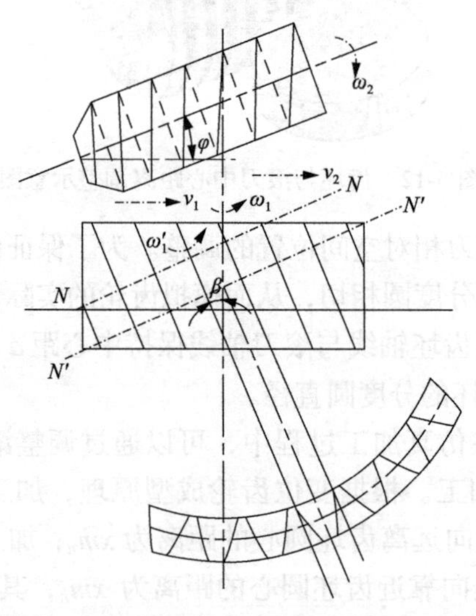

图 5-13　斜齿轮和齿条之间的啮合传动关系图

由上述关系可知，齿坯绕自身轴线旋转速度为 ω_1，则有

$$\omega_1 = \frac{\theta}{t} \cdot \frac{\pi}{180} = \frac{\theta\pi}{180t} \tag{5-11}$$

式中，θ 为齿坯每次转动的角度；t 为齿坯转动角度 θ 时所对应的时间。

由于螺旋角 β 的存在，相应的啮合关系需要转化到齿轮的端面进行计算。设齿轮端面旋转角速度为 ω_2，且 $\omega_2 = \omega_1 / \cos\beta$。

因此，齿坯端面对应的线速度为

$$v_1 = v_2 = \omega_2 r = \frac{\omega_1}{\cos\beta} \cdot \frac{m_n z}{2\cos\beta} = \frac{\theta m_n z\pi}{360t\cos^2\beta} \tag{5-12}$$

式中，v_1 为端面瞬时线速度；r 为分度圆半径；m_n 为法面模数。

在滚齿过程中，滚刀一边绕自身轴线旋转，对应的角速度为 ω_2，一边沿齿宽方向做进给运动。角速度 ω_2 转化为滚刀和轴线垂直的端面方向的角速度 ω_1 为

$$\omega_1 = \omega_2\cos\varphi = \omega_2\cos(\beta - \gamma_z) \tag{5-13}$$

齿条的线速度等于分度圆的圆周速度，即

$$v_1 = v_2 = \omega_1 r = \frac{\theta m_n z\pi}{360t\cos^2\beta}\cos(\beta - \gamma_z) \tag{5-14}$$

因此，t 时间段内齿条和齿坯前进的距离为

$$s_1 = s_2 = v_1 t = \frac{\theta m_n z\pi}{360\cos^2\beta}\cos(\beta - \gamma_z) \tag{5-15}$$

式中，s_1 为齿坯在时间段 t 内所走的距离；s_2 为滚刀在时间段 t 内所走的距离。

连续执行上述循环过程，直到进给量达到设定周期值，即可完成滚齿加工过程。

滚切斜齿轮时，存在螺旋角 β，因此需要一定的附加运动，如图 5-14 所示，需要保证滚刀沿着圆周方向走过附加运动量 x，即

$$x = T\tan\beta \tag{5-16}$$

图 5-14 中的 T 为导程量，根据上述原理对 CATIA 中滚刀及齿坯进行设置。

如图 5-15 所示，首先，通过“旋转”命令，分别选中齿坯与滚刀的轴线作为旋转轴，分别旋转 $X°$ 与 $Y°$，其中 $Y°=a{\cdot}X°$，a 为待加工齿轮齿数与滚刀头数之比。

然后，将滚刀进行复制粘贴，以便生成新的滚刀体。在“插入”中选择布尔运算中的“移除”命令，将复制的滚刀体选为移除体，齿坯选为被移除体，从而将滚刀体与齿坯间的相交部分从齿坯中移除，结果如图 5-16 所示。

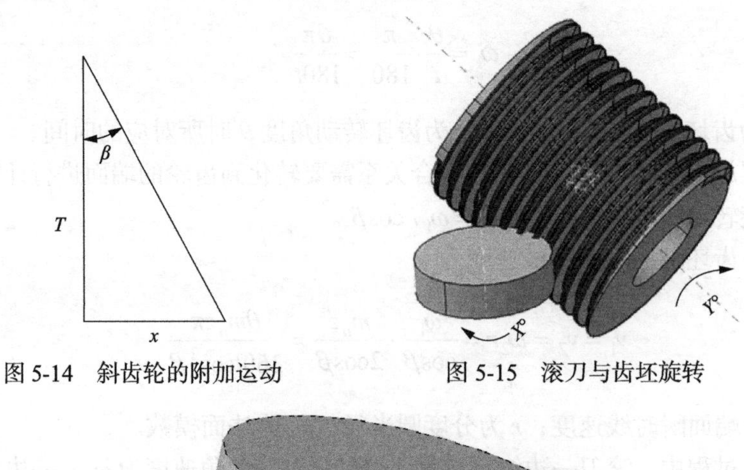

图 5-14　斜齿轮的附加运动　　图 5-15　滚刀与齿坯旋转

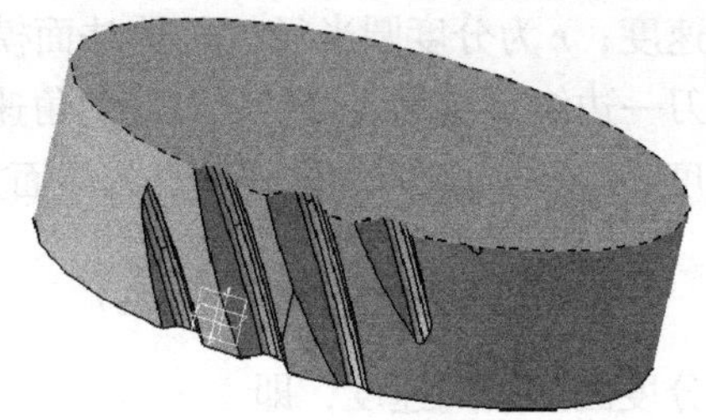

图 5-16　布尔运算

3. 宏程序的实现

根据上述滚齿原理，结合 CATIA 中 VB 程序的可循环执行性的特点，采用内循环和外循环相结合的方式控制滚刀与齿坯的运动,从而完成斜齿轮的仿真加工。宏程序的编写是整个仿真过程中重要的一步，它直接决定滚齿仿真运动是否能顺利地完成，并影响仿真加工的精度。

1) 切制单个齿槽

切制单个齿槽程序流程如图 5-17 所示，对宏进行编辑，加入“for...next”或“while”循环语句与“if”判断语句，使得 CATIA 可进行多次循环布尔运算与轴向进给，并判断齿槽是否切制完成。

调用修改后的宏，即可完成整个齿坯的切制，计算机的运算能力有限，因此只能切出一个完整的齿槽,如图 5-18 所示,齿槽精度可以通过 X 的大小进行控制，X 越小，切齿精度越高，对计算机的运算能力要求也越高。

2) 提取单个齿槽

宏运算切制齿轮的文件容量较大，不便于提取齿槽面数据和后续操作，因此要将切制的齿坯转为 IGS 格式，以便进行齿槽面数据提取。得到 IGS 文件后，利用 CATIA 打开，并打开“创成式外观设计”，单击“接合”命令，选择该几何图形集上所有的面，并将其接合成一个完整的闭合面。最后在“零件设计”中单击“封闭曲面”，选择上述接合的封闭曲面作为工作对象，即可完成曲面的封闭处理。

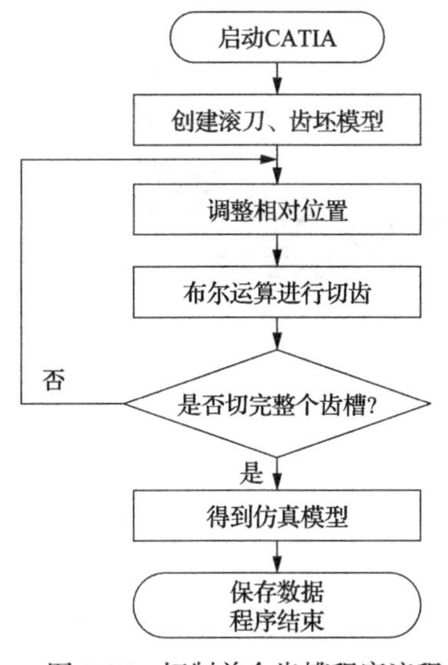

图 5-17　切制单个齿槽程序流程

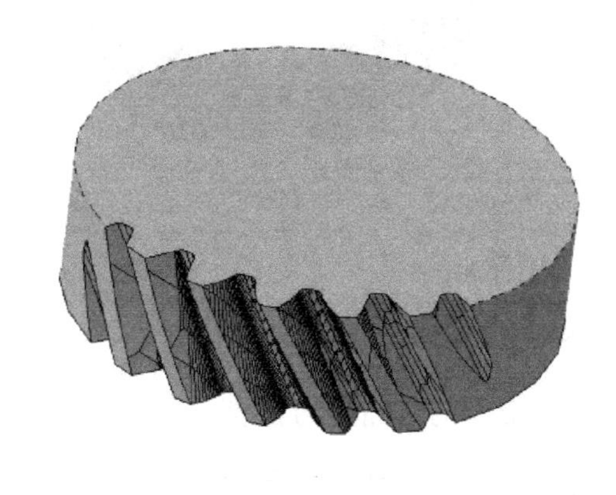

图 5-18　切制齿槽

当获得内存占用较小的齿坯模型后，新建一个齿坯模型，并通过布尔运算重新提取出一个完整的齿槽，如图 5-19(a)所示。进入“零件设计”，在插入中选择“圆周阵列”命令，以初始齿坯的中心轴线作为基准将齿槽阵列，结果如图 5-19(b)所示。

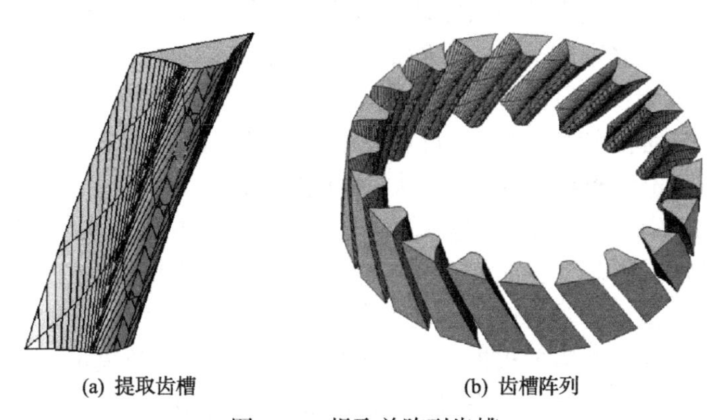

(a) 提取齿槽　(b) 齿槽阵列

图 5-19　提取并阵列齿槽

3) 完成滚齿加工仿真

获得阵列后的齿槽模型后，只需要将齿槽模型的特征转移至齿坯上即可。因此，通过插入新的几何体，可以重新建立上述齿坯模型并与齿槽模型重合相交，如图 5-20(a)所示。最后经布尔运算中的“移除”命令，将阵列后的齿槽实体从齿坯中切除，即可获得仿真模型，如图 5-20(b)所示。

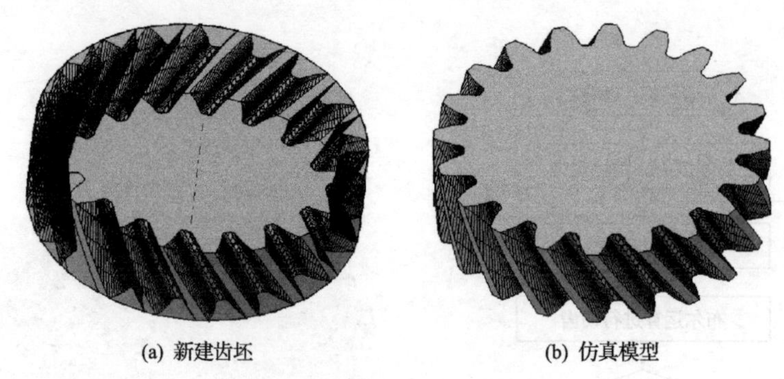

(a) 新建齿坯　　(b) 仿真模型

图 5-20　完成滚齿加工仿真

5.2.6　齿面精度

1. 切齿仿真精度的控制

齿轮的仿真加工是针对实际加工运动的一种模拟加工。实际滚齿生产中，齿轮的齿形表面由一片片小曲面组成，无数个小曲面形成了光滑的轮齿曲面。与实际生产中的齿轮相同，仿真加工得到的轮齿曲面精度由构成齿面的无数个小曲面的大小决定。

在仿真加工程序中，构成齿面的小曲面的大小由程序控制的步长决定，步长越小，切齿的步骤越多，得到的小曲面就会越多，齿形的精度就会越高，反之齿形的精度就会越低。然而针对实际情况分析，需要寻求计算机的处理速度、计算时间以及齿形精度之间的平衡。一般来说，若仅需要观察齿轮齿形的加工过程，则可以选择较大的步长，并且不会影响使用者对齿形的观察；若需要用三维模型来重建光滑的齿面和实体模型，进行有限元分析，则需要选择小的步长，使得仿真得到的齿面与理论齿面尽可能接近，从而降低加工误差的影响。根据需求，基于现有的滚齿技术，分析仿真加工过程中轴向与周向的进给步长之间的关系，从而尽可能逼近实际的加工状态，以便为后续的有限元接触分析提供准确的三维模型。

轴向进给：滚刀的轴向进给运动为齿坯每旋转一周，滚刀进给一定的距离，而滚刀的轴向进给参数需要根据刀具与齿坯的实际加工参数决定。滚刀的轴向进给参数可根据德国 Hoffmeister 博士给出的公式计算得出[7]，即

$$f_a = F_{h1} F_m F_z F_d F_n F_a \tag{5-17}$$

式中，滚刀顶刃切屑厚度因子 $F_{h1} = h_{1\max}^{1.9569}$；齿轮法向模数因子 $F_m = 0.0446 m_n^{-0.773}$；齿轮齿数因子 $F_z = z^{1.0607}$；滚刀外径因子 $F_d = \left(\dfrac{d_{a0}}{2}\right)^{1.6145} \cdot 10^{-2} \cdot \beta^{0.4403}$；滚刀刃数

与滚刀头数因子 $F_n=\left(\dfrac{N}{Z_0}\right)^{1.7162}$；滚刀切入深度因子 $F_a=a^{-0.6243}$；$h_{1\max}$ 为滚刀顶刃最大切屑厚度；z 为目标齿轮齿数；Z_0 为滚刀头数；N 为滚刀刃齿数；a 为滚刀切入深度。

经过计算，得到齿数为 20、齿坯材料为 20CrMnTi、刀具材料为高速工具钢的最大轴向进给量 $f_a=1.18978\text{mm/r}$，取 1mm/r。

周向进给：在滚齿过程中，周向进给为展成运动，由于滚刀齿数的限制，每个齿槽被切削的次数取决于滚刀的齿数。选取滚刀齿数为 15。由于齿坯周向进给量取决于齿数，以齿坯齿数 40 为例进行计算，齿坯周向进给量为 1.2°，即滚刀每旋转 24°，齿坯围绕自身轴线旋转 1.2°。

根据上述两个进给参数，即可在 CATIA 中仿真加工出精度逼近于实际加工的渐开线斜齿轮。

2. 齿面精度验证

为了验证上述加工方法的准确性，需要对仿真加工出的齿坯齿面精度进行验证。以上述加工出的齿轮为研究对象，先在 NX 中根据渐开线螺旋面原理绘制出高精度的理论齿轮模型，然后在 CATIA 中仿真加工出的齿面上建立坐标点，特别地为了保证精度，将坐标点建立在理论误差最大的刀痕线上，最后将得到的点集导入 NX，与理论齿面进行测量对比。

根据上述滚齿仿真加工齿坯的基本参数，在 NX(数字化产品开发系统)中建立高精度斜齿轮标准模型，如图 5-21 所示。

在滚齿仿真加工模型中，最大误差点处于刀痕线上，为了保证模型精度，需要在仿真加工模型的刀痕线上建立点集，如图 5-22 所示。

图 5-21　在 NX 中建立的高精度斜齿轮标准模型

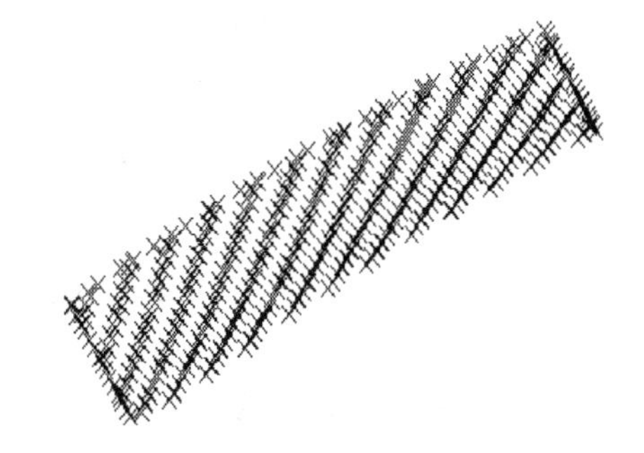

图 5-22　建立点集

在获得仿真加工模型的齿面点集后，将点集导入图 5-21 所示的标准模型，在标准模型中进行对中处理，即可将点集与理论齿面重合，结果如图 5-23 所示。此时，逐一测量点集内各点与理论齿面的法向距离，即可获得仿真加工模型的齿面误差。

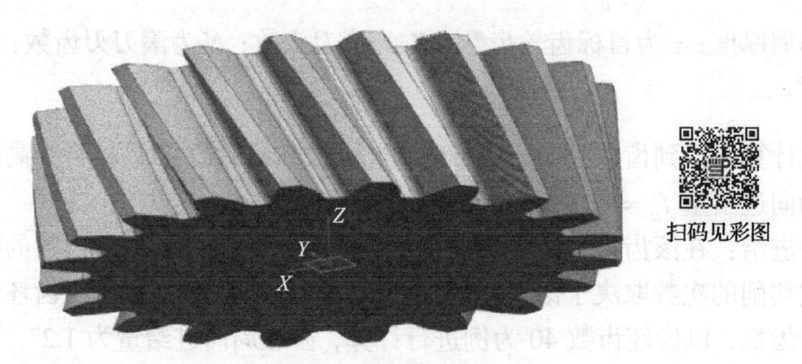

图 5-23　点集导入 NX 结果

以本章切制齿轮为例，测量点集中各点与标准齿面间的法向距离，获得如图 5-24 所示的仿真加工模型的齿面误差。图中，最大齿面误差为 0.001034mm，可知滚齿仿真加工所得模型齿面的精度高，说明了本章给出的齿轮仿真加工方法的正确性。

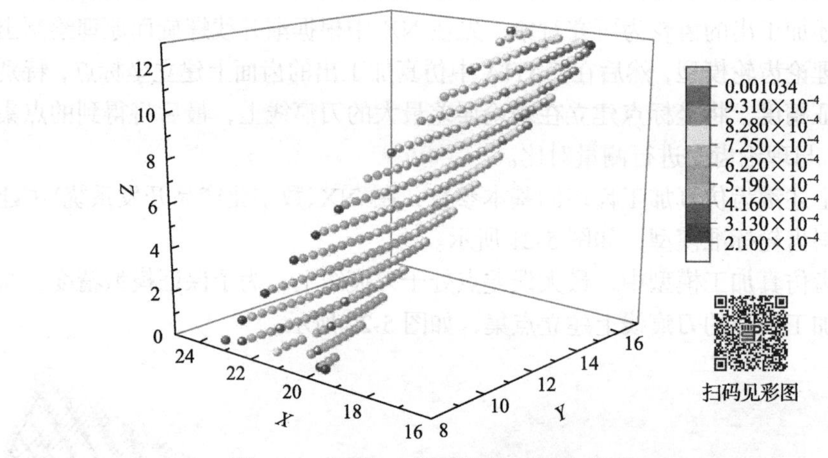

图 5-24　仿真加工模型的齿面误差(单位：mm)

5.3　仿真模型的前处理

5.3.1　仿真模型的重构

观察可知，上述滚齿仿真加工得到的齿面由一系列细碎的曲面碎片连接而成，这些碎片是每次布尔运算从齿坯上切去刀具接触位置留下的，即由相邻刀痕线包围形成。根据上述滚刀仿真加工得到的齿面，可以提取三维齿面坐标数据进行各种研究分析。然而，当需要进行有限元分析时，众多的曲面碎片会对网格的划分造成不利影响，例如，在刀痕线上会强制产生一个网格节点，影响网格质量，最终影响有限元分析结果。因此，在保证精度的情况下，需要重新构造一个具有光滑齿面的斜齿轮模型。

进行光滑齿面的斜齿轮模型重构时，通过 CATIA 将上述齿槽模型转化为图 5-25(a)所示的齿槽模型；在齿槽端面与刀痕线交点处建立点集，结果如图 5-25(b)所示；重复建立上述端面与刀痕线交点，生成图 5-25(c)所示的点集。

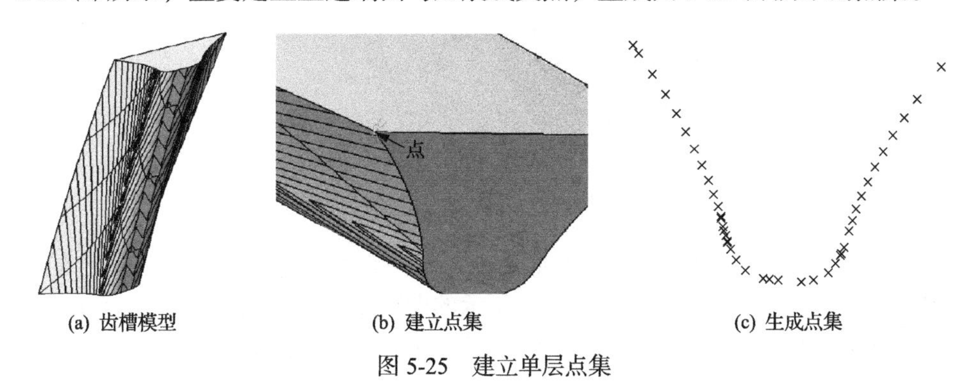

(a) 齿槽模型　(b) 建立点集　(c) 生成点集

图 5-25　建立单层点集

上述点集为在单层面上建立的点集，单层点集仅能生成一条复杂曲线，无法组成复杂的渐开线斜齿轮齿面，因此需要继续建立多组点集，并将各个点集生成构造线，生成如图 5-26(a)所示的构造线集。通过构造线集，便可构造滚齿仿真加工模型的重构齿面，如图 5-26(b)所示。最终形成的重构齿面如图 5-26(c)所示。

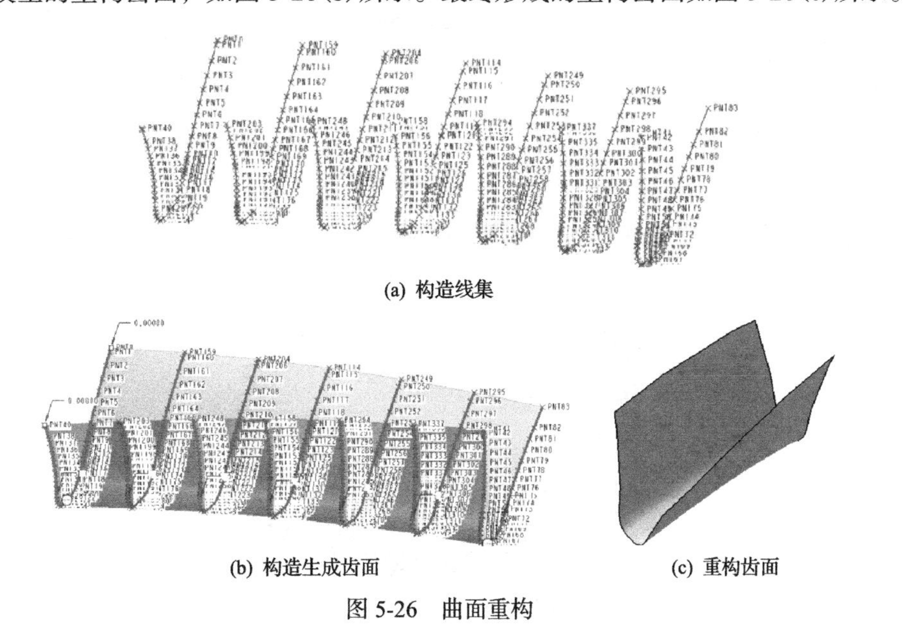

(a) 构造线集

(b) 构造生成齿面　(c) 重构齿面

图 5-26　曲面重构

获得重构齿面后，需要通过重构齿面生成被切齿槽特征，进而生成重构模型。首先可通过边界定义命令，依次得到重构齿面的边界，如图 5-27(a)所示，并将曲线一一接合，形成单独的封闭曲线，如图 5-27(b)所示。

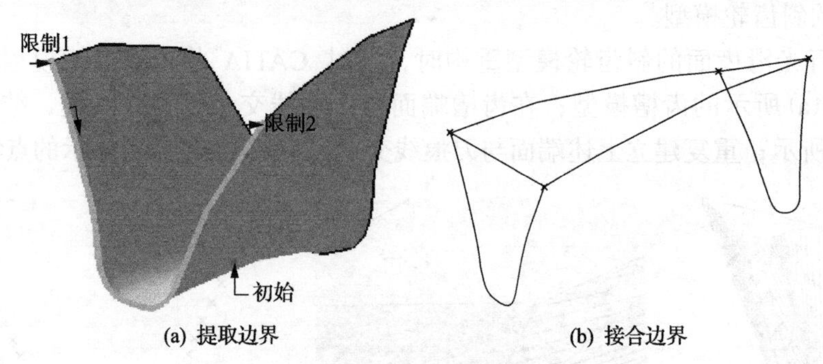

(a) 提取边界　　(b) 接合边界

图 5-27　重构齿廓边界

获得由边界接合而成的封闭曲面后，通过“填充”命令，将上述接合的封闭曲线一一进行填充，生成图 5-28(a)所示的曲面集，将曲面集进行接合即可形成图 5-28(b)所示的接合曲面，将接合曲面进行实体化，形成图 5-28(c)所示的实体化重构齿槽模型。

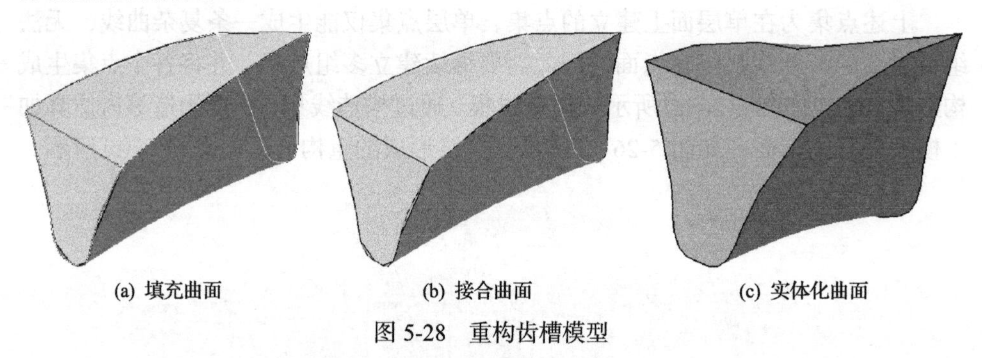

(a) 填充曲面　　(b) 接合曲面　　(c) 实体化曲面

图 5-28　重构齿槽模型

通过重构齿槽模型获得的重构齿轮模型齿面光滑平整，如图 5-29 所示。

图 5-29　重构齿轮模型

5.3.2 网格模型的建立

首先，将具有刀痕线的仿真加工模型进行重构，得到无刀痕线的重构模型后，需要对该模型进行网格划分，即前处理阶段：将连续的求解域离散为一组单元的组合体，利用每个单元内假设的近似函数分片地表示求解域上待求解场函数。然后，正确地建立单元类型、施加载荷、边界条件以及材料模型，定义求解器所需控制卡片等必要信息，获得求解器能够识别的模型文件后，提交求解器计算即可。

有限元分析中，结果的精度和准确性与网格的疏密程度有很大的关系。在 HyperMesh 中，网格划分有两种方式[8]：手动划分和自动划分。手动划分适用于简单结构，它可以划分出计算精度比四面体单元更高的六面体单元；自动划分适用于复杂结构，划分出的网格类型基本为四面体单元。

1. 齿面的划分

将重构模型导入 HyperMesh，结果如图 5-30(a)所示。但是，导入的模型中具有许多无效特征，若将无效特征带入计算，则会导致大量计算力的浪费，因此需要清除无效特征。利用齿顶圆上的三个点确定圆心，进而建立圆形曲面，将重构模型中间部分去除，结果如图 5-30(b)所示。

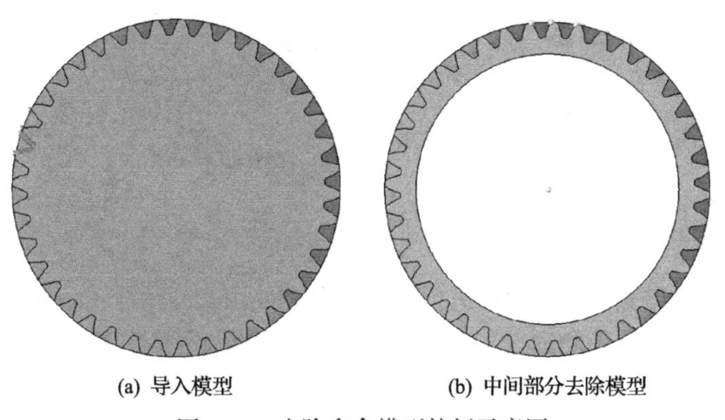

(a) 导入模型　　(b) 中间部分去除模型

图 5-30　去除多余模型特征示意图

重构模型齿面的网格划分工作量巨大，因此需要切分出单个齿面，然后对单个齿面进行齿面网格划分，以便极大地减小工作量。

利用 Geom 下的 nodes 生成临时节点命令，创建两个临时节点；使用 Geom 中 nodes 下的 lines 命令，将两个临时节点连成线，并且切分齿面；使用 Tools 中的 rotate 命令，将线旋转角度固定，从而划分出单独齿面；最后使用 Geom 中 nodes 下的 lines 命令，分别画出分度圆、基圆与自定义圆共三个圆，得到图 5-31(a)所示的六条切分线。利用切分线对齿面进行切分处理，结果如图 5-31(b)所示。

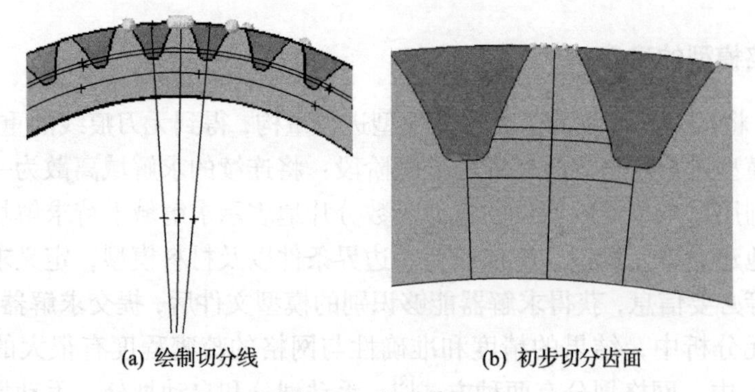

图 5-31　切分齿面

获得齿面的初步划分结果后，通过 Geom 中 surface edit 下的 trim with line 命令，对图 5-31(b)所示的初步切分齿面进行加密处理，结果图 5-32 所示。

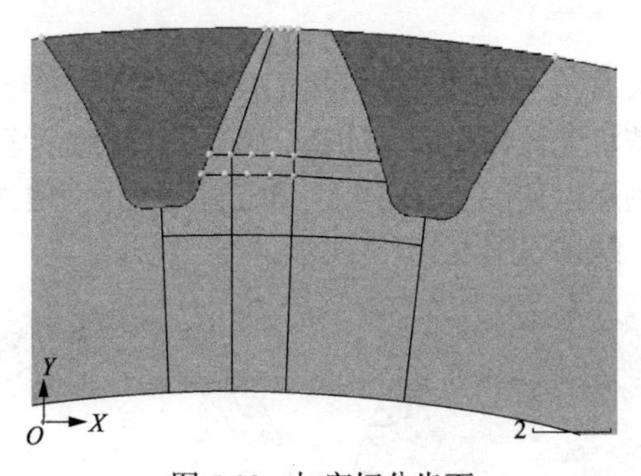

图 5-32　加密切分齿面

2. 齿面网格的划分

齿面切分处理完毕后，便可进行网格划分，使用 2D 下的 automesh 命令，对齿面进行网格划分，结果如图 5-33(a)所示，每片区域的网格类型如图 5-33(b)所示。

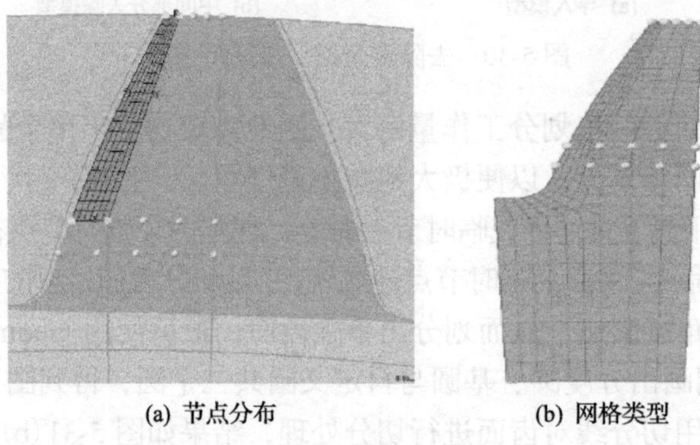

图 5-33　划分网格

得到单侧网格后，使用 Tool 下的 reflect 命令对划分好的网格进行镜像操作，并右击 elems 按钮，选择 duplicate 中 original comp 保留原网格，结果如图 5-34(a)所示。将镜像操作所得网格与原网格合并，使用 Tool 下的 edges 命令，容差 tolerance 设定为 0.010，单击 preview equivalence 按钮时，将要合并的节点会高亮显示，核对无误后，单击 equivalence 按钮，即可完成合并操作，结果如图 5-34(b)所示。最终得到的单齿二维网格如图 5-34(c)所示。

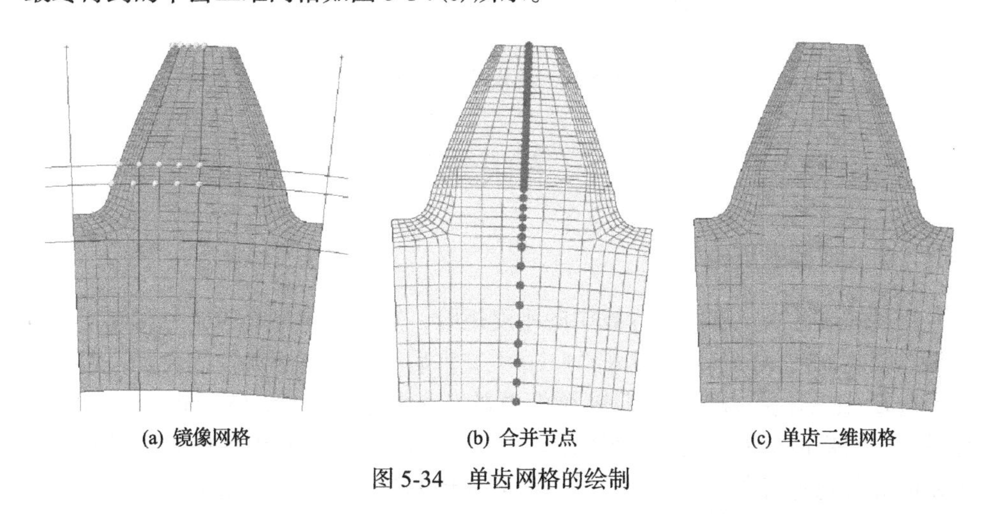

(a) 镜像网格　(b) 合并节点　(c) 单齿二维网格

图 5-34　单齿网格的绘制

使用 Tool 下的 rotate 命令，将划分好的单齿二维网格进行复制、旋转等操作，得到图 5-35(a)所示的整体二维网格。重复上述步骤，从而得到轮齿的二维网格模型，结果如图 5-35(b)所示。

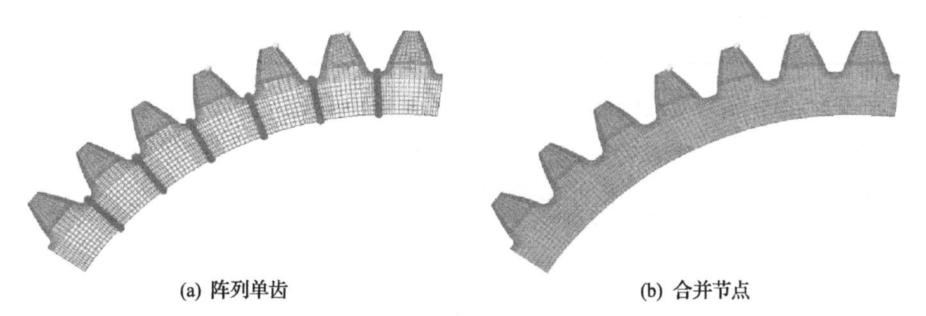

(a) 阵列单齿　(b) 合并节点

图 5-35　多轮齿整体二维网格

使用 Solidmap 命令，将轮齿的二维网格模型沿齿坯轴向进行扫掠操作，得到轮齿的三维网格，结果如图 5-36 所示。

将划分好的网格模型导出为 Abaqus 兼容的“*.inp”文件，以便在 Abaqus 环境中进行有限元分析。为了兼顾解析精度与计算机运算的速度，需要对轮齿的三维网格的局部区域进行加密操作，如齿根弯曲区域、齿面接触区域等。

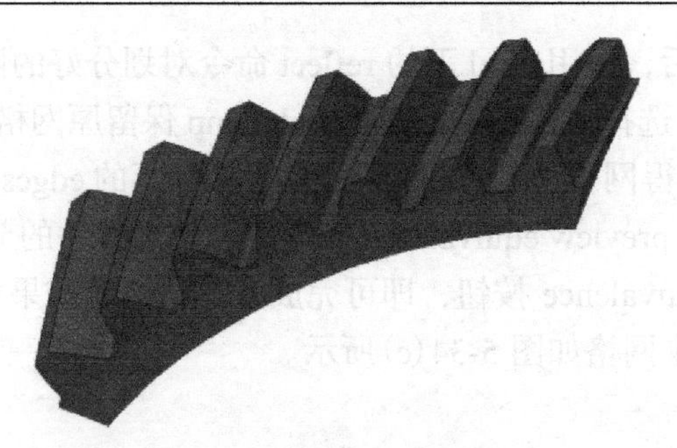

图 5-36　轮齿的三维网格

5.4　有限元分析

5.4.1　齿根双圆弧齿轮分析

材料的属性决定有限元计算中的刚度矩阵，直接影响最终的应力和应变分析结果。因此，在 Abaqus 中导入“*. inp”文件后，进行材料属性的设置，包括弹性模量 E、泊松比 μ 与密度 ρ。其中，弹性模量 E 也称为杨氏模量（Young’s modulus），是沿纵向的弹性模量，用来表示物体弹性变形的难易程度；泊松比 μ 为横向应变与纵向应变绝对值之比，是反映材料横向变形的弹性常数。本节分析中，齿轮的材料属性设置情况如表 5-3 所示。

表 5-3　齿轮的材料属性设置情况表

材料	弹性模量/GPa	泊松比	密度/(kg/m^3)
低碳钢	210	0.3	7800

完成齿轮的材料属性设置后，需要进行分析步的建立，即分析步骤，主要包括三个分析步。

分析步一：完成主动小齿轮与从动大齿轮的啮合接触。

分析步二：逐步施加工况载荷。

分析步三：为主动轮施加转角，使得主动轮带动从动轮旋转。

其中，分析步一和分析步二均为静力学分析步骤，分析步一用以实现装配仿真，消除装配过盈或装配间隙；分析步二用以完成负载转矩的平稳施加，避免突变载荷的出现，保证分析的收敛，以便得出最终的分析结果。

在分析过程中，根据齿轮网格模型装配的位置，需要确定并创建两齿轮的旋转中心点，并将两旋转中心点分别与对应齿轮进行耦合约束。而齿轮与齿轮之间需要进行动力传递，因此对齿轮之间定义接触进行接触属性设置时，定义摩擦系数为 0.1。齿轮与齿轮之间的接触是齿面与齿面的接触，因此选择“面对面接触”

这一命令来定义齿面与齿面的接触，结果如图 5-37 所示。

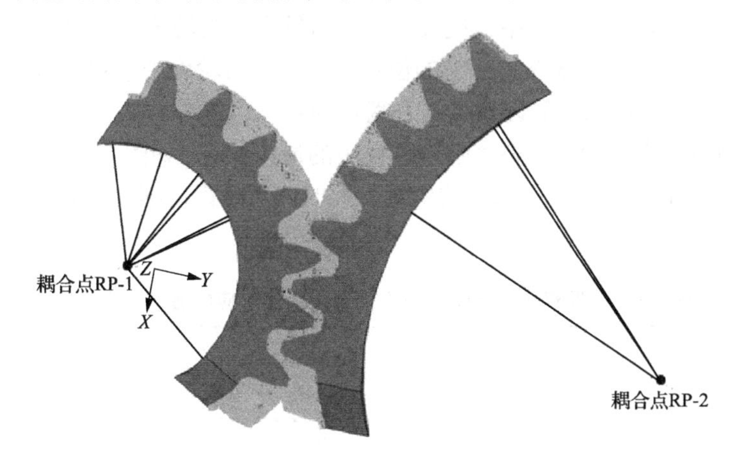

图 5-37　接触关系与耦合约束图

接下来进行边界及载荷与接触条件的约束，即工况设置。利用约束与载荷定义模型的边界条件，用以反映模型的实际工况条件。约束反映了模型在空间上的自由度，载荷则决定了模型承受外力的情况。约束及载荷直接决定了模型的应力分布情况和变形情况。

根据齿轮的实际工况与边界条件，在分析步一中，约束从动轮轴孔的全部自由度；对于主动轮，约束其径向所有自由度与轴向的移动自由度，放开绕轴线的旋转自由度，并设置极小的转动角度；分析步二继承分析步一中的所有边界条件，但不赋予主动轮转动角度；在分析步三中，主动轮继承上述主动轮所有边界条件，并赋予主动轮所需转动角度，而在从动轮上放开轴向旋转自由度，使得主动轮可以带动从动轮旋转。

关于载荷设置，为了能够模拟齿轮的受力情况，分析步二中在从动轮上施加阻力扭矩，而在分析步三中从动轮继承分析步二中的阻力扭矩。综上所述，即可构建一个完全符合齿轮啮合实际情况的边界、载荷与接触条件约束。

针对上述基于 CATIA 的布尔运算创建的渐开线斜齿轮的有限元模型，利用 Abaqus 的强大后处理功能，通过计算齿轮的齿根弯曲应力来判断齿轮的承载能力，并在此基础上进行过渡曲线的优化设计。

由于齿轮一般是在齿轮受拉侧产生破坏，在 Abaqus 中进行齿根弯曲应力分析时，根据第一强度理论来提取最大拉应力即可。

然而在齿轮的啮合过程中，啮合位置不断变化，从而导致齿根拉应力也不断变化。因此，为了得到齿轮的全方位接触分析结果，准确地预测齿轮的实际承载能力，分析时，齿轮模型通过 18 次(20 齿齿轮内单齿的啮合周期)旋转，单次旋转 1°，以模拟齿轮啮合的全过程。

由表 5-4 可知，在整个齿轮的啮合过程中，最大齿根应力先随着啮合过程逐渐增大，然后逐渐减小。其中，最大齿根应力发生在旋转角度为 7°的位置，即齿轮进入啮合后，位于齿宽方向 1/3 的位置。此时，齿轮副处于双齿啮合状态，即处于前齿啮合即将结束，后齿即将进入啮合的状态，如图 5-38(a)所示。因此，齿根拉应力与齿面应力均处于整个啮合过程中的最大状态，如图 5-38(b)所示。最小齿根应力发生在旋转角度为 12° 的位置，此时两对轮齿的啮合接触线长度相等，如图 5-38(c)所示。

表 5-4　齿根双圆弧齿轮不同旋转角度瞬间对应的最大齿根应力

旋转角度/(°)	1	2	3	4	5	6
最大齿根应力/MPa	689.1	678.8	688.4	686.8	691.6	700.6
旋转角度/(°)	7	8	9	10	11	12
最大齿根应力/MPa	704.7	701.0	727.2	688.1	661.7	632.1
旋转角度/(°)	13	14	15	16	17	18
最大齿根应力/MPa	670.0	672.0	675.4	669.4	671.5	668.1

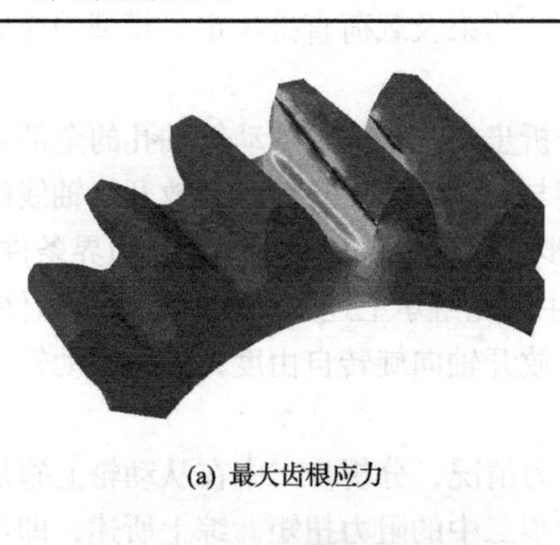

(a) 最大齿根应力

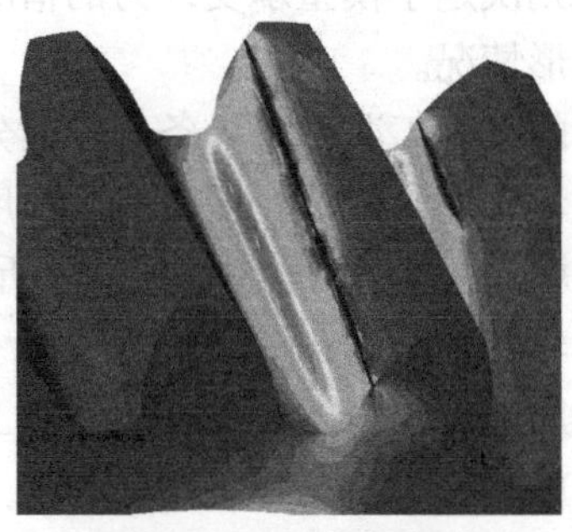

(b) 最大齿根应力局部图

扫码见彩图

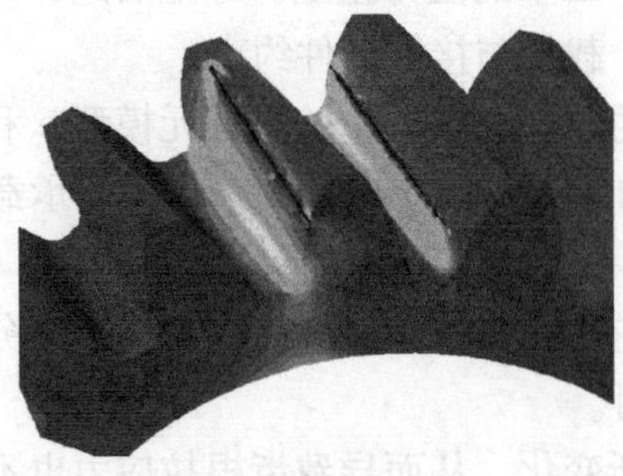

(c) 最小齿根应力

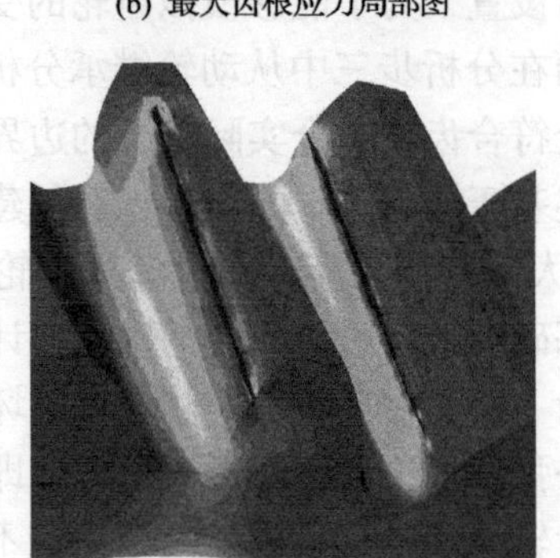

(d) 最小齿根应力局部图

图 5-38　齿根双圆弧齿轮齿根应力分布云图

由分析可知，有限元分析结果与齿轮实际啮合过程中的断裂位置一致，即齿轮进入啮合后，位于齿宽方向 1/3 的位置，与最大齿根应力相吻合，说明了本章有限元分析结果的准确性。基于上述分析结果，可以对滚刀结构进行优化，进而加工出结构优化后的齿轮仿真加工模型，最终达到降低研制刀具成本的目标。

5.4.2　齿轮结构的优化及效果验证

针对渐开线斜齿轮在实际工作中轮齿的承载能力不足而产生断齿和打齿的现象，对齿轮进行结构的优化，降低齿根的弯曲应力，从而提高齿轮的承载能力，延长工作寿命。

1. 齿轮结构的优化

由上述分析可知，齿轮的齿根过渡曲线处容易产生应力集中现象，是齿轮轮齿发生弯曲破坏的薄弱位置。因此，需要通过改变齿根过渡曲线的形状来提高齿轮轮齿的承载能力。

通过模拟齿轮的实际加工环境，对传统的齿根双圆弧齿轮进行仿真加工，并获得一个啮合周期内的齿根弯曲应力。齿根双圆弧齿轮曲线的曲率半径为 $0.38m_n$，在渐开线和过渡曲线之间的过渡部分不够圆滑，可能存在尖角及粗糙的加工刀痕线等，因此容易引起应力集中现象。因此，将齿轮的过渡圆角由半径为 $0.38m_n$ 的双圆弧改为分别与两渐开线相切的一段整圆弧，如图 5-39(a)所示。齿根截面的位置和过渡圆弧半径的增大，使得应力集中现象有所减小，从而提高齿轮轮齿的承载能力。为了便于叙述，本章将过渡曲线的两双圆弧和一段整圆弧的齿轮分别称为齿根双圆弧齿轮和齿根单圆弧齿轮，图 5-39(b)为齿根单圆弧重构模型。

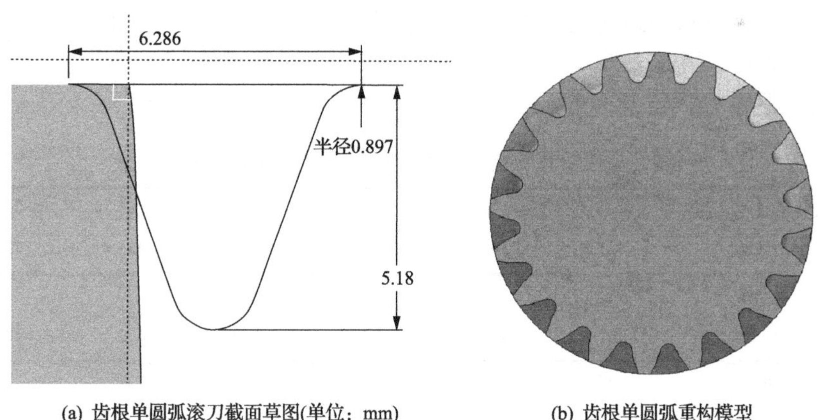

(a) 齿根单圆弧滚刀截面草图(单位：mm)　　(b) 齿根单圆弧重构模型

图 5-39　齿轮结构优化

2. 齿轮优化结果验证

参照上述齿根双圆弧齿轮的建模方法与有限元分析的加载方式，完成一对齿根单圆弧齿轮有限元模型的建立后，进行齿根单圆弧齿轮的有限元分析，将二者同一瞬时的应力情况进行比较，齿根单圆弧齿轮齿根的第一主应力分布云图及其局部放大应力分布云图如图 5-40 所示。

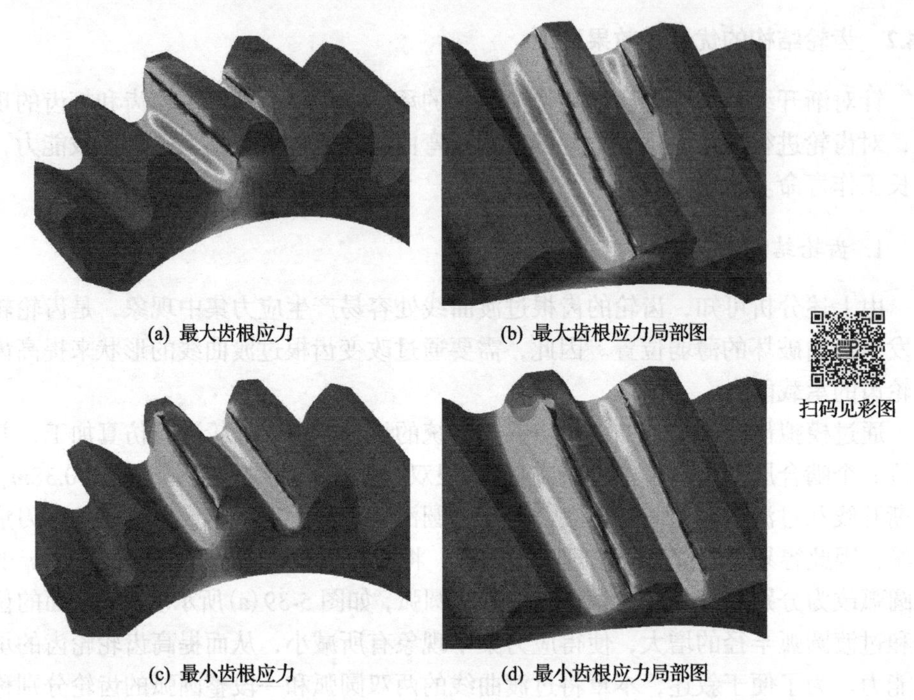

(a) 最大齿根应力　(b) 最大齿根应力局部图

(c) 最小齿根应力　(d) 最小齿根应力局部图

图 5-40　齿根单圆弧齿轮齿根的第一主应力分布云图及其局部放大应力分布云图

为了与齿根双圆弧齿轮的最大齿根应力进行有效对比，在齿根单圆弧齿轮啮合分析过程中，相对于齿根双圆弧齿轮，本节分别提取了相同位置 18 个旋转角度的最大齿根应力，如表 5-5 所示。

表 5-5　齿根单圆弧齿轮不同旋转角度对应的最大齿根应力

旋转角度/(°)	1	2	3	4	5	6
最大齿根应力/MPa	487.3	485.0	483.4	483.5	485.4	490.3
旋转角度/(°)	7	8	9	10	11	12
最大齿根应力/MPa	497.8	488.0	498.1	479.7	473.4	473.2
旋转角度/(°)	13	14	15	16	17	18
最大齿根应力/MPa	469.1	466.7	457.2	453.1	443.6	466.01

对比分析表 5-4 与表 5-5 的数据可知，齿根双圆弧齿轮在 18 次旋转过程中对应的最大齿根应力在旋转角度为 7°的位置，齿根应力为 704.7MPa；而齿根单圆弧齿轮最大齿根应力发生在旋转角度为 9°的位置，应力值为 498.1MPa，即齿根双圆

弧齿轮最大齿根应力约为齿根单圆弧齿轮最大齿根应力的 1.41 倍，且齿根双圆弧齿轮和齿根单圆弧齿轮在其他旋转角度位置对应的最大齿根应力同样满足 1.3～1.5 倍。

根据表 5-4 与表 5-5 的数据，绘制出齿根双圆弧齿轮和齿根单圆弧齿轮的最大齿根应力比较情况，结果如图 5-41 所示，以便更加直观地看出齿根单圆弧齿轮相对于齿根双圆弧齿轮的承载能力更高。

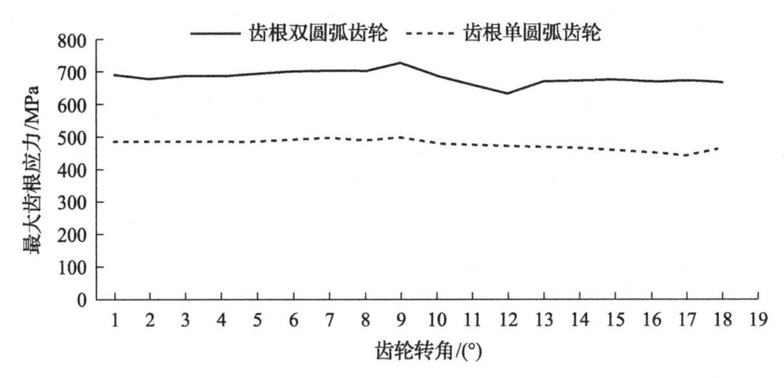

图 5-41　齿根双圆弧齿轮与齿根单圆弧齿轮最大齿根应力的比较

由图 5-41 曲线可知，在齿轮啮合传动过程中，两种齿轮模型各自对应的最大齿根应力变化不大。齿根双圆弧齿轮在 8°～14°的转动过程中有应力波动增大的现象，初步判定是由双圆弧齿轮过渡曲线曲率过小造成的。且在整个 18 次啮合旋转过程中，齿根双圆弧齿轮最大齿根应力均约为齿根单圆弧齿轮最大齿根应力的 1.3～1.5 倍，即相对于齿根双圆弧齿轮，齿根单圆弧齿轮的承载能力更好。

5.5　小　　结

随着计算机技术的快速发展与应用，采用 CAD/CAM 技术进行渐开线齿轮设计与加工的研究越来越多。本章在现有研究的基础上，利用 VB 对 CATIA 软件进行二次开发的方式实现了斜齿轮滚齿加工过程的模拟仿真。针对仿真加工得到的精确齿轮模型，使用有限元法对齿根弯曲强度进行了计算与分析，在此基础上，完成了齿根过渡曲线的优化设计，获得了良好的效果。

主要研究成果如下：

(1) 对斜齿轮滚刀进行三维建模，并在计算机上实现了滚齿仿真过程中各个参数的调整，包括齿坯和滚刀的初始位置、安装角等，可以直观地看到调整过的参数对滚齿仿真加工的影响效果，既节省了实际加工过程的调整时间，又降低了工人的劳动强度。

(2) 实现了斜齿轮滚齿加工的模拟仿真。基于 VB 研究 CATIA 软件二次开发的方法，实现了齿轮滚齿加工模拟仿真，切制出完整的齿轮齿槽，通过齿槽实体化的方法完成了整个齿轮的仿真加工。本章提出的加工方法适用于所有圆柱齿轮的切齿仿真加工，该方法同样适用于其他类型的齿轮或零件的仿真加工，因此具有一定的推广意义。

(3)验证了仿真加工模型的精度。通过在 CATIA 中的刀痕线上取点，得到加工斜齿轮齿面的点坐标集合后，将其导入 NX 软件，与建立的标准斜齿轮模型齿面进行比较，得到齿面最大误差为 0.001034mm，为后续的齿轮有限元分析提供了精确的三维模型。

(4)针对仿真加工得到的精确齿轮模型，为了进一步提高有限元分析的收敛性，在划分网格时，对齿根区域与齿面区域的网格均进行了加密处理。

(5)由齿根弯曲强度的分析结果可知，通过优化齿根过渡曲线的形状，可以使得齿根弯曲应力降低 30%～50%，大大提高了齿轮轮齿的承载能力，并且为齿根单圆弧齿轮的推广和应用提供了理论参考和技术支持。

本章常见问题及解决方案

问题一：在布尔运算后，刀具特征被并入齿坯中，导致下一周期切齿无滚刀模型进行布尔运算，应当如何解决此问题？

在进行布尔运算前，将滚刀进行复制与粘贴，将复制后的刀具模型进行布尔运算，从而为下一周期布尔运算提供所需刀具特征。需注意的是，在进行滚刀复制前，需要进行滚刀的空间位置变换。

问题二：在宏程序中，刀具与齿坯在相对运动中无法识别旋转轴，应当如何处理此问题？

将旋转轴内置于滚刀特征内，采取复制粘贴的操作方法，在复制过程中，旋转轴的命名发生迭代变动，但宏程序中对旋转轴的命名始终保持不变，因此在宏程序运行时找不到旋转轴。可以通过在零件中插入新几何体，在新几何体下建立旋转轴特征，此旋转轴特征不会随着滚刀而迭代，使宏程序可以识别该旋转轴。

问题三：齿坯特征逐步增大导致齿坯本身所占内存超出 CATIA 内存读取上限，应当如何解决此问题？

在上述滚齿仿真加工中，滚刀特征在布尔运算中被不断纳入齿坯，因此 CATIA 需要读取齿坯的内存不断增大。当读取内存超出上限时，CATIA 滚齿会陷入停滞甚至引起滚齿仿真加工报错。可通过提取未加工完毕齿坯的方式，将未加工完毕的齿坯进行提取，并转换为 IGS 格式，然后将 IGS 模型实体化，实体化后的模型能最大程度减少齿坯所占用内存，将实体化模型代入提取前的空间位置，即可继续进行仿真模拟。

问题四：由于仿真加工出齿坯上全部齿形会有不必要的算力浪费，且切齿周期较长，应当如何解决此问题?

在滚齿仿真过程中，现有滚齿加工无论是在轴向还是周向上都需要将所有齿槽特征全部加工完毕。但是，为了提高加工效率，只需要加工一个完整的齿槽模型，然后提取该齿槽模型特征，通过阵列命令，即可完成整个齿轮特征的构建。

问题五：在进行布尔运算中遇到布尔运算失败，应当如何解决此问题?

在滚齿仿真加工中，可能会遇到一种滚刀无法从齿坯中进行布尔运算，从而无法达到切除材料的目的。若遇到此种情况，则需要手动跳过此次布尔运算，并记录当前齿坯与滚刀的相对位置，切削完毕后，再次回到此点进行布尔运算。

问题六：如何保障分析结果正确的同时尽量减少网格数量?

为了得到更加精确的应力分布，需要进行网格加密划分，但是网格越加密，对计算机算力要求越高，因此选择局部网格加密。然而进行局部网格加密时，会遇到加密网格与粗网格的过渡问题，由多次的实验统计可知，加密网格与粗网格采用 3∶1 的方式过渡，如此可以获得质量较高的网格。

问题七：模型建模中，在二维划分网格与二维拉伸三维网格时，出现模型映射至网格中的硬点，应当如何解决此问题?

在滚齿加工过程中，由于滚刀切削面间相交，形成刀痕线，而刀痕线间相交又形成齿面硬点，若通过分析软件自动划分网格，则会出现硬点上强制布置节点的问题，最终导致分析的不收敛。此时，可通过 HyperMesh 中结合命令将碎面进行结合，从而可以通过去除刀痕线的方式去除硬点。

问题八：在进行有限元分析时会出现局部网格畸变，进而导致有限元分析报错中断，应当如何解决此问题?

在 HyperMesh 中划分网格时，网格呈不规则状分布，网格质量不佳，即网格畸变，从而导致有限元分析不收敛的问题。当 Abaqus 中分析步的设置不合理时，应当添加多个分析步，用以逐步增加载荷与位移，使得齿轮副能够进行稳定地啮合传动，保证有限元分析的顺利进行。

参 考 文 献

[1] 哈尔滨工业大学. 圆柱齿轮加工[M]. 上海: 上海科学技术出版社, 1979.

[2] 孙桓, 陈作模. 机械原理[M]. 6 版. 北京: 高等教育出版社, 2001.

[3] 胥正皆, 石仲华. 一种简单准确的斜齿轮螺旋角测算方法[J]. 现代制造工程, 2013, (5): 111-113.

[4] 王世良. 齿轮滚刀设计与使用[M]. 石家庄: 河北人民出版社, 1984.

[5] 袁哲俊. 齿轮刀具设计[M]. 北京: 国防工业出版社, 2014.

[6] 吴学文. 用 AutoCAD 生成渐开线齿轮齿廓的方法[J]. 机床与液压, 2004, 32(3): 142-143.

[7] 吴元昌. 滚齿进给量的正确选择[J]. 工具技术, 2000, 34(9): 11-14, 35.

[8] 罗善明, 王建, 吴晓铃, 等. 渐开线斜齿轮的参数化建模方法与虚拟装配技术[J]. 机械传动, 2006, 30(3): 26-28.

第 6 章 摆线针轮减速器加载接触分析

6.1 研究背景及意义

随着科学的进步和技术的革新，现代工业朝着高精度、高寿命、高效率的方向快速发展，与此同时对机械传动设备提出了更高的要求。目前常用的渐开线齿轮减速器体积大、传动比较小；蜗轮蜗杆减速器部件容易磨损、精度不高、传动效率低，目前其传动效率只能达到 60%～70%；这些传动部件在传动过程中存在传动精度低、寿命短等缺点。考虑到工业的蓬勃发展和普通减速器的性能无法满足现代工业传动的要求，研究高性能摆线针轮减速器将会带来巨大的经济效益[1]。

摆线针轮行星传动是一种封闭式的少齿差齿轮传动机构，内齿轮为修形摆线轮，外齿轮是与之共轭的针轮，内外齿差一般为一齿或二齿，其具有传动效率高、结构紧凑、体积小、传动平稳、工作可靠、使用寿命长等优点。目前，摆线针轮减速器已经在机械工程领域得到了广泛应用，工业设备中普遍采用摆线针轮减速器进行传动。摆线针轮减速器最初是由德国人发明的，但是由于摆线轮工艺复杂，发展十分缓慢。20 世纪 30 年代，日本人购买专利后进行改进，经过大量的研究，解决了摆线轮修形的难题后，摆线针轮减速器才进入实际的工程应用[2,3]。我国对摆线针轮减速器的研究相对较晚，技术水平距离国外工业强国还有相当大距离，因此研究摆线针轮减速器中的相关技术对缩小国内外差距和提升中国制造业强国地位具有重要的作用。摆线针轮减速器作为一种精密部件，是一个国家工业水平的重要体现，目前国产的摆线针轮减速器存在着许多短板，如传动误差大、使用寿命短、效率低、噪声大等。摆线针轮减速器广泛应用于纺织印染、冶金矿山、石油石化、起重运输以及工业机器人等领域中的驱动减速设备[4]。因此，对摆线针轮减速器进行研究具有重要的实际意义。

本章针对摆线的形成和摆线轮的齿廓方程进行理论研究，建立摆线针轮减速器的三维模型，对三维模型进行简化后，构建虚拟样机模型，在 Abaqus 中对虚拟样机模型进行准静态分析，得到各零部件的应力分布云图。同时仿真分析几何回差、弹性回差以及不同负载下摆线针轮减速器的静态传动误差。具体内容如下：

(1) 分析摆线针轮减速器的结构组成与传动原理，介绍摆线两种加工(形成)方法的原理，导出摆线轮齿廓方程，通过转换机构法推导出减速器的传动比。

(2) 在 Pro/E 软件中对摆线针轮减速器进行三维建模、装配、干涉检查后对其进行运动仿真，检验各零部件装配关系的正确性及合理性。最后导入 Abaqus 进行准静态分析，得到各零部件的应力分布云图。

(3) 通过在 Abaqus 中进行静力学仿真，利用整机模型的输入、输出转角，计算出摆线针轮减速器的传动误差。

(4) 以摆线针轮减速器的几何回差和弹性回差为研究对象，基于 Abaqus 进行间隙回差、弹性回差与扭转刚度之间的仿真研究。

6.2　摆线针轮减速器的结构及啮合原理

6.2.1　摆线针轮减速器的结构

摆线针轮减速器主要由行星输入轴、摆线轮、针轮和 W 输出机构等零部件组成，传动的主要零部件如下。

1) 行星输入轴

行星输入轴的作用是输入转速与传递扭矩，主要由输入轴和偏心套组成。一般情况下，电机的转速传递到输入轴，输入轴和偏心套内表面相互配合，输入轴带动偏心套转动，偏心套外表面与摆线轮内孔相连接，两者的连接通过转臂轴承实现，达到传递转速的效果。因此，实际加工过程中，可以利用相应的工艺将偏心套、输入轴和轴承整合在一起，即摆线轮的行星输入轴。

2) 摆线轮

应用于行星传动中的摆线轮，其齿廓曲线最为常见的生成方式是基于短幅外摆线向内侧作等距曲线的方式。而摆线轮作为该类减速器中最为核心的构件，从传动原理来看，单独的一个摆线轮就可以实现动力传递与减速，为了使输入、输出更为平稳，减速器能承载更大的扭矩，一般都会采用一对摆线轮径向安装在偏心套上，两个摆线轮成 180°对称。偏心套与摆线轮之间安装滚动轴承(转臂轴承)，工程中为了节约径向空间，通常采用没有外圈的滚子轴承，可直接将摆线轮的内圈作为滚道。

3) 针轮

针轮主要与摆线轮参与啮合传动，达到传递动力的目的，其组成构件主要为针齿套、针齿销、针轮。当两齿轮啮合传动时，针齿套绕着针齿销的中心轴线转动，将针齿与摆线轮的相对滑移运动转化为纯滚动，减少了摩擦损耗，提高了扭矩传递的性能。

4) W 输出机构

减速器实际工作中，摆线轮具有相对于针轮中心的旋转运动和相对于其自身中心线的旋转运动，若要将其自转运动稳定输出，则需要特定的输出机构来实现。摆线针轮减速器的输出机构主要包括以下几种：平行四边形 W 输出机构、十字滑块式 W 输出机构、万向节式 W 输出机构、销轴式 W 输出机构，考虑到成本、易磨损度以及尺寸问题，选用销轴式 W 输出机构。该机构通常由法兰盘、输出轴、柱销和柱销套等组成。柱销的两端分别为摆线轮的柱销孔和销轴式 W 输出机构的法兰盘，柱销的外圈一般都会配有柱销套，通常用于减少摩擦损失。利用销轴式 W 输出机构(后称为 W 输出机构)，摆线轮的旋转便可以传递给 W 输出机构，摆线轮自转速度和 W 输出机构转速相同。

摆线针轮减速器结构示意图如图 6-1 所示，从传动理论上来讲，它是一种 K-H-V 型行星传动机构。

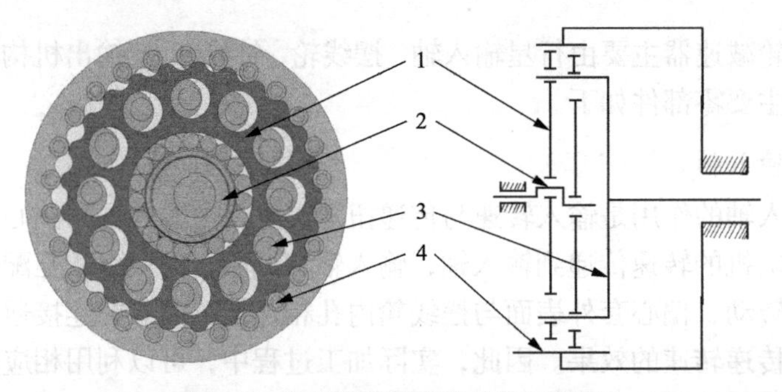

图 6-1　摆线针轮减速器结构示意图

1. 摆线轮；2. 偏心套；3. W 输出机构；4. 针齿

在摆线针轮减速器中，动力传递的过程为：首先，电机转动带动行星输入轴转动，行星输入轴连接着偏心套带动转臂轴承转动，进而转臂轴承带动摆线轮公转，在摆线轮做公转运动的同时，它与针轮上的针齿做啮合传动，而摆线轮与针齿的啮合作用又会对摆线轮产生反向推力，使得摆线轮做自转运动，同时摆线轮的自转运动又会被柱销等效地传递到输出法兰盘(输出轴)上，进一步演变成输出轴的定轴转动。

传动过程中，输入轴转动一圈，偏心套与转臂轴承同样转动一圈，而摆线轮公转一圈，由于针轮上的销齿与摆线轮的啮合作用力的存在，摆线轮将沿着相反方向旋转一个齿差，并且通过 W 输出机构将这种反向旋转运动等效传递到输出轴上，以便输出轴获得较低的转速和较高的扭矩，通过此传动过程，摆线针轮减速器达到了减速增扭的目的。

6.2.2　摆线针轮减速器传动比计算

摆线轮在传动过程中既相对于针轮中心轴线做公转运动，又相对于自身轴线做自转运动，因此传动比无法直接用摆线轮齿数与针轮齿数的比值表示，但可以利用转换机构法求得其传动比。假设摆线轮 a、针轮 b 和输入轴 H 的绝对角速度分别为 ω_a、ω_b、ω_H，根据相对运动的原理[5]，给减速器的各个构件都施加一个与输入轴 H 运动方向相反、大小相等的角速度，各构件之间的相对运动关系均不改变。向输入轴 H 施加角速度 $-\omega_H$ 后，其角速度变为零，可以视为是静止固定的，因此整个行星传动过程转化为定轴转动过程。各构件(输入轴 H、摆线轮 a 与针轮 b)的绝对角速度加上角速度 $-\omega_H$ 后的角速度(各构件相对于输入轴的角速度)如表 6-1 所示。

表 6-1　各构件相对于输入轴的角速度

构件	原绝对角速度	加上 $-\omega_H$ 后的角速度
摆线轮 a	ω_a	$\omega_a^H=\omega_a-\omega_H$
针轮 b	ω_b	$\omega_b^H=\omega_b-\omega_H$
输入轴 H	ω_H	$\omega_H^H=\omega_H-\omega_H=0$

针轮 b 相对于摆线轮 a 的传动比为

$$i_{ba}^H=\frac{\omega_b^H}{\omega_a^H}=\frac{\omega_b-\omega_H}{\omega_a-\omega_H}=\frac{Z_b}{Z_a} \tag{6-1}$$

式中，i_{ba}^H 为摆线轮和针轮的相对传动比；Z_b 为针齿齿数；Z_a 为摆线轮齿数。

根据传动原理，针齿在传动过程中是固定的，可以得到 ω_b 等于零，将其代入式(6-1)，可以得出输入轴 H 与摆线轮 a 的传动比 i_{Ha}：

$$i_{Ha}=\frac{\omega_H}{\omega_a}=-\frac{Z_a}{Z_b-Z_a} \tag{6-2}$$

在一齿差摆线针轮减速器中，摆线轮齿数 Z_a 比针齿齿数 Z_b 少 1，式(6-2)可以改写为

$$i_{Ha}=\frac{\omega_H}{\omega_a}=-Z_a \tag{6-3}$$

式中，负号表示在传动过程中，摆线轮 a 与输入轴 H 的转向是相反的。当柱销固定，摆线轮 a 无法做自转运动，只能做公转运动时，$\omega_a=0$，将其带入式(6-1)，可得输入轴 H 和针轮 b 的传动比 i_{Hb}：

$$i_{Hb}=\frac{\omega_H}{\omega_b}=\frac{Z_b}{Z_b-Z_a} \tag{6-4}$$

当针齿齿数 Z_b 与摆线轮齿数 Z_a 差值为 1 时，式(6-4)可改写为

$$i_{Hb} = +Z_b \tag{6-5}$$

式中，正号表示在传动过程中，针轮 b 与输入轴 H 的转向是相同的。通常情况下都是针轮 b 固定，因此在一齿差的摆线针轮减速器中，传动比与摆线轮齿数 Z_a 在数值上相等，而摆线轮转向与输入轴转向相反。

6.2.3 摆线齿廓形成原理及齿廓方程[6]

1) 摆线齿廓形成原理

图 6-2 为外滚法加工摆线示意图，以 O 点为圆心，作半径为 r 的基圆。过 O 点作竖直垂线 OO'，以 O' 为圆心，作半径为 r_n 的滚圆，使其与基圆外切。当基圆不动时，滚圆绕着基圆圆周做纯滚动。设 A 点为滚圆圆周上的一点，把 A 点的滚动路径 $AA_1A_2A_3A_4$ 称为外摆线；设 B 点为滚圆内的一点，把 B 点的滚动路径 $BB_1B_2B_3B_4$ 称为短幅外摆线。在摆线上取连续的无数点，以这些点为圆心，作半径为 r_{rp} 的圆，这一系列圆的内、外包络线称为等距曲线(图上只画出内侧等距曲线)。在摆线针轮机构传动过程中，摆线轮实际齿廓大部分采用短幅外摆线的内侧等距曲线。短幅系数 K_1 是摆线轮设计中的参数之一，取值为 $K_1 = O'B / r_n$。

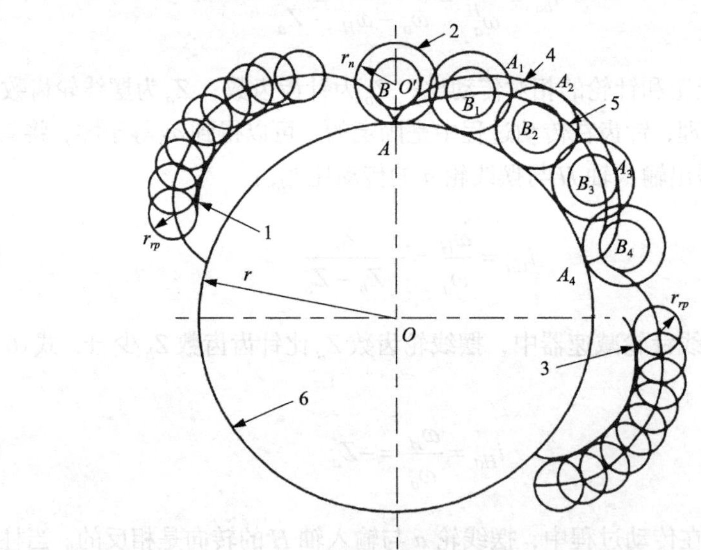

图 6-2 外滚法加工摆线示意图

1. 外摆线等距曲线；2. 滚圆；3. 短幅外摆线等距曲线；4. 外摆线；5. 短幅外摆线；6. 基圆

图 6-3 为内滚法加工摆线示意图，以 O 点为圆心，作半径为 r_c 的基圆，过 O 点作竖直垂线 OO_c，以 O_c 为圆心，作半径为 r_m 的滚圆，使其与基圆内切。当基

圆不动时，滚圆绕着基圆圆周做纯滚动。设 D 点为滚圆圆周上的一点，把 D 点的滚动路径 $DD_1D_2D_3D_4$ 称为外摆线；设 C 点为滚圆外与滚圆相固连的一点，把 C 点轨迹 $CC_1C_2C_3C_4$ 称为短幅外摆线。在摆线上取连续的无数点，以这些点为圆心，作半径为 r_{rp} 的圆，这一系列圆的内、外包络线称为等距曲线(图上只画出内侧等距曲线)。

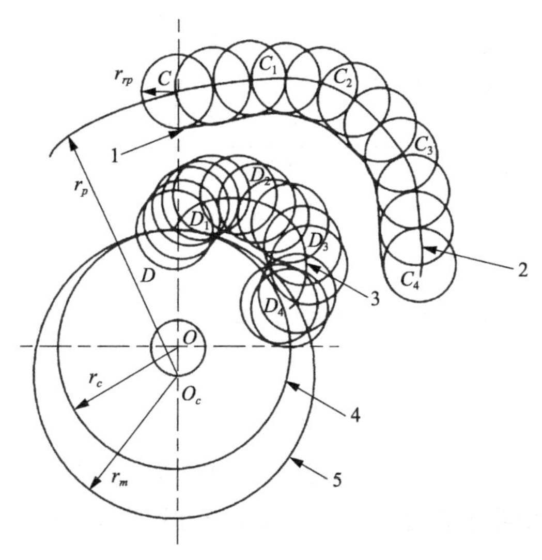

图 6-3　内滚法加工摆线示意图

1. 短幅外摆线等距曲线；2. 短幅外摆线；3. 外摆线；4. 基圆；5. 滚圆

2) 摆线轮的标准齿廓曲线方程

标准齿廓是指在传动过程中，摆线和针齿齿形互为共轭曲线，标准齿廓之间是没有法向侧隙的。如图 6-4 所示，O_c 为摆线轮的几何中心，将 O_c 作为坐标系的原点，x_c 轴的建立方式是连接摆线轮齿槽和点 O_c，y_c 轴的建立方式是作一条通过 x_c 轴的垂线，使 y_c 轴通过原点。坐标系 $x_cO_cy_c$ 下的标准方程[6]为

$$\begin{cases} x_c = \left[r_p - r_{rp}\phi^{-1}\left(K_1,\varphi\right)\right]\cos\left(1-i^H\right)\varphi - \left[e - K_1 r_{rp}\phi^{-1}\left(K_1,\varphi\right)\cos\left(i^H\varphi\right)\right] \\ y_c = \left[r_p - r_{rp}\phi^{-1}\left(K_1,\varphi\right)\right]\sin\left(1-i^H\right)\varphi - \left[e - K_1 r_{rp}\phi^{-1}\left(K_1,\varphi\right)\sin\left(i^H\varphi\right)\right] \end{cases} \tag{6-6}$$

式中，r_p 为针齿中心圆半径；r_{rp} 为针齿半径；e 为偏心距；i^H 为摆线轮和针轮相对传动比；K_1 为短幅系数，$K_1 = ez_b/r_b$；z_b 为针齿数；φ 为啮合相位角；ϕ 为关于短幅系数 K_1 和啮合相位角 φ 的自定义函数，即 $\phi^{-1}\left(K_1,\varphi\right)=\left(1+K_1^2-2K_1\cos\varphi\right)^{-1/2}$。

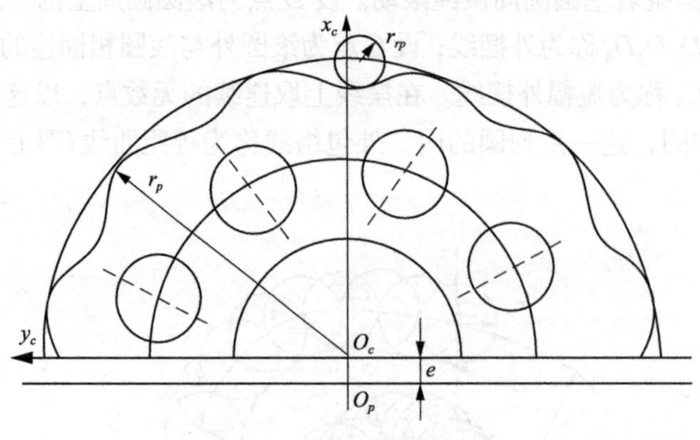

图 6-4　摆线轮齿廓曲线

6.3　摆线针轮减速器三维建模

6.3.1　摆线轮的参数化建模

摆线针轮减速器的核心部件是摆线轮，其齿廓形状会影响减速器的传动和啮合性能。在进行摆线轮参数化建模时，需要先得到摆线针轮减速器的主要参数，如表 6-2 所示。

表 6-2　摆线针轮减速器主要参数

主要参数	数值	主要参数	数值
针齿齿数 Z_b	24	偏心距 e/mm	2
摆线轮齿数 Z_a	23	短幅系数 K_1	0.8
针齿分布圆半径 r_p/mm	60	摆线轮齿宽 b/mm	8
针齿半径 r_{rp}/mm	5	输出转矩 T_c/(N·m)	101

参数化建模中，摆线轮的可变参数包括摆线轮齿数 Z_a、针齿齿数 Z_b、偏心距 e、针齿分布圆半径 r_p、针齿半径 r_{rp}。在 Pro/E 中参数化建立摆线轮模型最为关键的步骤是摆线的生成。运用绘制曲线的功能，通过方程来绘制样条曲线，在曲线方程编辑器中，输入摆线轮齿廓曲线方程，生成的摆线轮齿廓曲线如图 6-5 所示。样条曲线无法进行拉伸操作，因此需要将样条曲线实体化。本节利用“参考”命令复制一条实体曲线，在复制的实体曲线基础上，进行拉伸切除操作，生成三维实体模型，并且利用阵列的方法在摆线轮上创建柱销孔特征，图 6-6 为摆线轮的最终模型。

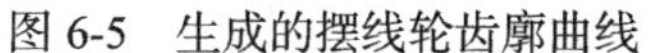

图 6-5　生成的摆线轮齿廓曲线

图 6-6　摆线轮的最终模型

6.3.2　摆线针轮减速器中其他零部件的三维建模

由摆线针轮减速器的主要参数可确定输入轴、双偏心套、柱销、柱销套、针齿、针齿套、输出法兰(输出轴)的基本尺寸，在 Pro/E 中分别创建各零部件的三维实体模型。作为盘类零部件的 W 输出机构和针轮，其主要特征可以利用“拉伸”和“旋转”等基本操作实现，然后使用“孔”、“圆角”等其他命令来建立部件的次要特征。

输入轴、输出轴、针齿、针齿套、柱销和柱销套等都属于轴销类零部件，其中，输入轴是比较重要的零部件，既要保证输入轴上偏心套的偏心距，又要保证两个偏心套的相位差为 180°。输入轴、输出轴、针齿、针齿套、柱销和柱销套等零部件均采用“拉伸”和“旋转”命令建模，考虑到针齿、柱销都均布在盘类零件上，因此可以利用阵列指令提高建模效率。

6.3.3　摆线针轮减速器中各零部件的装配

在完成摆线针轮减速器各零部件参数化建模的基础上，在 Pro/E 装配环境中对各零部件进行装配。通过三维装配模型，可以直观地了解摆线针轮减速器中各构件的几何装配关系，为运动仿真奠定基础。

在减速器的装配过程中，需要分析研究各部件之间的关系，以便理清存在的约束关系。其中，主要的约束关系有以下三种：

(1) 固定约束。对针轮施加固定约束。

(2) 销钉约束。输入轴与转臂轴承、转臂轴承与摆线轮、输出轴与针轮、针齿与针齿套、柱销与柱销套均为销钉转动副连接。

(3) 凸轮副约束。摆线轮与针齿套、柱销套与摆线轮上的圆孔均为凸轮副连接。

装配步骤分为以下四步：

(1)输入轴组件的装配。输入轴组件主要是由输入轴、偏心套、无外圈的滚子轴承(转臂轴承)和摆线轮组成的。输入轴和偏心套之间是固定连接，摆线轮与转臂轴承之间采用销钉连接。

(2)针轮组件的装配。针轮组件包含针齿和针齿套。依次导入针齿和针齿套，并建立针齿与针齿套之间的销钉转动副连接。

(3)输出轴组件的装配。输出轴组件由输出轴、柱销与柱销套组成。进行装配时，柱销与柱销套之间采用销钉连接。

(4)整体装配。首先导入针轮组件，使该组件的坐标系和整体坐标系相互重合，这就意味着针轮组件定位完成。然后导入输入轴组件，确保输入轴组件上的偏心套轴线与针轮组件的轴线重合，否则会产生干涉，通过“轴对齐”与“面重合”达到两者的装配效果，分别选择针轮组件与输入轴组件的中心轴线，再选择相应重合的平面，即可装配成功。同时，为了保证摆线轮与针轮组件的正确啮合关系，摆线轮与针轮需要有凸轮约束。最后导入输出轴组件，输出轴组件的中心线需要与输入轴组件的偏心套轴心线重合，这样才能保证定轴传动。分别选择输出轴组件和输入轴组件的中心轴线，再选择相对应的平面，完成装配，如图6-7所示。为了使摆线针轮减速器内部的结构清晰展示，可利用Pro/E视图管理器生成相应的剖切视图，如图6-8所示。

图6-7　摆线针轮减速器模型装配图

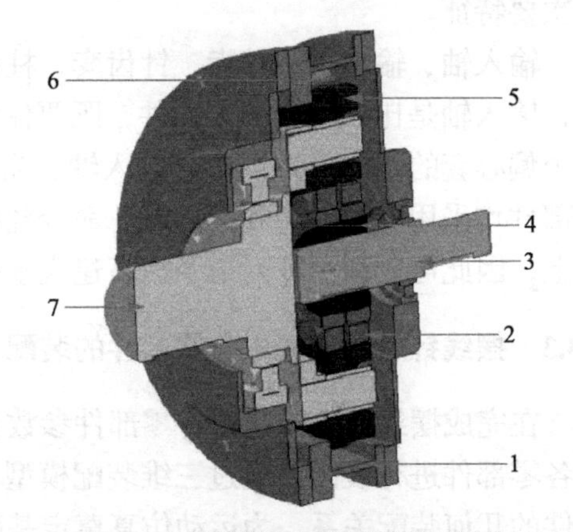

图6-8　摆线针轮减速器剖切视图

1.针轮；2.转臂轴承；3.输入轴；4.偏心套；5.摆线轮；6.针齿；7.输出轴

6.3.4　摆线针轮减速器的运动仿真

装配完成后可以利用Pro/E的运动仿真功能，对减速器各零部件之间的干涉情况及运动关系进行全方位的观察。运动仿真技术是解决传统设计制造的一种新兴的高端技术，通过计算机仿真分析，可以检测减速器的性能、分析减速器的受力情况、检查运动关系的正确性、缩短减速器的研发周期以及检查减速器的设计是否满足要求。

建立摆线针轮减速器运动仿真的基本步骤为：

(1)在摆线轮和针轮之间定义“凸轮”连接，选择摆线轮和针轮的封闭表面为“凸轮”连接的定义位置。同理，在 W 输出机构和摆线轮销孔之间定义“凸轮连接”。

(2)选取机构树中的伺服电动机，“运动轴”选为输入轴所对应的销钉连接，在“轮廓”选项中设置转速为 30r/min。

(3)单击分析按钮，类型中选择运动学，定义开始时间和终止时间，选取电动机后，进行运动分析，据此可以检查各个装配部件的运动关系是否正确。

6.4　有限元模型

6.4.1　三维模型简化及导入

为了提高运算效率、降低运算成本，先将摆线针轮减速器进行简化，删除不必要的倒角、圆角、螺栓孔、进出油孔等实体特征，并删除垫片和螺栓等零件，将两个无外圈的滚子轴承简化为力学性能相同的双偏心套，将针齿销和针齿简化为一个整体，最终的虚拟样机模型如图 6-9 所示。将简化后的三维模型保存为 Parasolid 格式，导入 Abaqus。

图 6-9　简化后虚拟样机模型

6.4.2　Abaqus 前处理分析

1)定义材料属性

将简化后的虚拟样机模型导入 Abaqus，首先对模型定义材料属性，材料属性包括密度、弹性模量和泊松比等，选择相应的截面属性赋予各个零部件。模型中的摆线轮材料为 GCr15，其他零部件的材料均为 45 钢，具体参数如表 6-3 所示。

表 6-3　材料属性

材料名称	弹性模量 $E/10^5$MPa	泊松比	密度/(10^{-6}kg/mm^3)
GGr15	2.16	0.3	7.81
45 钢	2.09	0.269	7.5

2) 创建装配体

选择 Module 列表中的 Assembly(装配)，就可以进入 Assembly 功能模块，对于由多个零部件组成的装配体，必须将其在统一的整体坐标系下进行装配，使其构成一个统一的整体。选择工具栏中的 Create instance(创建实例)，依次选择各个 Parts(部件)，完成装配体的创建。

3) 分析步设置

Abaqus 中提供了很多分析步类型，本节选用非线性静力学分析中的“Static, General”(静力，通用)分析步类型。同时，Abaqus 将自动生成初始分析步，但其余的分析步都需要自行设置。分析步的建立详情：建立接触稳定分析步(Step1)，系统会按照设置的接触条件进行判定，使接触稳定；建立小转角分析步(Step2)，向输入轴施加较小的转角，同时在 W 输出机构上施加阻力矩；建立大转角分析步(Step3)，向输入轴施加较大的转角，同时在 W 输出机构上施加阻力矩。本节分析属于几何非线性分析，因此需要打开 Nlgeom(几何非线性)，否则会导致计算不收敛[7]。

4) 耦合点设置

在 Abaqus 中 Coupling 约束的作用主要是把一个约束控制点的运动和一个面的运动约束在一起，耦合的类型选择 Kinematic(运动耦合)，约束区域内的耦合节点相对于约束控制点发生刚体运动。在简化模型的运动过程中，输入轴和 W 输出机构的约束和加载需要用到耦合，即在输入轴和 W 输出机构的中心位置定义参考点，并将该参考点与相应零部件耦合，对该点进行约束和加载等效于对耦合零部件进行约束和加载，若向该参考点施加扭矩，则 Abaqus 会自动将扭矩均匀地施加到对应的耦合面上。在完成耦合定义之后，Z 方向(表示旋转轴线)上的旋转角度被施加到输入轴，并且其余五个方向上的自由度均受到限制。同时，对 W 输出机构施加 Z 方向上的阻力矩(与 W 输出机构转动的方向相反)，并限制其余五个方向的自由度。

5) 接触对设置

接触对由 Abaqus 中元件的主面和从面组成，接触的方向是主面的法线方向，从面上的节点不可以穿透进入主面，但主面节点可以进入从面。主、从面定义原则如下：

(1)从面网格相较于主面网格应该更加精密；

(2)若网格密度不能相互区分，则刚度较高的表面作为主面；

(3)若分析接触零部件中存在刚体，则优先令刚体作为主面。

选择 Module 模块中 Interaction(相互作用)选项下的 Create interaction，选择的相互接触类型为 Surface-to-surface contact(面和面接触)，在摆线针轮减速器中共存在三组接触对，具体的主、从面定义如表 6-4 所示。

表 6-4　接触对主、从面定义表

接触对	主面	从面
输入轴与摆线轮	输入轴	摆线轮
摆线轮与针齿(套)	摆线轮	针齿(套)
摆线轮与 W 输出机构	摆线轮	W 输出机构

在 Abaqus 中，首先需要区分有限滑移(finite sliding)和小滑移。若接触面之间的相对滑动或转动角度非常小，小于接触面上单元网格尺寸的 20%，则小滑移类型是优先选择的；若相对滑动或转动角度很大，大于接触表面上的单元网格尺寸，则有限滑移类型是优先选择的。除此之外，还需要定义接触对之间的接触属性，接触属性主要分为切向属性和法向，切向属性中的摩擦模型有库仑摩擦模型、罚函数摩擦模型、拉格朗日摩擦模型以及动力学摩擦模型，其中罚函数摩擦模型允许摩擦面有弹性滑移，适用于绝大多数接触问题，本节选择罚函数摩擦模型，摩擦系数设置为 0.02。法向属性中的接触特性设置为 Hard Contact(硬接触)。

6) 载荷与边界条件定义

有限元模型的边界条件基于摆线针轮减速器的实际传动情况而定，边界条件定义正确与否，直接决定了分析模型的运动是否正确。对于摆线针轮减速器的传动过程，建立模型时最值得注意的是参考坐标系的选取，摆线轮与针轮这两组零部件的转动轴线位于不同的坐标系，因此在添加边界条件与接触对时，首先应该考虑坐标系的设定，即为输入轴和 W 输出机构设定全局坐标系，为摆线轮设置局部坐标系。在模型的整个运动中，针轮应当是固定不动的，其所有自由度均应被限制，选择针轮的外边缘并将其设置为固定；选择摆线轮的外边缘，限制其绕 Z 方向的转动自由度和沿 X、Y 方向的移动自由度之外的所有自由度。

W 输出机构施加 Z 方向上的阻力矩(与 W 输出机构转动方向相反)，并限制其余五个方向的自由度，输入转角和 W 输出机构阻力矩的具体数值如表 6-5 所示。

表 6-5 摆线针轮减速器模型加载数值表

分析步	输入转角/rad	W 输出机构阻力矩/(N·m)
Step1	0.1	0
Step2	1	60
Step3	12	60

7) 划分网格

仿真摆线针轮减速器传动时，非线性分析形变较大，其网格扭曲会比较厉害，并且模型本身结构不算繁杂(模型简化后)，因此应优先采用六面体网格。在低阶单元中，六面体网格单元相对于四面体网格单元的计算精度更优秀，且采用六面体网格单元可以减少单元数量，节省计算时间。在 Abaqus 中，C3D8R 网格单元类型是一种线性缩减积分单元，因其具有位移结果计算较为准确、计算时间也相对较短、不易发生剪切自锁且细化网格后能很好地适用于网格扭曲等优点，作为有限元分析的单元被广泛采用。本节求解摆线针轮减速器传动时，几何非线性网格会严重扭曲，因此采用 C3D8R 网格单元。除此之外，Abaqus 接触分析中的接触对是由主面和从面构成的，划分网格时从面的网格应该比主面的网格更加精细一些。对于复杂的几何模型，可以利用“分割法”将复杂的模型分割为几个简单的几何体，然后对这几个简单的几何体进行网格划分，从而完成复杂模型的网格划分。

网格划分完成后，可通过 Abaqus 中提供的网格检查工具对网格数量和质量进行检查，若网格质量存在问题，则应做出相应的修补调整工作。经检查，该模型网格质量良好，但其网格数量超过 100 万，考虑到计算机的数据处理性能及计算所耗费的时间，需要对该模型做出简化，即调整模型网格数量。模型可以采用对网格局部处理的方式，将接触较多的位置进行网格细化，如针轮与摆线轮、W 输出机构与摆线轮之间的接触对，非关键接触区域则可以进行网格粗化，经过简化的有限元模型如图 6-10 所示，各零部件的网格数量、节点数量和网格单元类型如表 6-6 所示。

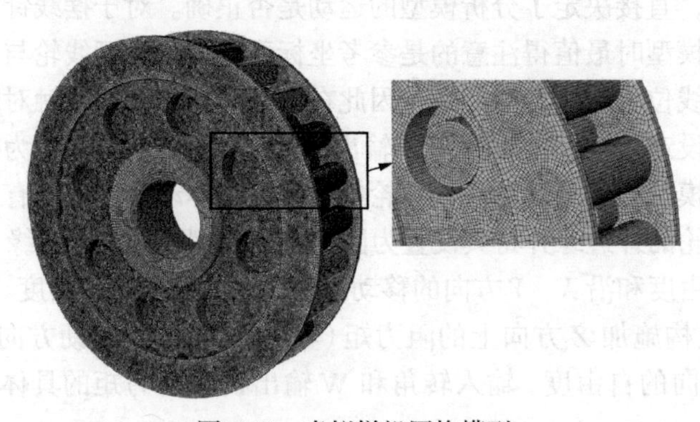

图 6-10 虚拟样机网格模型

表 6-6　摆线针轮减速器各零部件网格属性

零部件名称	网格数量	节点数量	网格单元类型
摆线轮	296821	334914	C3D8R
针轮	429386	487331	C3D8R
输出轴	7920	8352	C3D8R
W 输出机构	90825	112321	C3D8R

6.5　摆线针轮减速器的应力分析

6.5.1　摆线针轮减速器瞬时啮合接触分析

有限元网格的生成过程就是对模型的离散过程，网格生成作为有限元法的关键步骤直接决定了有限元运算解与真实解的逼近程度。一个普遍的规律是：针对同一个模型，提高其网格单元和节点的数量一般能使求解的精度提高，但是会造成计算时间和计算资源的增加。

在进行摆线针轮减速器瞬时啮合接触分析时，适当的加密网格可以得出较接近真实的齿面应力分布情况。本节先对摆线轮与针轮接触部位进行局部网格细化，再进行分析，加密前的网格数量为 88571、节点数量为 106982，加密后的网格数量为 714514、节点数量为 785760。对摆线轮施加一个较小的转角，分析摆线轮与针轮的啮合接触。如图 6-11 和图 6-12 所示，应力分布显示，应力从接触核心向外逐渐减小，且加密后啮合接触应力更加合理，使得瞬时接触分析结果更加准确。

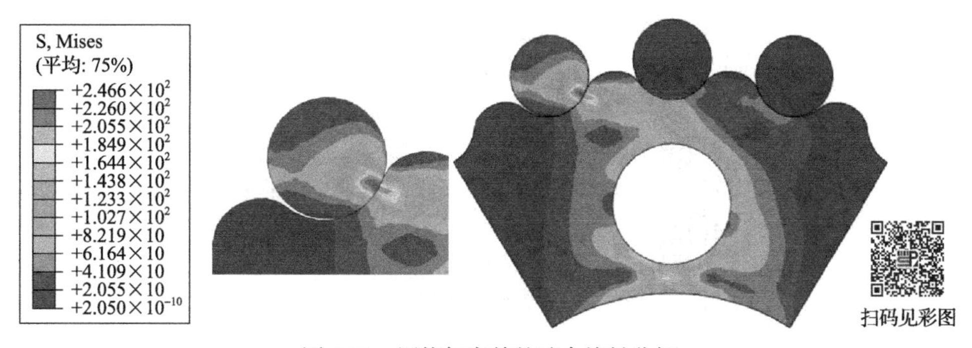

图 6-11　网格加密前的啮合接触分析

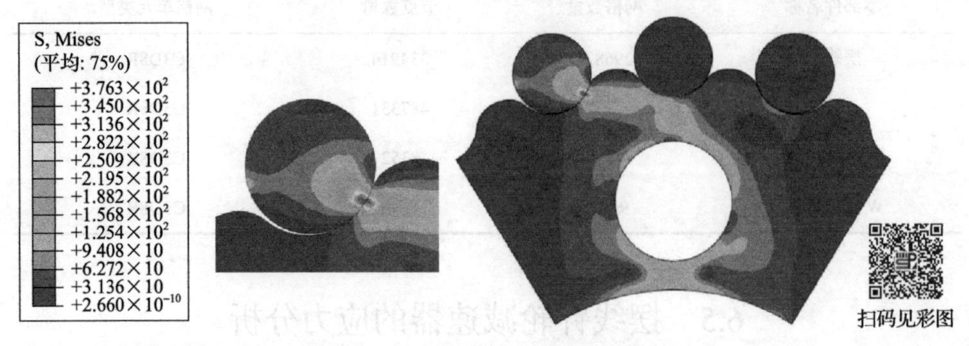

图 6-12　网格加密后的啮合接触分析

6.5.2　摆线针轮减速器接触分析

在计算结果可视化模块中，提取各零件的应力分布云图，图 6-13～图 6-16 分别为摆线轮、针轮、W 输出机构和偏心套的应力分布云图。

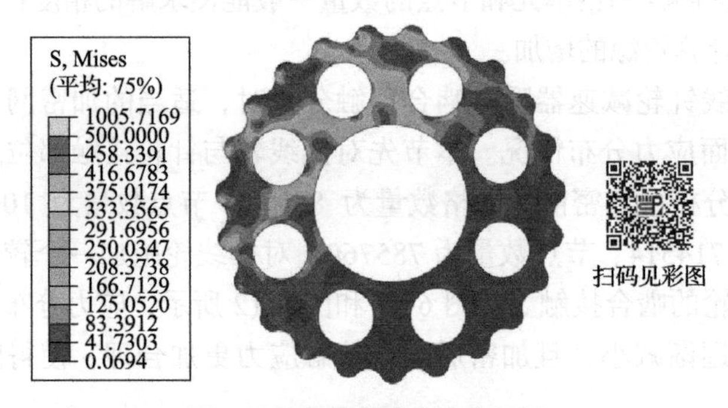

图 6-13　摆线轮应力分布云图

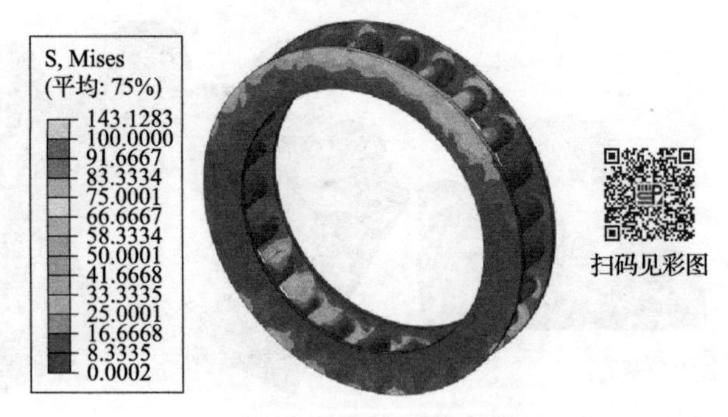

图 6-14　针轮应力分布云图

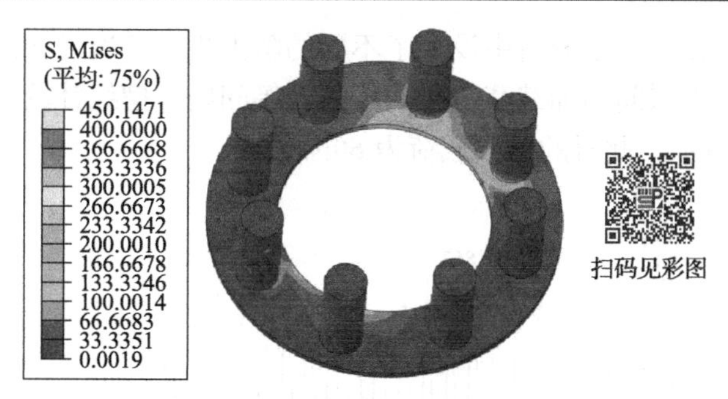

图 6-15　W 输出机构应力分布云图

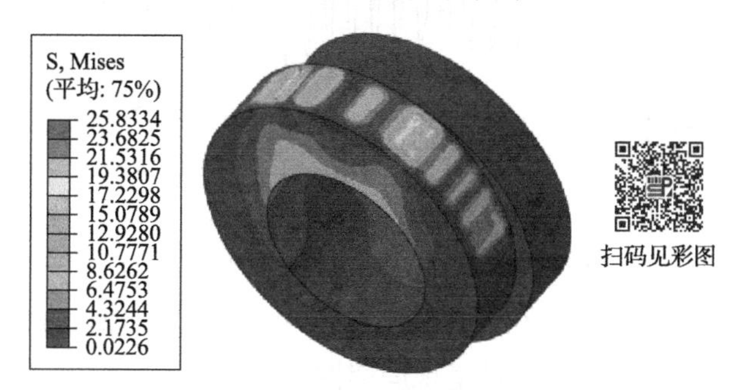

图 6-16　偏心套应力分布云图

其中，摆线轮和针轮的材料为 GCr15，许用应力为 1200MPa。摆线轮和针轮的最大应力分别为 1005.7MPa 和 143.1MPa，均低于 GCr15 的许用应力；W 输出机构和偏心套的材料为 45 钢，许用应力为 475MPa，分析结果中 W 输出机构和偏心套的最大应力分别为 450.1MPa 和 25.8MPa，均低于 45 钢的许用应力。因此，在该工况下所有材料均未失效。

6.6　基于 Abaqus 减速器传动误差分析

6.6.1　传动误差定义

传动误差定义：在齿轮传动中，若主动轮齿数为 z_1，从动轮齿数为 z_2，当主动轮转过角度为 a_1 时，从动轮的理论转角为 $a_2 = z_1 / z_2 \cdot a_1$。传动机构的结构及制造安装误差等导致从动轮的实际转角与理论转角不相等，实际转角与理论转角之差即传动误差。

在本章中，摆线针轮减速器传动误差的计算是输入转角减去输出转角与传动比的乘积。

6.6.2　载荷对传动误差的影响

为了模拟在不同的载荷情况下摆线针轮减速器的传动误差曲线，本章根据不同的载荷情况，在静力学分析中设置了不同的阻力矩，并通过光滑曲线逐渐施加载荷，避免出现由瞬间施加载荷引起的不收敛等问题。摆线针轮减速器传动误差曲线如图 6-17 所示，此时的加载载荷为 60N·m。

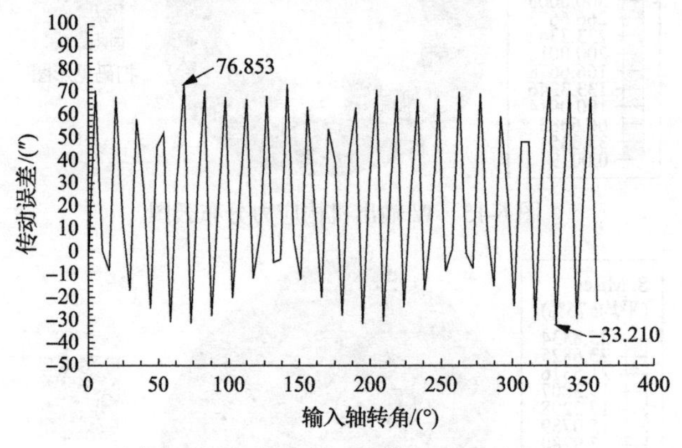

图 6-17　摆线针轮减速器传动误差曲线

由摆线针轮减速器传动误差曲线可以看出，当偏心轴带动摆线轮旋转时，传动误差介于–33.21″～76.853″，且呈现周期性变化。

6.7　基于 Abaqus 的摆线针轮减速器回差分析

6.7.1　回差的定义

在摆线针轮减速器中，回差是指输入轴反向转动时，输出轴在运动上滞后于输入轴的现象。回差根据其产生的原因主要分为三大类：几何回差、温度回差和弹性回差。其中，几何回差主要是由摆线轮修形后产生的啮合间隙、针齿半径误差、安装误差和偏心距误差导致的；温度回差是由减速器传动过程中产生的热量使零部件温度升高产生热量变形导致的；弹性回差是由减速器中各零部件在负载的作用下发生弹性变形导致的。本章仅分析几何回差和弹性回差。

6.7.2　摆线针轮减速器几何回差的影响因素

在不考虑弹性变形和加工、装配误差的情况下，未修形的摆线轮与针轮啮合传动时，有一半的针轮轮齿参与啮合。但是实际应用中，为了补偿制造误差，保证润滑和拆装的方便性，摆线轮需要进行修形。摆线轮修形造成的啮合侧隙会产生回差。除此之外，偏心距误差引起的侧隙、针齿半径的加工误差、转臂轴承的间隙、针齿销孔圆柱度误差、装配时孔和轴的配合间隙、摆线轮周节累积误差等都会引起回差。

6.7.3　基于 Abaqus 的摆线针轮减速器几何回差分析

为了求得摆线针轮减速器的几何回差，采用 Abaqus 中的 Standard 求解器，运用完全牛顿分析的方法，进行了基于 Abaqus 的回差仿真研究。在进行仿真前，需要对各个误差进行等效处理，将针齿销半径的标准尺寸与能够导致回差增大的极限偏差之和作为针齿销建模的实际尺寸，将针齿销孔中心沿径向向外偏移一定尺寸作为实际的建模尺寸来等效针齿销孔的轴向位置误差。

由于标准摆线针轮行星传动中，摆线轮和针齿是共轭的，若两零部件存在加工误差，则摆线轮和针齿就可能无法装配在一起。另外，为了留有足够的侧隙进行润滑，摆线针轮行星传动中的摆线轮一般需要进行齿廓修形，本节采用的摆线轮修形方式为正等距附加正移距修形，修形量为：等距修形量 Δr_p =0.03mm，移距修形量 Δr_{rp} =0.045mm。

为了测试输入轴转动一周摆线针轮减速器几何回差的变化情况，设定输出端阻力矩为零，这时可以忽略弹性回差对总回差的影响。在与双偏心套的耦合点 RP-1 上施加转角，采用线性过渡型的 Ramp 幅值曲线。在 Step1 中使双偏心套正转 360°，在 Step2 中使双偏心套反转 360°，得出摆线针轮减速器在输入轴正转和反转两种情况下的几何回差，几何回差与转角的关系如图 6-18 所示。

6.7.4　基于 Abaqus 的摆线针轮减速器弹性回差分析

摆线针轮减速器传动过程中的弹性变形是引起弹性回差的主要原因，其中针齿与摆线轮齿的接触变形及针齿与针轮上针齿孔的接触变形是引起摆线针轮传动部分变形的主要原因。因此，理论上可以将摆线轮固定，在针轮上施加额定扭矩，可以得到在额定扭矩的作用下，由接触变形引起的针轮转角 θ_p，将针轮转角 θ_p 折算到 W 输出机构上，可以得出由针齿与摆线轮齿的接触变形及针齿与针轮上针齿孔的接触变形引起的输出机构的转角 $\theta_c = \theta_p \cdot i$ ，其中，i为 W 输出机构相对于针轮的传动比。

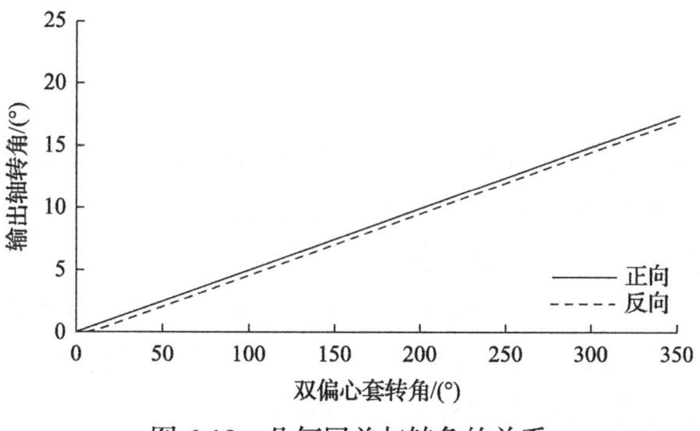

图 6-18　几何回差与转角的关系

为了准确模拟摆线针轮减速器的弹性回差，采用滞回曲线的方法，在 Abaqus 中仿真模拟时固定输出端和输入端，对针轮进行正向加载、正向卸载、反向加载、反向卸载，得到结构的扭矩-扭转角曲线。为了实现对针轮进行正、反向加载，同时为了避免载荷的瞬间施加导致不收敛问题的发生，采用周期性幅值曲线进行周期性加载。周期性幅值曲线以傅里叶级数的形式进行定义，以圆频率 $\omega=\pi/2$、幅值为 60N·m 的周期性载荷对针轮进行加载，最后得到滞回曲线如图 6-19 所示。

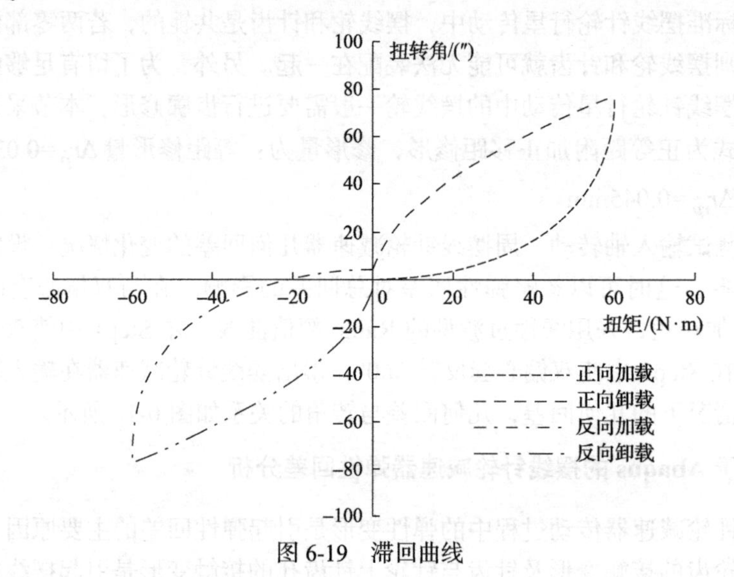

图 6-19　滞回曲线

由滞回曲线可以看出，由摆线轮齿和针齿之间的接触变形引起的弹性回差的极值为 81.6726″，当针轮卸载至零时，会出现残余变形，引起的摆线针轮减速器弹性回差为 3.3439″。在加载阶段，针轮的剪切变形量随着扭转刚度的增大而增大。刚开始加载时，随着扭转刚度的增加，刚度扭转角曲线呈直线上升，扭转位移逐渐偏离直线，弹性变形速率加快。

6.8　小　结

摆线针轮减速器作为一种基于小齿差行星传动原理的新型传动减速器，目前基于有限元法对摆线针轮减速器进行传动误差和啮合性能研究的文献相对较少。本章在现有研究的基础上，开展了如下研究：

(1) 主要分析了摆线的生成原理，介绍了摆线针轮减速器的零部件组成，结合传动示意图阐述了摆线针轮减速器的传动原理，利用转换机构法计算了摆线针轮减速器在针轮固定和柱销固定两种情况下的传动比。

(2)在 Pro/E 软件环境下展示了摆线轮参数化建模的过程，并对摆线针轮减速器其他零部件的建立及装配做了细致的总结，介绍了摆线针轮减速器中各零部件之间的约束关系与连接类型，最后完成了摆线针轮减速器的虚拟样机装配。

(3)将三维模型导入有限元分析软件——Abaqus，对其材料、边界条件、载荷等进行了设置，然后对摆线针轮减速器进行了准静态分析，得到了摆线轮、针齿、偏心套、W 输出机构的应力分布云图及传动误差曲线。分析了几何回差随输入轴转角的变化趋势，同时，采用滞回曲线的方法分析了摆线针轮减速器的扭转刚度与弹性回差之间的关系。

本章常见问题及解决方案

问题一：如何解决在分析过程中出现摆线轮齿廓穿透到针轮齿廓的问题?

在 Abaqus 中定义主面、从面时，为防止主面、从面产生渗透现象，要求从面的网格要比主面的网格更加精细，在本章分析中，摆线轮和针轮的刚度相同，因此选择摆线轮为主面，划分网格时要求摆线轮的网格密度小于针轮的网格密度。

问题二：如何解决在摆线针轮减速器整机计算分析时不容易收敛的问题?

在摆线针轮减速器传动过程中，摆线轮和针轮之间的相互接触会产生大量的非线性变形，因此使用 Step 模块下的非线性求解器，有助于整个分析的收敛。

问题三：如何解决摆线针轮接触应力分析结果不合理的问题?

摆线针轮传动属于少齿差啮合传动，摆线轮未修形时，理论上有一半的针齿参与受力过程。为了保证应力结果的合理性，在摆线轮和针轮接触的部位，网格应该加密。

问题四：如何解决进行仿真分析时，零部件坐标系设置的问题?

在摆线针轮减速器传动过程中，摆线轮做偏心运动，因此需要设置两个局部坐标系。其中，输入轴、针轮、W 输出机构在同一个坐标系下；两个摆线轮在另一个坐标系下，且两个坐标系之间的距离等于偏心距。

问题五：如何解决进行整机仿真分析时，仿真时间过长的问题?

在 Abaqus 中进行接触分析时，通常采用的是 C3D8R 六面体单元，在不考虑计算机性能的前提下，仿真的时间主要和网格的数量相关，网格的数量越多，仿真的时间越长。在保证计算结果收敛的前提下，尽量减少网格的数量，在非接触区域划分网格时，适当减小网格的密度。

问题六：在进行仿真分析时，如何合理简化减速器的结构?

为了提高仿真效率，降低仿真时间，应去除所有不影响传动结构的倒角、圆角等实体特征，并去掉与摆线针轮减速器本身传动无关的螺栓、机壳等零部件。轴承内部滚动体与滚道的接触属于不连续多体非线性接触，因此需要将轴承和偏心套处理为一个力学性能与其一致的弹性偏心圆环。将针齿销和针齿套合并为一个整体，柱销和柱销套合并为一个整体。

问题七：利用Abaqus进行求解时，出现“The estimated contact force is outside of the convergence tolerances，force equilibrium not achieved within tolerance”报错，应该如何解决？

计算出的接触力和力矩不在收敛范围内，在Abaqus中默认的不收敛次数是5次，连续5次迭代不收敛，运算就会终止。出现这个问题的原因一般是边界条件的设置问题，首先检查边界条件的设置是否正确，然后调整分析步increment中的initial的数值，将initial的数值减小。

问题八：在用Abaqus进行求解时，出现“There are too many attempts made for this increment”报错，应该如何解决？

这个增量步中有太多尝试，出现这个错误的原因一般是边界条件的设置问题，如偏心套施加转角的幅值过大。这个问题的解决方法为可以多设置几个分析步，分别为偏心套施加转角和载荷。

问题九：利用Abaqus进行求解时，出现“Boundary conditions are specified on inactive DOF of 117807 nodes. The nodes have been identified in node set warnnodebcIncativeDOF”报错，应该如何解决？

这说明边界条件的定义有问题，在117807节点的非自由度上有边界加载。一般来说，出现这个警告不会导致运算报错，可以忽略。

问题十：利用Abaqus进行求解时，出现“There are two unconnected regions in the model”报错，应该如何解决？

模型中有两处未接触的区域，一般来说是因为接触面有空隙，最好在接触属性中定义一个容差范围，进行接触分析，定义接触面后，Abaqus一般都会给出“There are two unconnected regions in the model”报错信息通知用户。一般来说，出现这种性质的警告，不会导致运算报错，可通过将容差范围设置为0.1消除这种警告。

问题十一：利用Abaqus进行求解时，出现“The option boundary, type: displacement has been used. Check status file between steps in displacement values of translational DOF. For rotation DOF make sure that there are no across steps are ignored”报错，应该如何解决？

保证转动自由度无突变，弹出提示性警告，一般是采用位移的加载方式导致的。解决该问题应将加载方式由位移变为旋转。

问题十二：利用Abaqus进行求解时，出现“Zero pivot”报错，应该如何解决？

出现这个错误一般是过约束导致的，可以在Load模块下的Boundaries condition manager中更改边界条件的定义，将偏心套绕X轴的旋转自由度放开，

使其能够绕 X 轴旋转。

问题十三：在用 Abaqus 进行求解时，出现“Numerical singularity solver problem. Numerical singularity. When processing node105 instance”报错，应该如何解决？

这说明数值奇异刚体位移欠约束。解决方案：约束 W 输出机构绕 Y 轴、Z 轴的两个旋转自由度以及沿 X 轴、Y 轴、Z 轴的三个移动自由度。

问题十四：利用 Abaqus 进行求解时，出现“Max penetration error -106.639e-06 at node part-1-1.477 of contact pair (assembly_pickedsurf24,assembly part-2-1_rigidsurface_)”报错，应该如何解决？

这是 Abaqus 中主、从面的渗透问题，Abaqus 中有一个定义的容差范围，超过这个范围运算就会报错。解决该问题应保证从面的网格密度大于主面的网格密度，将摆线轮孔内表面和柱销外表面的网格加密。

参 考 文 献

[1] 王惠娟. 柱销环行星传动减速器的分析与设计[J]. 大众科技, 2005, 7(4): 37-38.

[2] 孙宇. 摆线针轮行星减速器的有限元分析研究[D]. 咸阳: 西北农林科技大学, 2008.

[3] 贾兵. 针轮输出新型摆线针轮减速器的优化设计及其动力学性能分析[D]. 大连: 大连交通大学, 2010.

[4] 戴文婷. 摆线针轮减速器实体建模和啮合特性分析[D]. 天津: 天津大学, 2014.

[5] 冉毅. RV 减速器传动精度分析[D]. 重庆: 重庆大学, 2015.

[6] 张展. 实用齿轮设计计算手册[M]. 北京: 机械工业出版社, 2011.

[7] 齐威. ABAQUS 6.14 超级学习手册[M] .北京: 人民邮电出版社, 2016.

第 7 章　谐波齿轮加载接触分析

7.1　研究背景及意义

7.1.1　谐波齿轮简介

谐波齿轮是利用机械波控制柔轮的弹性变形来实现运动和动力传递的一种新型传动装置。工作时，柔轮各点的径向位移随转角的变化为一个基本对称的简谐波，谐波齿轮由此得名。图 7-1 为某型谐波齿轮减速器爆炸图，其由刚轮、柔轮和使柔轮发生径向变形的波发生器组成。

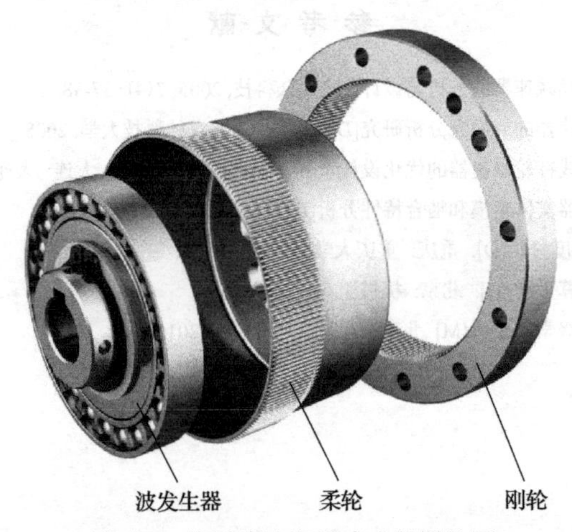

图 7-1　某型谐波齿轮减速器爆炸图

随着航空航天、机器人、精密光学等前沿领域的发展，传统的传动机构已经很难满足行业的需求。因此，具有传动比范围大、结构紧凑、传动精度高、工况适用性强等特点的谐波齿轮传动机构应运而生[1]，经过多年的研究和应用，这种传动机构得到了长足的发展。

谐波齿轮的优点如下：

(1) 结构简单、零件少、体积小、重量轻。与传动比范围小的普通减速器相比，约减少 50%的零件数量，体积和重量均减少 1/3 以上。

(2) 传动比大、传动比范围广。单级谐波减速器传动比范围可在 50～300，双级谐波减速器传动比范围可在 3000～60000，复波谐波减速器传动比范围可在 100～140000。

(3)同时啮合的齿数多，齿面相对滑动速度低，使其承载能力提高，传动平稳且精度高，噪声小。

(4)谐波齿轮传动的回差较小，齿侧间隙可以调整，甚至可实现零侧隙传动。

(5)在采用如电磁波发生器或圆盘波发生器等结构形式时，可获得较小的转动惯量。

(6)谐波齿轮传动还可以向密封空间传递运动和动力，采用密封柔轮谐波传动减速装置，可以驱动工作在高真空、有腐蚀性及其他有害介质条件下的机构。

(7)传动效率较高，且在传动比很大的情况下，仍具有较高的效率。

凭借上述优点，近几十年来，谐波齿轮传动技术和传动装置已广泛应用于空间技术、雷达通信、能源、机床、仪器仪表、机器人、汽车、造船、纺织、冶金、常规武器、精密光学设备、印刷包装机械以及医疗器械等领域。国内外的应用实践证明，谐波齿轮无论是作为高灵敏度随动系统的精密谐波传动，还是作为传递大转矩的动力谐波传动，都表现出了其良好的性能；谐波齿轮作为空间传动装置和用于操纵高温、高压管路及在有原子辐射或其他有害介质条件下工作的机构，更凸显了一些其他传动装置难以比拟的优越性。然而，谐波齿轮也有一定的缺点，包括柔轮周期性变形，工作情况恶劣，从而易于疲劳损坏；起动转矩大，且转速比越小越严重[2]。

7.1.2　谐波齿轮传动原理

在未装配前，柔轮的初始剖面呈圆形，柔轮和刚轮的周节相同，但柔轮的齿数比刚轮少，而波发生器的外径比柔轮的内径稍大。当波发生器装入柔轮的内孔时，柔轮变形为椭圆，迫使长轴两端的柔轮轮齿恰好与固定的刚轮轮齿完全啮合，短轴两端则完全脱开，而位于长轴与短轴之间沿椭圆圆周不同区段的柔轮轮齿，处于啮入或啮出的过渡状态。当波发生器回转时，迫使柔轮轮齿依次与刚轮轮齿啮合，齿数不同，波发生器转动一周时，柔轮在相反方向转过二者的齿数差，从而获得变速传动[3]。谐波齿轮传动原理如图 7-2 所示。

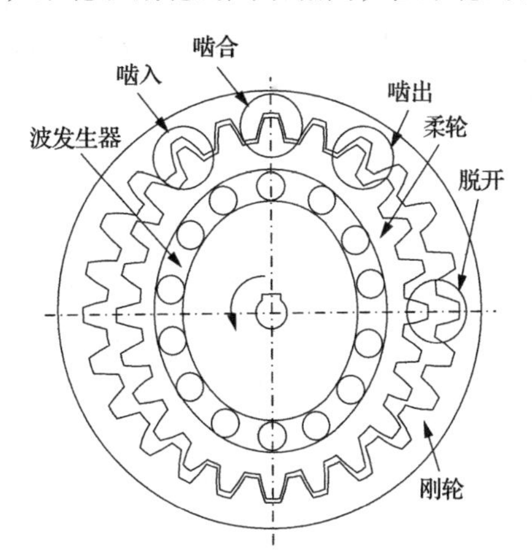

图 7-2　谐波齿轮传动原理

7.1.3　主要分析难点及流程

本章选取某型号的双圆弧谐波齿轮作为研究对象，依照设计好的尺寸，在三维建模软件 Pro/E 中建立模型，然后将三维几何模型导入到前处理软件 HyperMesh 进行网格划分，再将网格模型导入有限元分析软件 Abaqus，在 Abaqus 中进行后续的有限元求解，针对谐波齿轮的有限元分析主要包括以下几个方面：

(1)完成谐波齿轮有限元仿真的首要问题是波发生器与柔轮的装配问题。波发生器为椭圆形，柔轮未变形前为圆形，所以在传统 CAD 软件中难以较为准确地完成谐波齿轮的装配过程，然而在有限元仿真的环境下，可以实现谐波齿轮装配的仿真。

(2)本章分析的谐波齿轮齿形为双圆弧齿形，是为了保证网格模型能够较好地反映出齿形的特征。同时使网格的数量尽可能少以减小计算代价，需要在专业前处理软件 HyperMesh 中对谐波齿轮模型的网格进行设计与划分，最后将划分好的网格模型导入 Abaqus 进行有限元分析。

(3)谐波齿轮的传动过程仿真也将在 Abaqus 中完成，谐波齿轮的传动过程是由柔轮的弹性变形实现的，这一过程具有几何非线性(大变形)，而 Abaqus 与其他有限元分析软件相比，在非线性分析中的处理能力更强，因此非常适合谐波齿轮的传动过程仿真。

7.2　三维模型的建立与装配

首先在 Pro/E 中建立柔轮杯体、刚轮和波发生器的三维几何模型。其中，柔轮齿形示意图如图 7-3 所示，柔轮杯体尺寸如图 7-4 所示，柔轮轮齿参数如表 7-1 所示，柔轮杯体参数如表 7-2 所示。

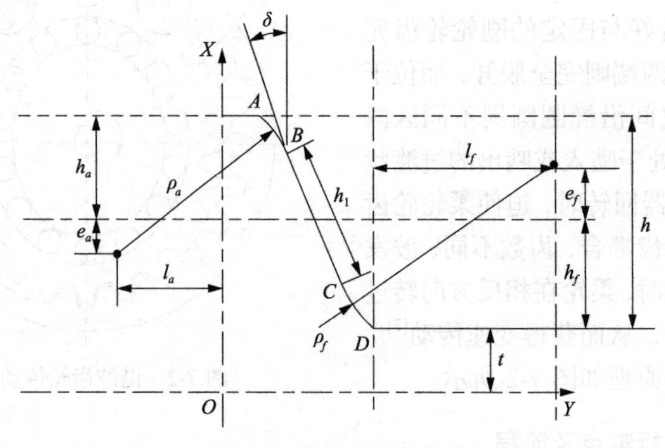

图 7-3　柔轮齿形示意图

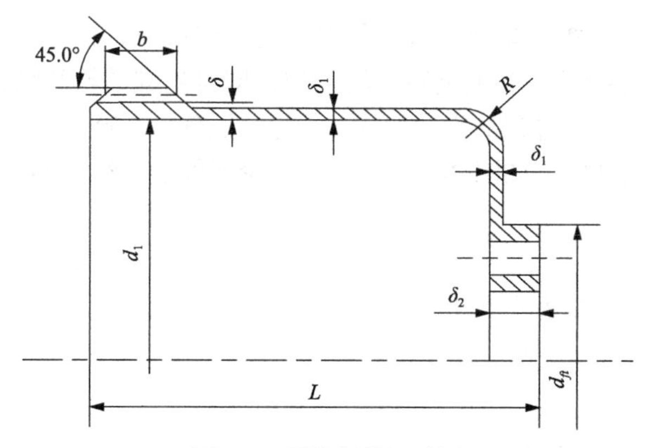

图 7-4　柔轮杯体尺寸图

表 7-1　柔轮轮齿参数

符号	意义	数值
h_a	柔轮齿顶高/mm	0.26
h_f	柔轮齿根高/mm	0.28
l_a	凸齿廓圆心移距量/mm	0.54
e_a	凸齿廓圆心偏移量/mm	0.1
l_f	凹齿廓圆心移距量/mm	0.59
h	全齿高/mm	0.54
e_f	凹齿廓圆心偏移量/mm	0.34
ρ_a	凸段圆弧半径/mm	0.2
ρ_f	凹段圆弧半径/mm	0.25
δ	公切线倾角/(°)	19.5
h_1	公切线长度/mm	0.36
t	中性层到柔轮齿根圆的长度/mm	0.4

表 7-2　柔轮杯体参数

符号	意义	数值
d_1	杯体内径/mm	41.72
L	杯体筒长/mm	35
δ	杯体壁厚/mm	0.45
δ_1	光滑杯体壁厚/mm	0.3
δ_2	杯底凸缘壁厚/mm	1.2
d_{ft}	最大凸缘直径/mm	27
R	过渡圆弧半径/mm	1.44
b	柔轮工作齿圈宽度/mm	7

柔轮、刚轮的三维模型建立较为简单，进行建模时，将绘制好的草图进行实体拉伸，再将实体绕着中心轴进行旋转阵列，即可生成柔轮和刚轮的三维几何模型。根据谐波齿轮传动过程的齿数要求，柔轮一周阵列 100 个，刚轮一周阵列 102 个。柔轮零件的三维模型如图 7-5(a)所示，刚轮零件的三维模型如图 7-5(b)所示。

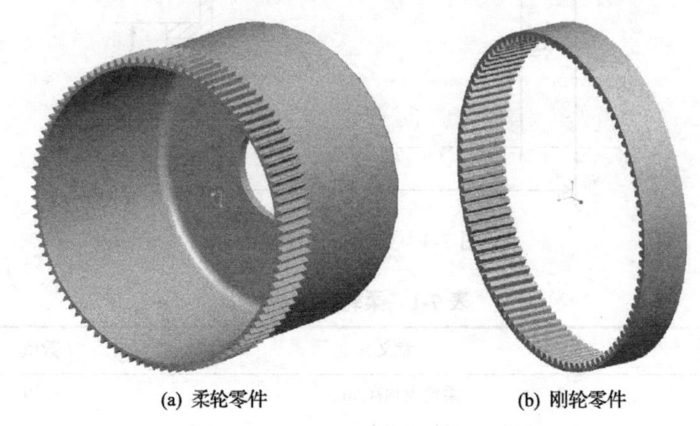

(a) 柔轮零件　　(b) 刚轮零件

图 7-5　柔轮零件和刚轮零件的三维模型

波发生器模型的建立过程较为复杂，为了得到最为贴近真实工况的仿真，波发生器外圈不能简单地视为一个圆柱面。事实上，波发生器装入柔轮后，柔轮被撑开，产生弹性变形。但是由于杯体的存在，这种变形沿轴向是变化的，即靠近杯体底部的部分被撑开的变形较小，远离杯体底部的部分被撑开的变形较大。谐波齿轮接触示意图如图 7-6 所示，柔轮的变形使得啮合位置远离杯体底部，脱开位置靠近杯体底部，导致刚轮与柔轮啮合时发生偏载。谐波齿轮平面啮合状态示意图如图 7-7 所示。

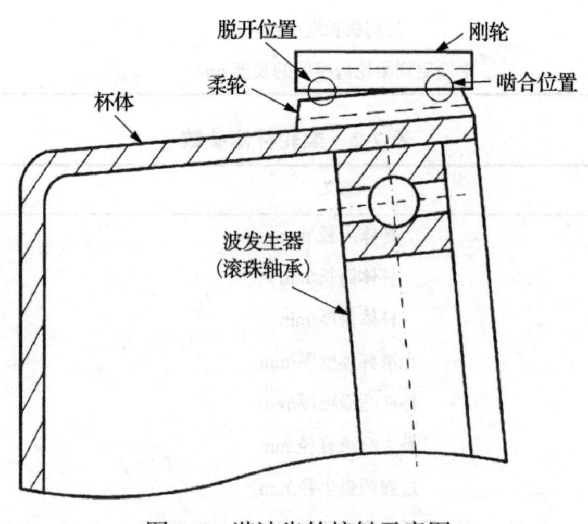

图 7-6　谐波齿轮接触示意图

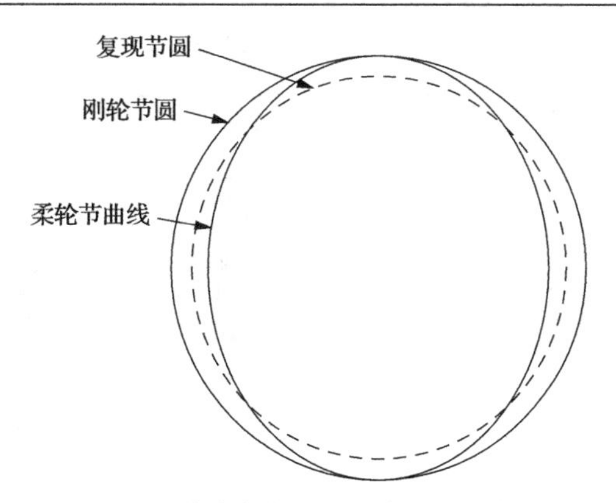

图 7-7　谐波齿轮平面啮合状态示意图

偏载情况的出现，导致波发生器柔性轴承的外圈表面具有一定锥度。因此，选择最具代表性的前、中、后三个截面绘制草图，靠近杯底的截面为后截面，远离杯底的截面为前截面。三个截面中，前截面的长轴最长而短轴最短，后截面的长轴最短而短轴最长，中截面尺寸介于前截面和后截面之间，波发生器截面尺寸如表 7-3 所示。

表 7-3　波发生器截面尺寸　(单位：mm)

尺寸	前截面	中截面	后截面
长轴长度	42.7704	42.6082	42.4620
短轴长度	40.6736	40.8358	40.9820

进行建模时，首先需要对三个截面进行边界混合，形成空间曲面，然后对空间曲面进行填充，形成封闭曲面，最后进行合并和实体化，得到分析所需的波发生器三维模型，如图 7-8 所示。

得到实体后，在波发生器前截面对外轮廓进行实体引用，并在前截面绘制一个椭圆草图，长轴和短轴均比前截面小 0.2mm。使用该草图对之前合并的实体部分进行拉伸切除，最终得到完整的波发生器模型，如图 7-8(d)所示。在后续分析中，需要将波发生器分成两半处理，这里将波发生器沿着 TOP 平面分割，并且将分割开的两个部分单独保存，如图 7-8(e)和(f)所示。

在 Pro/E 中新建一个组件，先插入刚轮，并将刚轮初始位置设置成缺省。再将柔轮和波发生器依次插入到组件中，得到谐波齿轮传动机构几何装配图如图 7-9 所示。

图 7-9 所示的装配体不能直接进行有限元分析，这是由于柔轮和刚轮的工程图均是按照设计制造要求给出的，设计图纸中波发生器默认的是一整个圆环，而在实际的谐波齿轮传动中，将波发生器装入柔轮后，柔轮被撑开发生弹性变形包

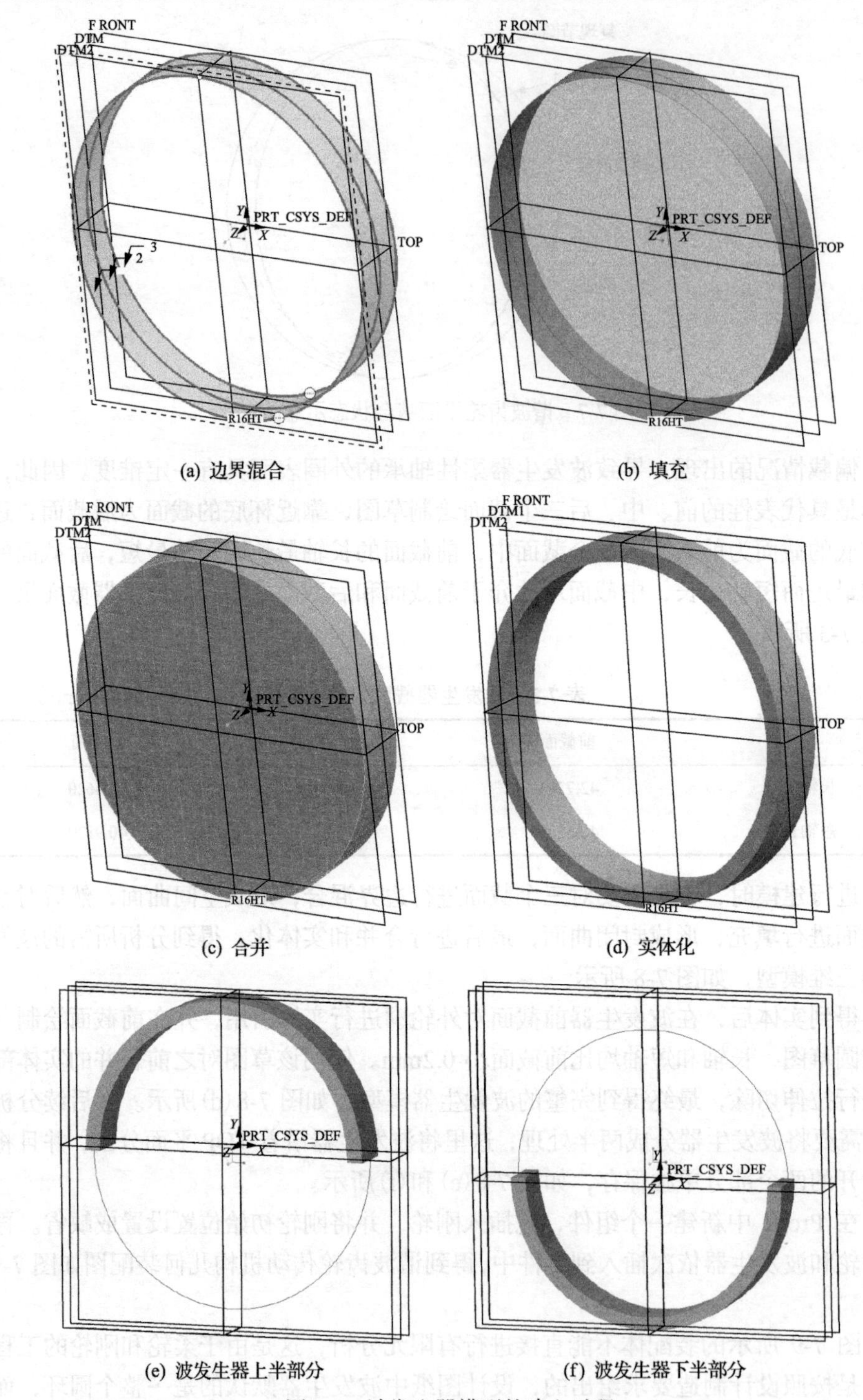

图 7-8　波发生器模型的建立过程

图 7-9　谐波齿轮传动机构几何装配图

覆在波发生器表面[4]。因此，在本例分析中，将波发生器切分为上、下两个部分，以便于在仿真软件中模拟其装入杯体的过程。

在进行三维建模时，针对在波发生器作用下发生变形后的柔轮很难建立该状态下的精确模型。又由于整个装配体存在过盈配合，需要在有限元分析仿真环境下对其进行装配仿真。在波发生器长轴处，装配体的过盈配合包括两个部分：①波发生器和柔轮的过盈；②柔轮和刚轮的过盈，如图 7-10 所示。

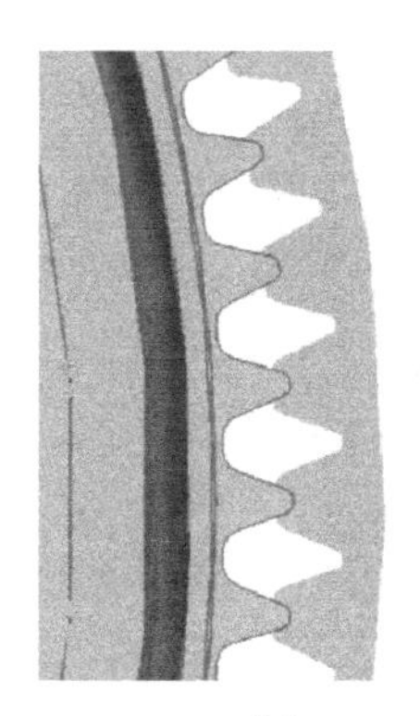

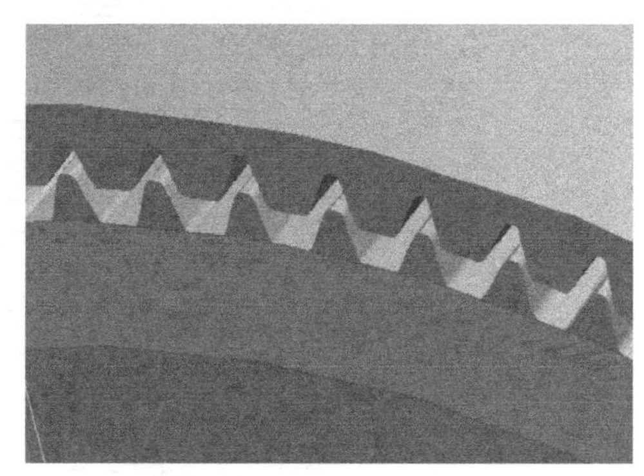

图 7-10　波发生器和柔轮及柔轮和刚轮的过盈

显然，模型过盈的存在使得传动机构无法正确建立传动关系。因此，在装配过程中，需要将表面接触选项关闭，直至装配过程完成后打开，即可解决过盈问题。

7.3　基于 HyperMesh 的几何模型网格划分

HyperMesh 是一个高性能的有限元分析前处理软件，具有连接工业界大多数 CAD 软件的数据接口。它包含一系列工具，可以实现清理和改进输入的几何模型。用户可以根据模型特点，将其分割成不同区域，在不同区域进行更为合理的网格划分，以便在保证网格质量的条件下达到尽可能压缩计算时间的目的。

7.3.1　三维模型的导入

完成谐波齿轮的三维建模之后，需要将模型导入有限元分析前处理软件 HyperMesh 进行网格划分。在 HyperMesh 中导入模型的默认显示精度较低，不利于观察几何模型的特点，因此需要设置模型的显示精度。

导入柔轮模型并修改显示精度后，重复同样的操作将刚轮、杯体、波发生器的模型导入 HyperMesh。

7.3.2　柔轮网格划分

双圆弧齿形较为复杂，在 Abaqus 的网格划分模块中很难划分出高质量的网格，因此需要借助 HyperMesh 中实体分割、面分割、拉伸网格、旋转网格等功能对双圆弧齿形进行网格划分，本节以柔轮网格为例对其网格划分过程进行详细介绍。

将柔轮导入 HyperMesh，如图 7-11 所示，柔轮模型在 HyperMesh 中的坐标原点位置默认与建模使用的 CAD 软件坐标原点位置相同。

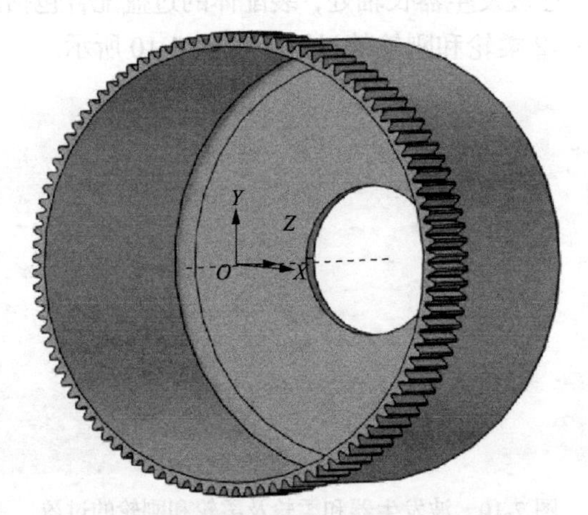

图 7-11　柔轮模型导入 HyperMesh 示意图

柔轮轮齿网格划分步骤如下。

步骤一：建立齿面切分线。

本例使用坐标生成临时节点的命令，参考图 7-11 中坐标系的位置，在坐标轴 Y 轴上创建坐标为(0,0,0)、(0,30,0)两个临时节点；将这两个临时节点连成线并切分齿面，然后将线旋转 1.8°(齿槽半角)，这样就可以对这两条线之间半个齿的区域进行网格划分；以点(0,0,0)为圆心作半径为 21.59mm(分度圆半径)的圆，如图 7-12 所示，通过所建圆与齿面交点生成节点 1，双圆弧与切线的两个交点生成节点 2、节点 3；再以坐标轴原点为圆心，分别作两个圆通过节点 2、节点 3；柔轮轮齿部分靠近杯体内圈的区域需要和杯体部分网格划分保持一致，因此再以点(0,0,0)为圆心作一条半径为 21.16mm(坐标原点到杯体外壁的距离)的圆；最后用这些线对齿面进行区域划分，以便在不同的区域进行单独的网格划分。

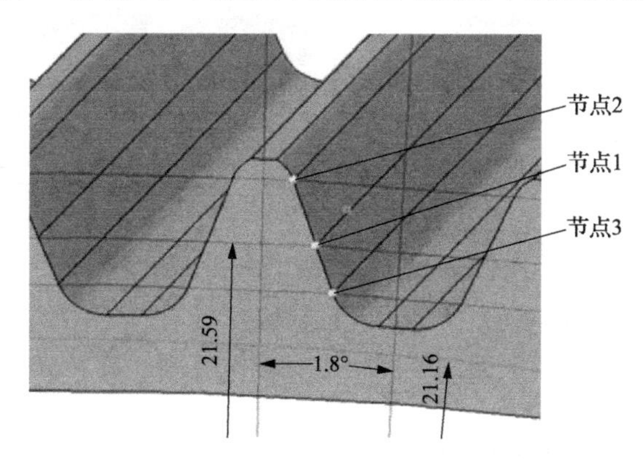

图 7-12　柔轮齿面切分线建立(单位：mm)

步骤二：切分齿面并进行几何清理。

以步骤一所建立的切分线作为切割线，将齿面切分为图 7-13 所示的五个部分。在图 7-13 中，由于圆圈所示边的存在，进行网格划分时，在该边端点处会强制产生一个节点，需要通过删除该边以实现几何清理，清理后的边用虚线表示，如图 7-13(b)所示。

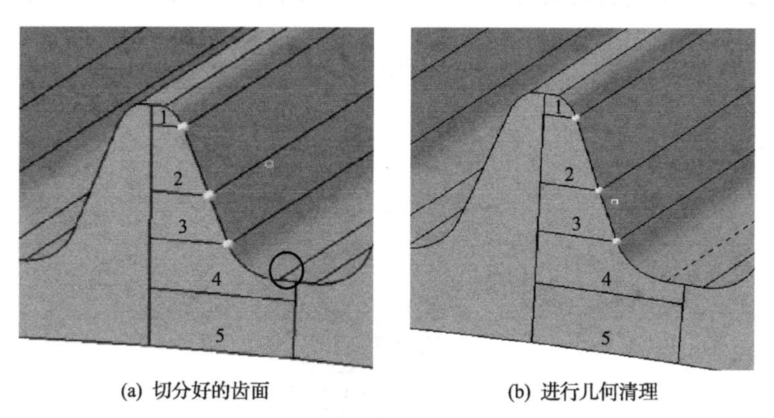

(a) 切分好的齿面　　(b) 进行几何清理

图 7-13　齿面切分与几何清理

步骤三：划分齿面二维网格。

对已经分割好区域的齿面进行网格划分。对划分好的网格进行镜像操作后，将网格与原网格节点合并，选择需要合并的网格，容差(tolerance)设定为 0.001，节点会高亮显示，确定无误后合并节点，划分好的柔轮轮齿二维网格如图 7-14(a)所示。

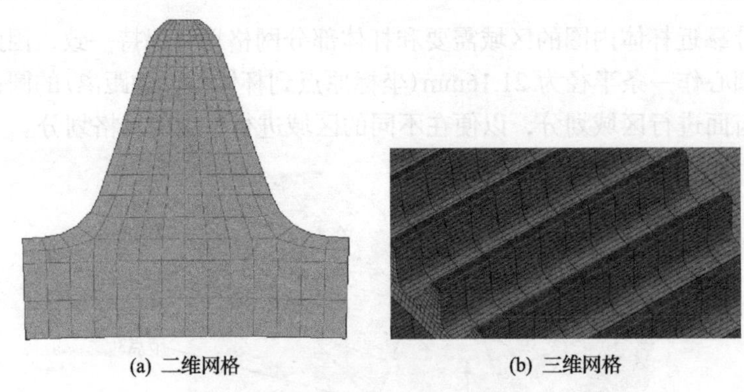

(a) 二维网格　　(b) 三维网格

图 7-14　柔轮轮齿网格划分

将划分好的柔轮轮齿上的二维网格进行多次复制、旋转操作，得到柔轮整体二维网格。

步骤四：生成柔轮三维网格。

将步骤三划分好的二维网格生成三维网格，其中拉伸距离(distance)设定为 7，拉伸单元数为 14，生成的柔轮轮齿三维网格如图 7-14(b)所示。

7.3.3　刚轮网格划分

刚轮结构与柔轮类似，所使用的工具及命令基本相同。由于篇幅限制，不再赘述，在此仅列出刚轮齿面切分及单元节点分布示意图，如图 7-15 所示。

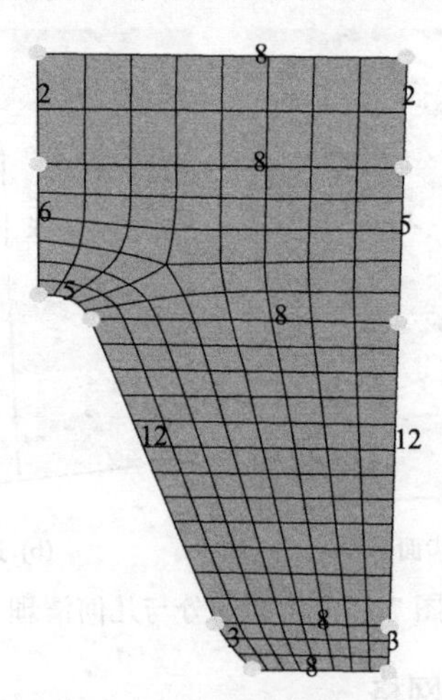

图 7-15　刚轮齿面切分及单元节点分布示意图

7.3.4　杯体网格划分

将杯体几何模型导入 HyperMesh，并修改显示精度。由于 7.3.2 节已经完成了柔轮轮齿部分的网格划分，在本节只需要划分杯体部分即可。

杯体网格划分步骤如下。

步骤一：将杯体部分与轮齿部分分离。

选择后齿面为分割面，将柔轮切割为轮齿与杯体两个部分，将切好的杯体复制保存到新的图层中。在 HyperMesh 坐标平面(*YOZ*)内的杯体外侧建立四个临时节点，连接这四个临时节点生成平面，以此平面作为切分面对杯体部分进行分割。将分割好的一半杯体复制保存到新的图层中，并对杯体剖面进行二维网格划分。

步骤二：生成杯体三维网格。

对步骤一划分的二维网格进行旋转操作，生成三维网格。

7.3.5　网格质量检查

网格质量是指网格形状的合理性。当各类网格具有理想形状时，计算结果最好。而实际划分的网格不可能都达到理想形状，可能会形成网格变形。当变形超出某一限度时，计算精度会随着变形的增加而显著下降，因此网格应该满足一定的质量要求。

在 HyperMesh 中划分好网格后应进行质量检查，包括网格连续性检查、重复单元检查、单元各项质量检查等。

1. 网格连续性检查

网格不连续会导致模型不连续，在计算中导致与实际情况不同的计算结果[5]。在 HyperMesh 中可以查找自由边(不连续的边)，并以红色高亮显示；可以合并重复节点，在合并重复节点前可以预览将要被合并的节点，以判断这些节点是否为需要合并的单元、给定的容差是否合适。

2. 重复单元检查

在 HyperMesh 中可以检查模型中是否存在重复单元。在 Check Element 面板中，可以看到 Duplicates 检查项，即重复单元检查项。单击 Duplicates 后，完全一致的重复单元将被高亮显示，信息栏中也会同时显示重复单元的数目。应该注意的是，重复单元检查应该在单元连续性检查、合并单元后进行，若发现重复单元，则应及时删除，否则将导致计算不能进行。

3. 单元各项质量检查

运用 HyperMesh 中的 Check Element 面板可以检查所划分单元的质量。2D 单元质量检查项包含：①Warpage(翘曲度)，用于检查四边形单元的翘曲，即单元偏离平面的量；②Aspect(纵横比)，用于检查单元最长边与最短边之比，纵横比的选值通常小于 5；③Chord Dev（弦差），用于检查附着于表面上的单元各边中点与该点在对应面上投影点的距离；④Length（长度），用于检查单元长度；⑤Min Angle（最小内角）、Max Angle（最大内角），用于检查单元最小内角和最大内角；⑥Jacobian（雅可比），用于检查四边形单元相比于理想形状的相似程度，Jacobian 的取值为 0～1，单元的理想形状用 1 来表示，通常认为该值在 0.7 以上是可以接受的。

3D 单元质量检查项包含 2D 单元质量检查项、Vol Skew、Tet Collapse 和 Tetra AR。其中，Vol Skew 用于检查四面体单元的扭曲程度；Tet Collapse 用于检查四面体单元的形状，四面体坍塌时该值为 0，四面体形状较佳时该值为 1；Tetra AR 用于检查四面体单元最长边长度与最小高度的比值。

4. 网格单元与节点数量统计

在网格划分阶段，需要根据计算机的计算能力来绘制相应数量的网格单元，在 HyperMesh 中可以对划分好的网格模型进行网格单元与节点数量统计，统计得到的谐波齿轮网格单元数量如表 7-4 所示。

表 7-4 谐波齿轮网格单元数量统计表

零部件名称	网格数量
柔轮	342000
刚轮	566083
波发生器	48000
杯体	243774
总计	1199857

7.3.6 网格数据导出

有限元分析部分将在 Abaqus 环境中完成，将划分好的网格模型导出为 Abaqus 兼容的“*.inp”文件，选择保存路径并将导出文件类型改为 Abaqus。

7.4 基于 Abaqus 的有限元模型建立

7.4.1 文件导入

完成谐波齿轮的网格划分之后，需要将生成的“*.inp”文件导入 Abaqus，进行有限元分析。

7.4.2 材料设置

对于有限元分析，材料属性是最为重要的设置，不同的分析对材料属性的要求也不同。静力学分析需要的材料属性包括弹性和阻尼，动力学分析则还需要密度。

本节分析的谐波齿轮主要涉及两种材料，即刚轮和波发生器使用的 40Cr、柔轮使用的 40CrNiMo，材料定义如表 7-5 所示。定义材料后，需要创建包含该材料的截面，再将截面赋予零件。这里为谐波齿轮创建两个截面，命名为“G”和“R”，材料分别为 40Cr 和 40CrNiMo，截面特性选择各向同性。

表 7-5　谐波齿轮零部件材料定义表

材料属性	杨氏模量/MPa	泊松比	阻尼系数 α	阻尼系数 β
40Cr	2.11×10^5	0.277	0.03	3×10^{-6}
40CrNiMo	2.09×10^5	0.295	0.03	3×10^{-6}

7.4.3　创建分析步

在 Abaqus 中，分析步表示分析的步骤，根据实际需要，将复杂的分析划分为若干个分析步来完成。在谐波齿轮的整个分析过程中，可以大致分为三个分析步。

Step1：完成装配仿真；

Step2：建立稳定的接触关系并施加静态载荷；

Step3：设置不同工况进行仿真。

其中，Step1 和 Step2 为静力学分析步，Step1 实现装配仿真，消除装配过盈；Step2 完成负载转矩的施加，为 Step3 计算不同工况提供预载，同时建立平稳的接触关系；Step3 可以根据分析的需要进行修改。在谐波齿轮传动的过程中，柔轮会发生相对于尺寸比较大的弹性变形，因此对于每一个分析步，都需要打开几何非线性开关，以便得到更贴近于实际工况下的传动解。

对于静力学分析，Abaqus 尝试着从初始状态，逐步平衡地迭代到最终状态。静力学分析不考虑速度、时间与冲击，这里时间长度设置为 1，方便在监视器中查看分析的进度。动力学分析需要考虑时间、速度和冲量，时间长度的设置要根据实际需要选择。同时，需要设定指定耗散能系数，降低收敛难度。

增量步的设置包括四个部分：

(1) 增量步类型，用于决定 Abaqus 使用固定长度的增量步，可以自动调节增量步的大小；

(2) 允许迭代的最大步数，该数字表示允许求解器迭代的次数，超过这个次数，会报错并终止运算；

(3) 初始增量步，软件尝试迭代的第一个增量步的增量大小，一般来说，该值不宜过大，避免分析难以进入收敛状态；

(4) 最大/最小增量步，这个上、下限用来约束 Abaqus 自动调整增量步大小的极限，设定时应当尽量满足收敛平稳的要求。

此外，在分析步设置的 other 选项卡，还需要对求解器进行选择。Abaqus 使用的默认求解器可以满足大多数有限元分析的需要，但是得到的解可能存在一定的误差。为了得到更加精确的解，可以选用非对称求解器。非对称求解器的计算量是默认求解器的两倍，对配置要求更高，得到的解更加符合要求，也更加真实。

完成分析步的设置后，还要针对每个分析步的要求进行设置，在场变量输出管理器中，设置需要输出的数据类型，主要包括应力、应变、位移和反作用力，为了节省储存空间，将 Exterior only 勾选“仅输出模型外表面的结果”。

7.4.4 定义相互作用

Abaqus 的相互作用主要用来定义零件与零件、面与面、节点与节点之间的作用关系，使得力与位移可以传递到其他部分。Abaqus 的相互作用设置主要包括接触、约束和连接器三个部分，谐波齿轮的有限元分析主要涉及接触和约束两个部分。

1. 接触的设置

在定义接触之前，首先要对接触属性进行相应的设置。通常情况下，接触属性的设置包括切向属性和法向属性。由于柔轮在波发生器的作用下发生弹性变形，法向属性选择硬接触。同时，齿面与齿面之间经历了脱开到啮合的过程，因此需要打开“允许接触后分离”开关。

对于各个接触面，切向运动时存在摩擦力。因此，切向属性选择罚函数类型，罚函数定义为 0.01。

谐波齿轮有限元分析本身收敛难度较大，不易收敛，需要通过多种方式的结合来降低收敛难度。在相互作用模块，可以通过引入接触控制来保证分析迭代的平稳进行。

在 Abaqus 中，接触对用来表达相邻单元之间的运动与力的传递。在一个接触对中，需要分别定义主面和从面，从面在主面的作用下发生相应的弹性变形，即刚度大的面应当设置为主面。

谐波齿轮的运动是由波发生器传递到柔轮上的，柔轮在波发生器的挤压下发生周期性的弹性变形。因此，在柔轮内圈和波发生器外表面接触对中，波发生器外表面设置为主面，柔轮内圈设置为从面。此外，柔轮齿面和刚轮齿面会经历啮入、啮合和啮出三个状态，也需要定义一个接触对。刚轮的材料比柔轮的材料硬度和刚度都大，因此将刚轮齿面设置为主面，柔轮齿面设置为从面。

2. 定义约束

在相互作用模块，除了定义接触，还可以借助一些辅助工具，使分析定义简化、模型灵活度提高。这里用到的约束工具包括耦合和绑定。

耦合是将某些特定元素，如曲面、网格、节点等与给定的参考点建立耦合关系，通过控制一个点的约束和载荷，可以控制所有被耦合的相应特征；通过施加耦合，可以很便捷地修改一个点的约束和载荷数据；通过耦合传递，可以完成对复杂面和网格的相应修改。耦合包括多种类型，使用参考点控制主动件波发生器运动的耦合称为运动耦合。在运动耦合的控制下，被控制元素的运动与参考点的运动保持一致。波发生器由两个半圆环组成，设置耦合的方法也类似。由于分析时需要施加一定的负载，在 Abaqus 中首先将扭矩负载施加到参考点上，然后通过耦合传递到控制面上。

与运动耦合不同，这里使用的是分布耦合，使约束区域内耦合节点的合力和合力矩等于约束控制点上的力和力矩。为了施加扭矩载荷，在柔轮杯底处输出端区域与参考点进行分布耦合。

7.4.5　载荷和边界条件

载荷模块用于定义模型的载荷、边界条件、预定义场和预定义工况，这些设置是与分析步相关的，并建立在分析步基础之上。谐波齿轮在传动过程中，受到等效的扭矩负载，在 7.4.4 节中，已经建立了分布耦合的关系，因此只需要在参考点施加扭矩即可，扭矩的方向为绕 z 轴正方向旋转，在本例中将扭矩的大小设置为 21N·m。在静力学和动力学分析中，必须为模型设置一定的边界条件，边界条件一定要足够充分，否则会产生过约束或欠约束，进而导致分析收敛困难[6]。在 Abaqus 中，边界条件的类型包括对称/非对称、位移、速度、加速度等类型。

谐波齿轮的边界条件主要包括以下几条：

(1) 谐波齿轮传动中，往往采用刚轮固定，波发生器作为主动构件的传动模式。在刚轮外侧，用对称边界条件中的完全固定，使得整个装配体的相对位置得到确定。

(2) 波发生器具有一定倾角，会使柔轮端面沿着倾角产生滑移，而在实际的传动中，并不会产生这种现象。因此，约束柔轮端面沿 z 轴的平动自由度。

(3) 波发生器作为主动件，在相互作用模块已经设置过耦合，这里只需要在参考点施加相应的速度或加速度，即可完成不同工况的仿真。以匀速转动为例，设置 UR3 (转动角度) 的值为 6.4rad，在静力学分析中，波发生器会线性插值，在第三个分析步的时长内，以相同的速度转动一圈。

静力学分析易于收敛，因此在分析初始阶段可以用位移代替速度实现转动。

在进行动力学分析时，不能使用位移这种简化方式，而需要设置为速度，并令 VR3(转动角速度)为 62.8rad/s，即额定输入转速为 600r/min。

对于特定工况的分析，若考虑环境温度或加减速，则还需要定义温度场或速度场。

7.4.6　作业处理及重启动分析

至此，谐波齿轮的动态仿真过程设置基本完成，在作业模块(job)提交分析即可。完成一次分析后，可以使用重启动分析，即在完成 Step1 和 Step2 基础上直接进行 Step3 计算，这样只修改 Step3 的边界条件，就可以便捷地完成不同工况的分析。

正常的分析在作业提交时会定义为全分析，全分析从第一个分析步开始，计算到最后一个分析步。而设定了重启动分析后，在提交作业时，系统会自动识别重启动需求，将作业默认为重启动分析。

7.5　分析结果及后处理

计算完成后，可通过可视化模块(visualization)进行后处理，计算结果以“odb”文件的形式保存，分析结果以云图、动画、曲线图等多种形式输出。

7.5.1　云图的处理

进入可视化模块后，视图区默认显示为无变形图。单击“显示变形图”按钮，视图区会显示出变形后的模型，整体变形情况如图 7-16 所示。

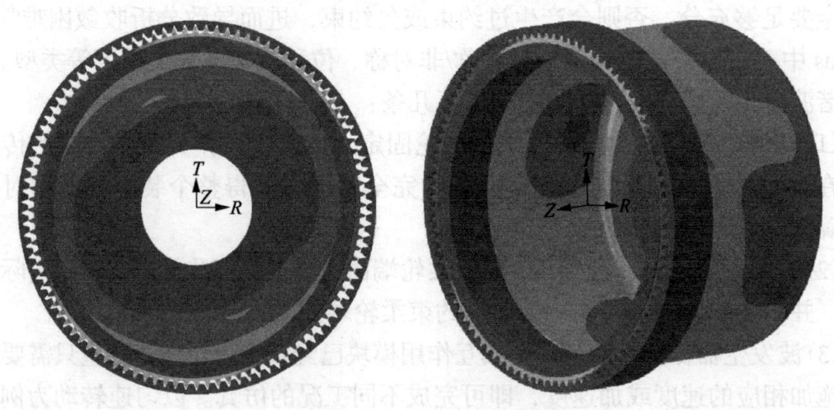

图 7-16　整体变形情况

在后处理的过程中，显示网格边缘会影响观察应力分布云图，因此必要时可以将其隐藏。

单击工具区的“通用选项”按钮，在该窗口中进行云图显示的基本设置，包括模型的着色方式、变形系数和边线显示方式。在后处理网格数量很大的模型时，将边线显示方式设置为无边线模式，可以显著降低对硬件的需求，减少缓存的卡顿现象。将视角调整到柔轮和刚轮的接触位置，便可获取柔轮和刚轮接触位置的应力分布云图，如图 7-17 所示。

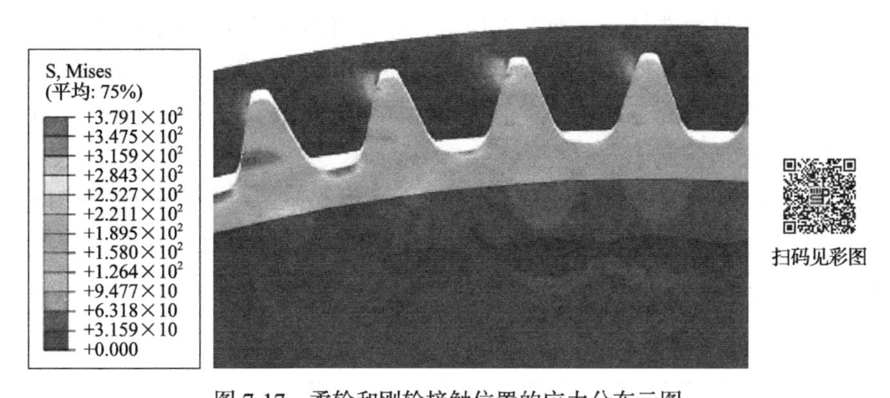

图 7-17　柔轮和刚轮接触位置的应力分布云图

云图左侧是色带分布图，每一种颜色对应一种应力分布区间，可以在云图选项中进行设置。色带有多种显示方式，本例中选择重新计算当前帧上下限的方式形成色带，生成的色带按照当前帧的应力最大值与最小值决定插值区间。由图 7-17 可知，当前时刻，应力的最大值为 379.1MPa，最小值趋近于 0MPa。

分析过程的每一个增量步，都会对应生成一帧云图，云图可以根据时间历程，以动画的形式播放和保存。云图动画可以清楚地反映出传动的过程、应力的变化和波动，可以根据需要设置动画播放，如可以设置播放的起止时间，由于 Step3 包含了传动过程，将云图播放方式设置为 Time-based 模式。设置起始时间为第 2s，终止时间为第 3s，时间增量为 0.01s，设置完成后，动画共包含 100 帧。

此外，Abaqus 后处理中的动画可以以多种视频格式保存，使用动画(Animate)菜单中的保存命令，可以弹出视频保存选项卡。

根据需要选择视频保存的路径和格式，调整提取云图的视角及生成的视频文件播放速度，设置完成后单击“确定”按钮即可生成相应的文件。

7.5.2　曲线图的生成

云图虽然具有可视化、信息丰富等特点，但是对于特定的数据处理要求，很难满足使用者的需要。曲线图作为一种补充手段，可以集中地提取若干点的详细数据，根据时间历程完成场变量输出。

在谐波齿轮中，柔轮被设计为三维接触齿形，因此前、中、后三个截面在空间中走过的路径并不相同。刚轮齿形是由柔轮路径包络曲线经过修整后得到的，因此需要预先获取柔轮在空间中的径向位移。CAE 模型在建模时使用的是直角坐标系，若想要提取径向位移，则需要将分析结果转换成柱坐标系结果。

定义一个新的柱坐标系，其中柱坐标系的 Z 轴与直角坐标系的 Z 轴重合，柱坐标系的 R 轴和 T 轴分别与直角坐标系的 X 轴和 Y 轴重合。定义了新的柱坐标系后，在结果选项界面选择“转换”选项卡，即可将结果转换到新的坐标系中。

三维齿形轨迹最具代表性的就是柔轮的前、中、后三个截面，因此在 YOZ 平面内分别选取柔轮齿面上前、中、后三个截面上的三个节点作为采样点，并提取这三个节点的位移数据。

创建上述三个节点的场变量输出请求，输出的数据类型选择位移中的 U1，U1 表示柱坐标系中沿径向的位移。将创建好的场变量进行保存后，使用绘图(Plot)指令，绘制出柔轮前、中、后三个截面采样点的径向位移变化曲线，如图 7-18 所示。

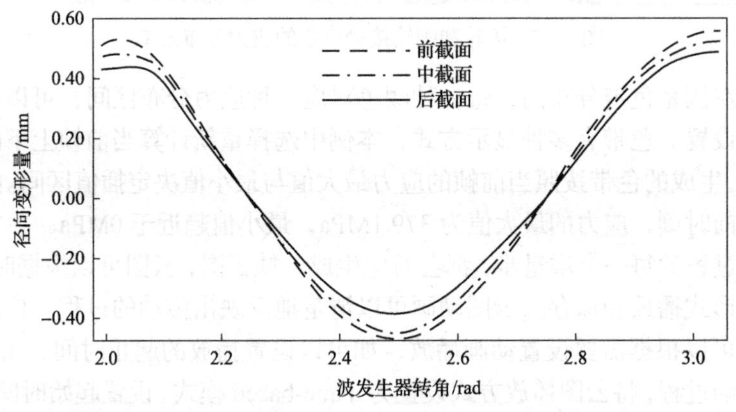

图 7-18　柔轮前、中、后三个截面采样点的径向位移变化曲线

图 7-18 中虚线部分为前截面径向位移曲线，点划线部分为中截面径向位移曲线，实线部分为后截面径向位移曲线。由位移曲线可知，前截面的位移量最大，而后截面的位移量最小，柔轮齿面在锥度的作用下呈倾斜状。

7.5.3　传动误差分析

1.谐波齿轮理论传动比计算

谐波齿轮传动比的计算通常采用转化机构法，图 7-19 为谐波齿轮传动转化轮系，图中，1 为柔轮，2 为刚轮，H 为波发生器(输入轴)。设 ω_H 为波发生器 H 的绝对角速度；ω_1 为柔轮绝对角速度，即柔轮变形端的当量角速度；ω_2 为刚轮绝对角速度。

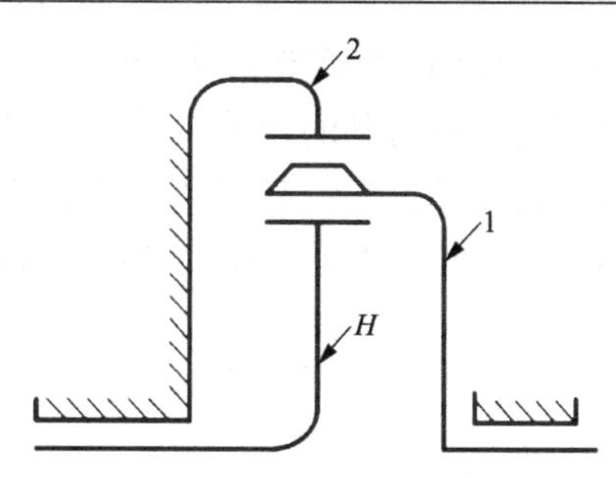

图 7-19　谐波齿轮传动转化轮系

由相对运动的原理可知，若给整个轮系加上一个与波发生器角速度大小相等而方向相反的值($-\omega_H$)，则各个构件之间的相对运动关系仍然保持不变。但由于整个轮系上增加了一个$-\omega_H$，波发生器H是静止不动的，可将谐波齿轮传动类似转化为一般的内啮合传动，在转化轮系中，相对于波发生器，柔轮与刚轮的角速度为

$$\omega_{1H}=\omega_1-\omega_H \tag{7-1}$$

$$\omega_{2H}=\omega_2-\omega_H \tag{7-2}$$

假设刚轮与柔轮的齿数之比$u=Z_2/Z_1$，则转化轮系的传动比为

$$i_{12}^{(H)}=\frac{\omega_{1H}}{\omega_{2H}}=\frac{\omega_1-\omega_H}{\omega_2-\omega_H}=u \tag{7-3}$$

本章分析中刚轮固定，波发生器主动，柔轮连接输出端($\omega_2=0$)，则

$$i_{H1}^{(2)}=\frac{\omega_H}{\omega_1}=\frac{1}{1-u} \tag{7-4}$$

或

$$i_{H1}^{(2)}=-\frac{Z_1}{Z_2-Z_1} \tag{7-5}$$

设某型谐波齿轮的刚轮与柔轮齿数分别为 102 与 100，按照以上推导的公式，可得理论传动比为−50[7]。

2. 传动误差提取与分析

谐波齿轮常见的测试方法为静态测试，即在空载和带载的工况下缓慢转动输入端，采集输出端的实际转角，结合理论输出转角求取静态传动误差。这种方法在误差测试中被普遍采用，可以用来测量谐波齿轮的运动学误差与周期误差。

本节通过提取之前有限元计算得到的相关数据，计算谐波齿轮传动过程中的传动误差。对于本章所分析的谐波齿轮，其传动误差定义为当波发生器转过一定角度时，柔轮实际转角与理论转角的偏差，用式(7-6)计算：

$$\delta = (\varphi_2 - \varphi_2^0) - i_{H_1}^{(2)}(\varphi_1 - \varphi_1^0) \tag{7-6}$$

式中，φ_1、φ_2为输入轴、输出轴实际的转角；φ_1^0、φ_2^0为两轮初始位置；$i_{H_1}^{(2)}$为谐波齿轮的理论传动比[8]。

根据谐波齿轮的实际工况，通过设置不同的阻力矩，可以模拟谐波齿轮在空载、轻载、额载以及过载工况下的传动误差曲线。

首先提取波发生器中心耦合点和柔轮杯底处耦合点转角的数值，并进行线性拟合，即可得到输入轴和输出轴(输入-输出)转角的关系，如图 7-20 所示。

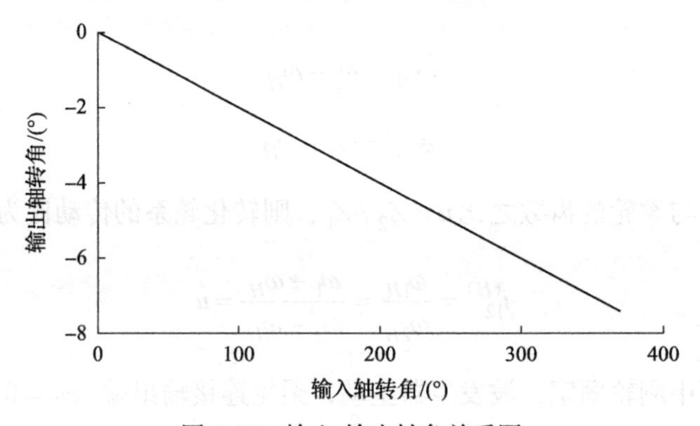

图 7-20　输入-输出转角关系图

图 7-20 中，输入-输出转角呈线性关系，斜率约为−0.0199，斜率为负是因为波发生器转动方向与柔轮输出端转动方向相反，可求得谐波齿轮实际传动比为−50.011，与理论传动比相接近。

为了研究谐波齿轮传动误差的变化规律，以空载为例，得到空载状态下的传动误差曲线如图 7-21 所示。

结果表明，空载时的传动误差在−13.39″～15.6″波动，传动误差呈余弦变化趋势，并且存在传动“超前”和“滞后”现象。其中，幅值的差值δ=15.6″−(−13.39″)=28.99″。为了进一步研究负载对传动误差的影响，以 5N·m 为间隔增加输出端的负载，得到 10 组谐波齿轮在 5～50N·m 负载下的传动误差曲线，在此仅列出部分结果，如图 7-22 所示。

分析和对比所得结果，得到如表 7-6 所示的传动误差随负载变化的规律，图 7-23 为传动误差随负载变化折线图。

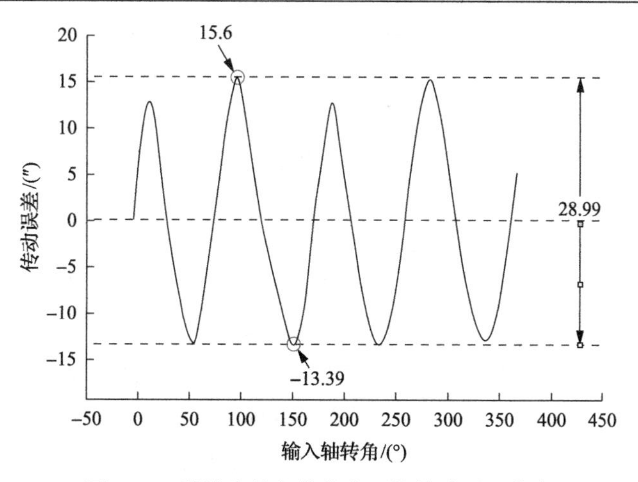

图 7-21　谐波齿轮空载状态下的传动误差曲线

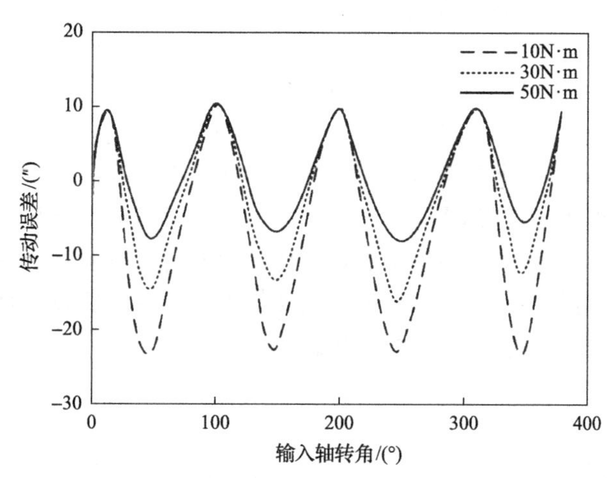

图 7-22　不同负载下谐波齿轮传动误差曲线

表 7-6　传动误差随负载变化规律

负载/(N·m)	极限偏差/(″)	误差波动/(″)
5	22.12	36.03
10	22.71	34.68
15	22.92	34.75
20	20.32	33.75
25	17.97	31.31
30	15.03	28.52
35	14.6	26.72
40	13.98	24.97
45	14.04	22.41
50	14.60	21.85

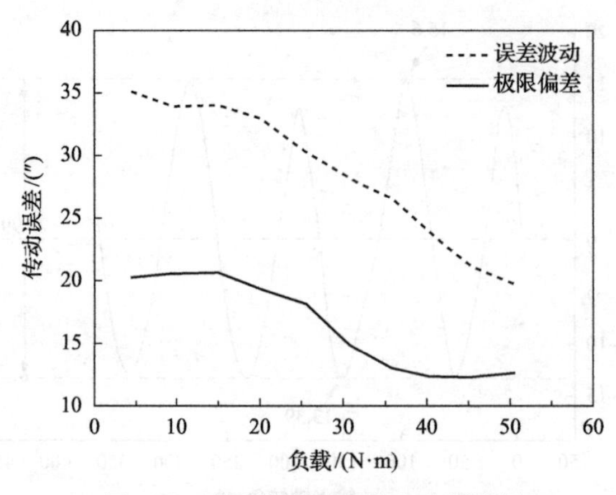

图 7-23　传动误差随负载变化折线图

由图 7-23 可知，随着负载的增加，极限偏差的最大值与误差波动的幅值均有下降的趋势，其中误差波动幅值下降趋势十分明显，传动误差从 36″均匀下降到 21″左右；而极限偏差呈现出先平稳后下降最后又趋于平稳的过程，在负载为 20～35N·m 时下降十分明显，负载超过 35N·m 后，极限偏差再次趋于平稳。

这种传动误差的变化是由谐波齿轮的多齿啮合产生的，在轻载时，柔轮同时啮合的齿对数会降低。随着载荷的增加，多齿啮合对传动误差起到的补偿作用将会越来越明显，最后传动误差趋于稳定。传动误差直接影响着谐波齿轮传动的精度，因此找准传动误差急剧下降到平稳的转折点所对应的负载，对谐波齿轮传动的设计及传动精度的控制有很好的指导意义。

7.5.4　回差分析

改变谐波齿轮输入端的转动方向后，由于齿面侧隙和弹性变形的存在，输出端并不会立即反转，输入端反转了一定角度后，输出端才完成转动方向的改变，这个角度是传动机构的回转误差(简称“回差”)。显然，对于经常改变传动方向的减速器，回差直接反映了减速器的回转精度。

回差包括三个部分：

(1)柔轮和刚轮齿面接触缝隙引起的间隙回差；

(2)受扭转刚度影响的弹性变形回差；

(3)温度和磨损引起的工况回差。

工况回差具有一定的偶然性和随机性，且对总回差的影响比较小，因此谐波齿轮的回差主要包括间隙回差和弹性变形回差。

1. 间隙回差分析

间隙回差 Δl 的计算公式为

$$\begin{cases} \Delta l = |\theta_1 - \theta_2| \\ \theta_1 = \dfrac{1}{2}(\theta_a + \theta_b) \\ \theta_2 = \dfrac{1}{2}(\theta_a' + \theta_b') \end{cases} \tag{7-7}$$

式中，θ_a 为正向加载到 3%额定扭矩时对应的转角；θ_b 为正向卸载到 3%额定扭矩时对应的转角；θ_a' 为反向加载到 3%额定扭矩时对应的转角；θ_b' 为反向卸载到 3%额定扭矩时对应的转角[9]；θ_1 为正向转动角度偏差；θ_2 为反向转动角度偏差。

纯间隙回差是在输出轴没有转矩的情况下，输出轴正反转所具有的回转量。纯间隙回差与外力矩无关，主要由各运动副的间隙产生，如波发生器的径向间隙、轴承间隙、柔轮与刚轮的啮合侧隙、波发生器与柔轮尺寸链的径向间隙以及弹性联轴器与轴的连接间隙等。

为了单独测量谐波齿轮的间隙回差，设输出端为空载。本章分析的谐波齿轮采用双波发生器，波发生器转 180°为一个周期，因此令波发生器先正转 180°，再反转 180°，从而得到谐波齿轮间隙回差输出转角曲线，如图 7-24 所示。

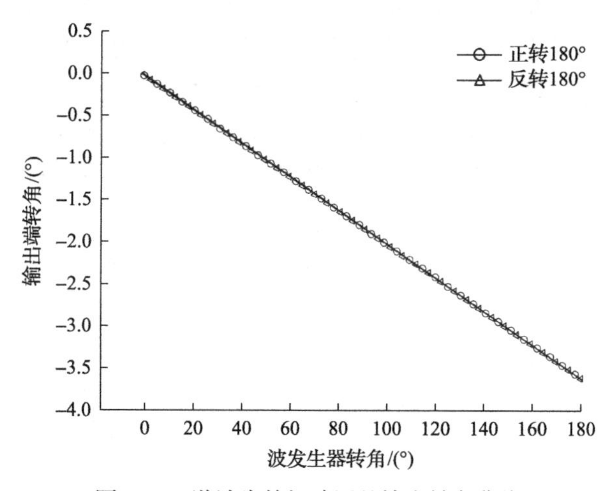

图 7-24　谐波齿轮间隙回差输出转角曲线

由图 7-24 可知，谐波齿轮正转、反转的转角输入-输出曲线均为线性，且基本完全重合，进一步提取输出端初始转角(起始位置)与回差测试后的转角(终止位置)，结果如表 7-7 所示。

当回转结束时，柔轮终止位置和起始位置的角度差约为 0.0036°，该值为谐波齿轮传动的间隙回差。

表 7-7　谐波齿轮间隙回差

输出端转角位置	起始位置	终止位置
角度	0°	0.0036°

2. 滞回刚度分析

滞回刚度曲线能够有效地反映谐波齿轮能量逸散效应和结构刚度对加载与卸载产生的影响，对研究谐波齿轮的传动精度有着非常重要的指导意义。谐波齿轮具有能够产生可控变形的柔轮，该特点明显不同于普通齿轮传动，因此谐波齿轮与普通齿轮的扭转刚度特性存在本质的区别。本节在有限元环境中，设计了谐波齿轮的刚度测试实验，通过分析数据绘制了谐波齿轮的刚度滞回特性曲线，进而求得该型号谐波齿轮的弹变回差与扭转刚度系数。

在实际的谐波齿轮传动刚度的测试中，通常使用以下两种方法：

(1) 消除柔轮与刚轮的齿廓侧隙后，固定输入轴，在输出轴缓慢加载至额定扭矩后缓慢卸载，借助光学镜测得输出轴在不同扭矩下的扭转角，从而得到扭矩-扭转角曲线；

(2) 消除柔轮与刚轮的齿廓侧隙后，固定输出轴，在输入轴缓慢加载至额定扭矩后缓慢卸载，借助光学镜测得输入轴在不同扭矩下的扭转角，将输入轴上测得的扭转角转化到输出轴上，最终得到扭矩-扭转角曲线。

这里采用第二种测试方法，实施步骤：①完成柔轮装配仿真后，使波发生器在空载的工况下旋转一定角度，目的是消除齿间的侧隙；②在输入轴上逐渐施加正向额定载荷，再缓慢卸载、反向加载、反向卸载，如图 7-25 所示；③提取输入轴耦合点处的扭转角，将其除以谐波齿轮的传动比，最终得到谐波齿轮的滞回刚度曲线如图 7-26 所示。

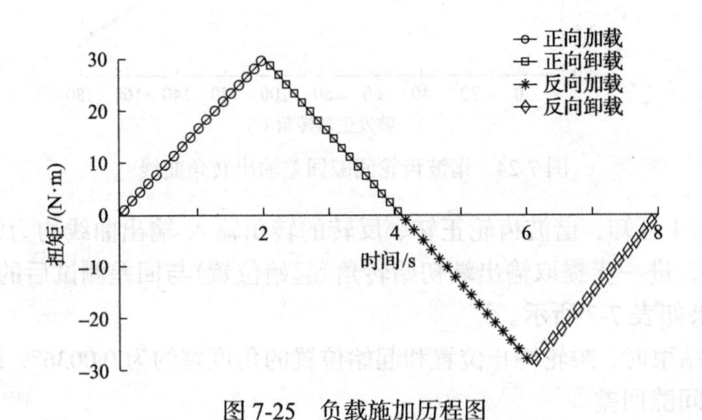

图 7-25　负载施加历程图

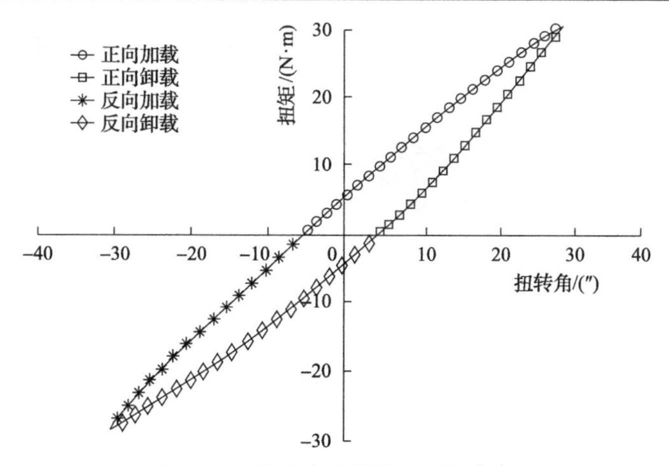

图 7-26　谐波齿轮的滞回刚度曲线

由图 7-26 可知，通过正、反两方向上的加载与卸载得到的谐波齿轮滞回刚度曲线呈现出“磁滞”回线的特征，造成这种滞回特征的原因为：在谐波齿轮的传动过程中，存在刚-柔轮齿啮合中的滑动摩擦损失和波发生器与柔轮间的摩擦损失，以及柔轮在传动过程中发生弹性变形材料阻尼造成的能量损失等。

在谐波齿轮的滞回刚度曲线中，曲线与 X 轴相交两点之间的距离即弹性回差，该回差包含柔轮杯体的扭转变形及轮齿变形等因素，通过图 7-26 可以计算出该型号谐波齿轮的弹性回差约为 7.4268″，由此可以看出谐波齿轮传动的回差远小于普通齿轮传动，因此谐波齿轮适用于高精密仪器的姿态控制。

需要注意的是，弹性回差并不是只在反向传动时才有意义，在单向传动中也会产生影响。当输入轴转速发生改变时，由于惯性力矩和扭转刚度的影响，输出轴也会产生滞后响应。当输入轴增速时，输出轴会产生一个滞后量；当输入轴减速时，输出轴会产生一个超前量，这也是弹性回差现象。

7.6　求解接触应力的局部网格加密方法

7.6.1　网格局部加密处理方法

在进行齿轮的接触分析时，接触位置的网格质量直接影响着计算结果的准确性，如果接触位置的网格密度不够大，将无法准确地反映齿面接触区域的应力分布。但是对于谐波齿轮传动分析，谐波齿轮的齿数较多(通常为 100～200 个齿)，若所有轮齿都设置较大的网格密度，则谐波齿轮整体的计算量过于庞大，因此需要对接触轮齿进行局部加密。在进行网格设置时，只需要将需要接触的轮齿接触区域进行加密处理。实际操作中，可以使用网格过渡来实现，柔轮局部加密轮齿与未加密轮齿的网格连接如图 7-27 所示，刚轮局部加密轮齿与未加密轮齿的网格连接如图 7-28 所示。

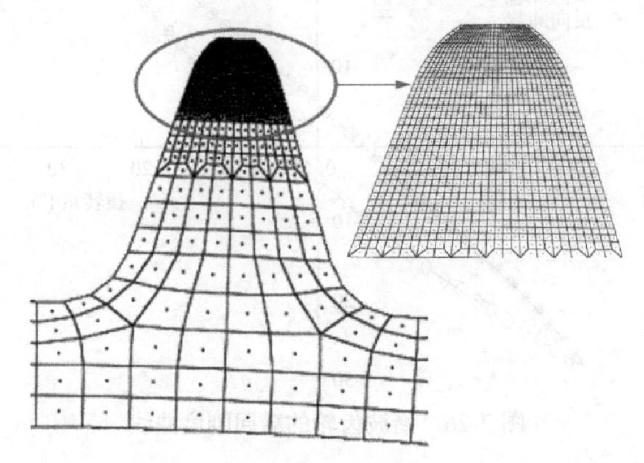

图 7-27　柔轮局部加密轮齿与未加密轮齿的网格连接

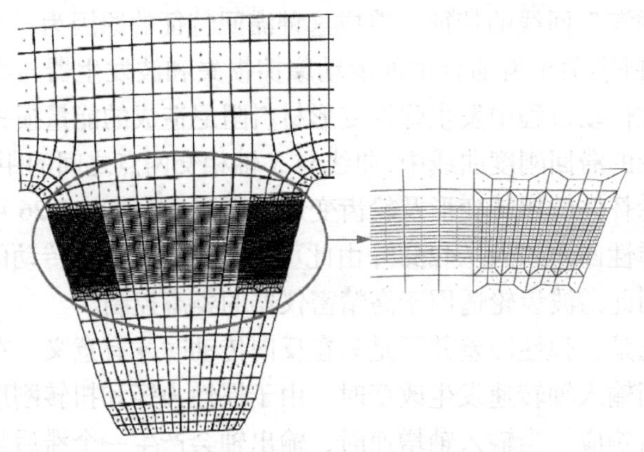

图 7-28　刚轮局部加密轮齿与未加密轮齿的网格连接

局部加密后的网格具有如下优点：

(1) 对轮齿接触位置网格进行局部加密后，保证了计算的收敛性，相比之前的分析模型，计算精度有很大的提高；

(2) 使用网格过渡方法对接触位置的网格进行细化处理，可以保证所分析的模型在关键位置具有足够的网格密度且其余部分网格密度保持不变，极大程度上节省了计算成本，减小了计算时长；

(3) 在 HyperMesh 划分网格的基础上可修改，不需要对整体网格重新进行划分，节省了网格划分的时间。

7.6.2　分析效果对比

对轮齿接触部位进行局部细化处理后进行分析，加密前后的分析结果如

图 7-29～图 7-31 所示。对比可知，使用局部细化处理的网格进行接触分析时，得到的分析结果更加贴近于真实的齿面应力分布。由应力分布云图可以看到柔轮的齿面接触区域，应力分布以接触核心位置向外发散，应力随之减小。加密后的柔轮网格不仅接触应力分布更加合理，数值也更加准确，适用于进行谐波齿轮的瞬时接触分析。

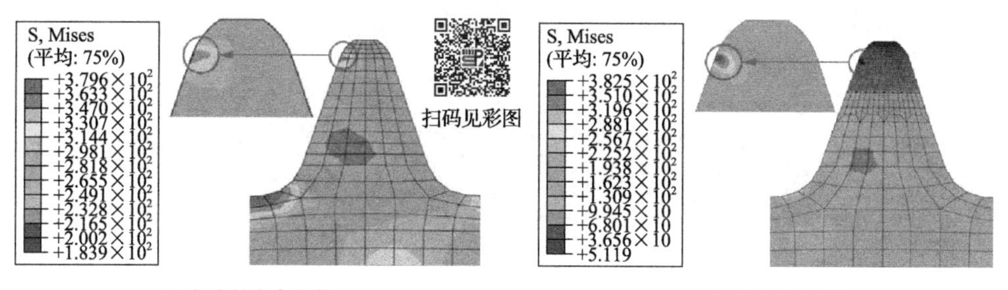

(a) 加密前应力分布　　(b) 加密后应力分布

图 7-29　柔轮单齿局部加密前后应力分布云图对比

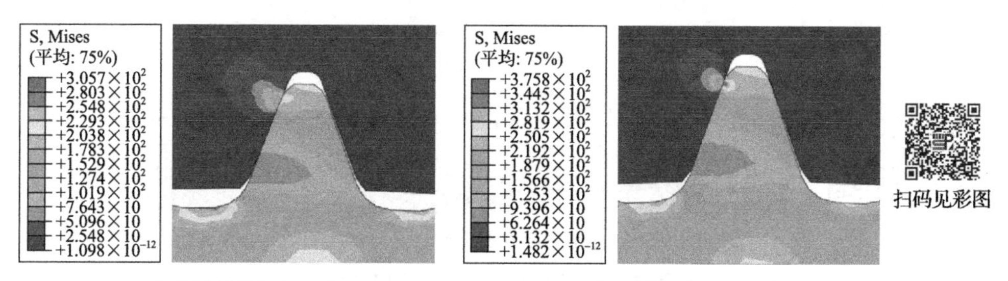

(a) 加密前接触应力云图　　(b) 加密后接触应力云图

图 7-30　网格加密前后瞬时接触应力分布云图对比

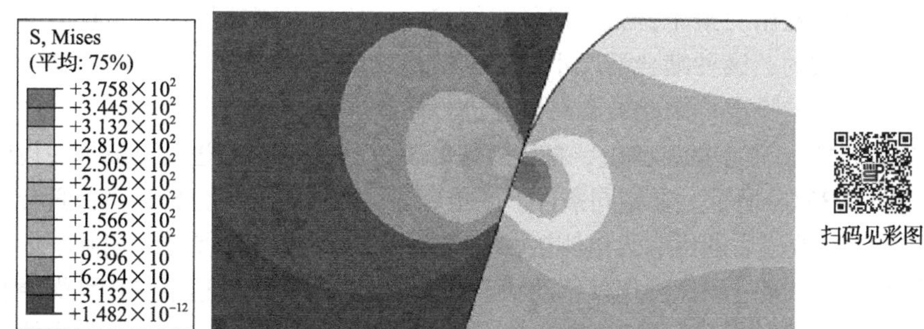

图 7-31　谐波齿轮传动瞬时接触应力分布

7.7　齿形设计对传动噪声的影响

在谐波齿轮传动中，弹性变形齿形和柔轮最佳弹变轮廓的设计对其传动质量有很大的影响，若忽视了此因素，会引起齿形与弹性节曲线不协调，从而导致啮合干涉，在高转速下会产生噪声。以图 7-32 中两种齿形的设计为例来阐述有限元仿真环境中齿形干涉的检测方法。

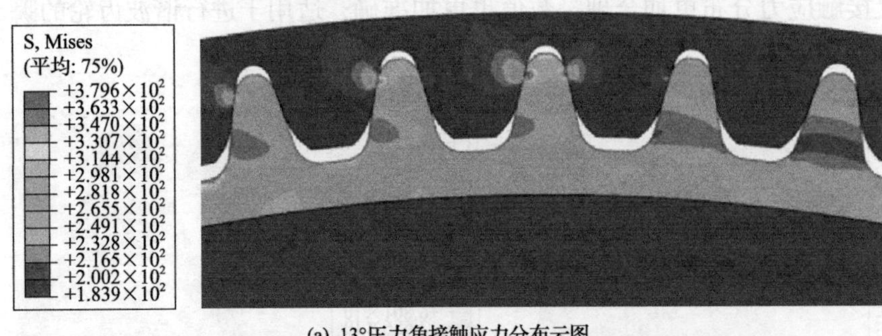

(a) 13°压力角接触应力分布云图

扫码见彩图

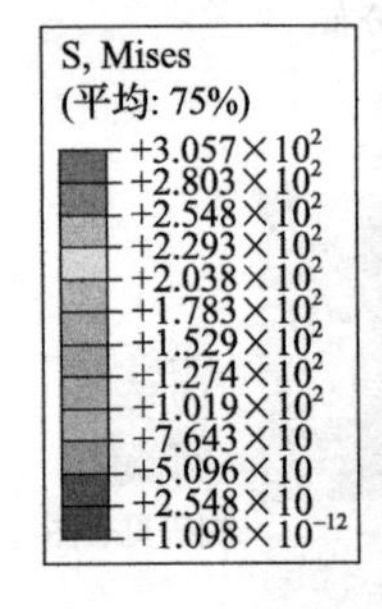

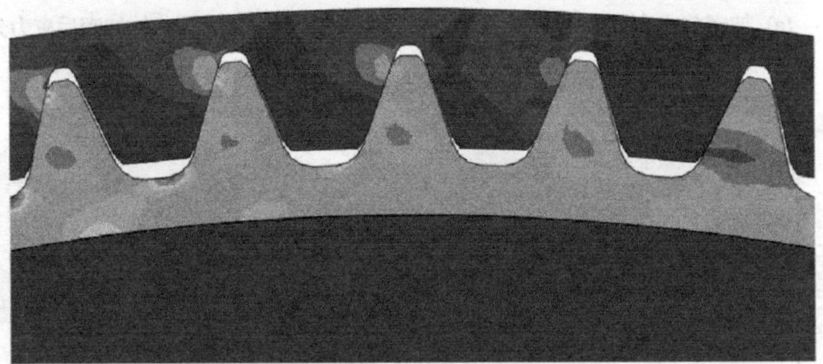

(b) 19.5°压力角接触应力分布云图

图 7-32　不同齿形接触情况对比

图 7-32(a)为柔轮轮齿压力角为 13°的谐波齿轮传动过程中的接触应力分布云图，由图可以看出，柔轮齿面出现了双侧接触，这是由刚轮齿廓和柔轮齿廓不能精准共轭导致的，该种啮合情况不利于谐波齿轮的传动状态，当转速达到一定值后会产生较大的噪声，因此需要对设计进行修改。

在图 7-32(a)模型的基础上，将压力角修改为 19.5°，重新进行谐波齿轮齿廓设计，如图 7-32(b)所示。在相同条件下的仿真环境中进行对比分析，由仿真分析结果可以看出，改进后的齿廓为单侧接触，符合谐波齿轮的传动要求，消除了齿廓之间的微量过盈，经过测试发现其传动状态有明显的改善，高转速下的传动噪声有大幅度地下降。因此，可以通过该方法在谐波齿轮的设计阶段对其齿形与发生线的参数进行检查，使此类问题在设计研发阶段得以解决，从而缩短设计周期。

7.8 小　结

本章以某型号谐波齿轮作为研究对象，介绍了谐波齿轮传动的重要意义，分析了这种传动装置的传动机理和特殊性。谐波齿轮作为重要的传动机构，已经有了较为成熟的理论和实验研究，然而由于其传动的特殊性，进行谐波齿轮的有限元分析具有一定的难度，相关研究还不是很充分。

分析中涉及100齿柔轮和102齿刚轮组成减速比为-50的谐波齿轮减速器，固定内齿刚轮，并以波发生器作为输入端，柔轮作为输出端。根据工程图尺寸，在三维建模软件Pro/E中完成了零件建模和装配。

在专业网格划分软件HyperMesh中，分别绘制了柔轮、刚轮、波发生器和杯体四个零件的网格。使用分割区域的方式进行了网格划分，能够在保证分析精度的情况下，最大限度减少计算代价。

谐波齿轮是依靠柔轮的周期性弹性变形实现传动的，柔轮的大变形属于有限元分析中的几何非线性问题，适合使用Abaqus进行求解。将模型导入Abaqus，进行了有限元分析的相关设置，包括材料属性、分析步、相互作用、载荷和边界条件等。针对谐波齿轮装配体，完成了谐波齿轮的传动仿真，在后处理模块对分析结果进行了提取和处理，包括齿面应力分布云图、三截面采样点径向位移曲线图、传动误差、回差曲线等。

本章常见问题及解决方案

问题一：如何解决谐波齿轮传动分析结果出现的齿面穿透现象？

根据柔轮与刚轮齿面的受力情况及刚度，合理选择接触时的主面、从面以及接触属性，由实验结果可知，刚轮齿面为主面，柔轮齿面为从面最为合理。

问题二：施加负载时杯底产生应力集中现象，如何解决应力集中现象？

杯底负载施加在杯底耦合点上，耦合点与凸缘内表面的耦合形式决定了负载的施加效果。若耦合面产生的应力较大，则应检查耦合形式，采用结构耦合可以合理地施加杯底负载，避免应力集中。

问题三：齿面接触应力分析接触效果不理想，如何提高接触效果？

与普通形式齿轮传动分析不同，谐波齿轮的啮合方式为多齿内啮合，且参与啮合的齿数较多，导致每个轮齿的接触应力较小。因此，对于谐波齿轮齿面接触部位的网格，应比直齿轮、斜齿轮更为密集才能够得到同样效果的应力结果。

问题四：谐波齿轮传动整体分析计算不容易收敛，如何解决收敛问题？

在谐波齿轮传动过程中，在波发生器的激励下柔轮不断发生非线性变形。因此，整个分析具有几何非线性。打开非线性分析开关设置有利于整体分析的收敛。

问题五：第三个分析步中，刚轮、柔轮的轮齿间接触应力很大导致分析计算无法进行，如何解决？

若刚轮与柔轮轮齿间的接触应力很大，则表明两轮轮齿发生了不正确的啮合。

发生这种现象的原因有可能是波发生器的发生线尺寸设计错误，可以重新设计波发生器的发生线尺寸，保证传动的合理性。在谐波齿轮传动仿真中，由于波发生器装配阶段分析时间较长且具有一定的重复性，在分析不同扭矩和转速的传动时，可以使用重启动分析功能。将重启动节点设置为装配分析结束时刻，可以节省多个分析装配过程的计算时间，达到节省计算资源的目的。

问题六：在提交分析作业时，出现的“没有定义材料特性”的错误，如何解决这种问题？

在“部件”模块中把单元类型改为梁单元。

问题七：在装配功能模块中施加定位约束及在“部件”模块修改完部件后，发现其中的刚轮模块发生了位移，如何解决这种问题？

在对部件添加约束时，约束的是每个部件的相对位置，应当在装配模块下约束好每个部件的绝对位置。

问题八：在对柔轮进行耦合约束时，应当选择“运动耦合”还是“分布耦合”约束？

柔轮的负载可以通过分布耦合施加，分布耦合会令受约束网格节点叠加所得的合力与合力矩等于约束控制点所受的力和力矩。与运动耦合相比，分布耦合对节点的约束作用较小，适合传递力与力矩。

参考文献

[1] 陈晓霞，刘玉生，邢静忠，等. 谐波齿轮中柔轮中性层的伸缩变形规律[J]. 机械工程学报，2014, 50(21): 189-196.

[2] 李克美，尹仪方. 中国谐波传动技术发展历程[J]. 机械技术史，1998, (00): 618-623.

[3] 王文涛，杨斌. 浅谈工业机器人用精密减速器[J]. 中国新技术新产品，2018, (13): 40-41.

[4] Iwasaki M, Nakamura H. Vibration suppression for angular transmission errors in harmonic drive gearings and application to industrial robots[J]. IFAC Proceedings Volumes, 2014, 47(3): 6831-6836.

[5] 张惠，罗立民，舒华忠，等. 网格模型的连续性计算及其在三维图像分析中的应用[J]. 中国医疗器械杂志，2004, 28(6): 398-399, 397.

[6] 周玲玲. 间断有限元方法的稳定性、误差估计及超收敛性分析[D]. 合肥：中国科学技术大学，2018.

[7] 黄维. 谐波减速器的有限元分析与啮合特性分析[D]. 重庆：重庆大学，2018.

[8] 宋惠军. 渐开线谐波齿轮传动啮合参数优化设计及传动误差分析[D]. 北京:机械科学研究总院，2009.

[9] 陈永刚，张文龙，陈伟权，等. 工业机器人用谐波减速器精度测试系统研究[J]. 机床与液压，2020, 48(17): 34-38.

彩　　图

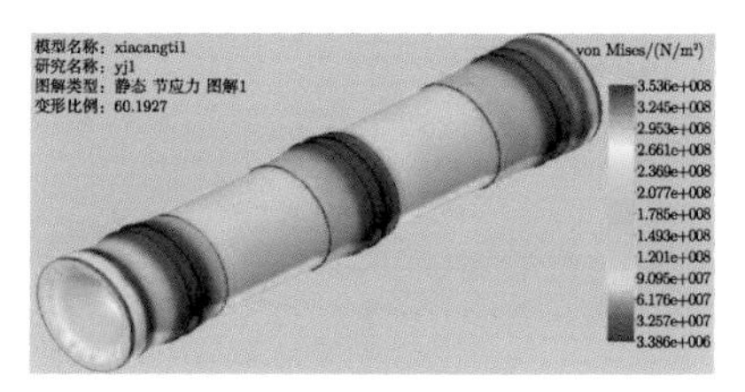

(a) 应力云图

(b) 应变云图

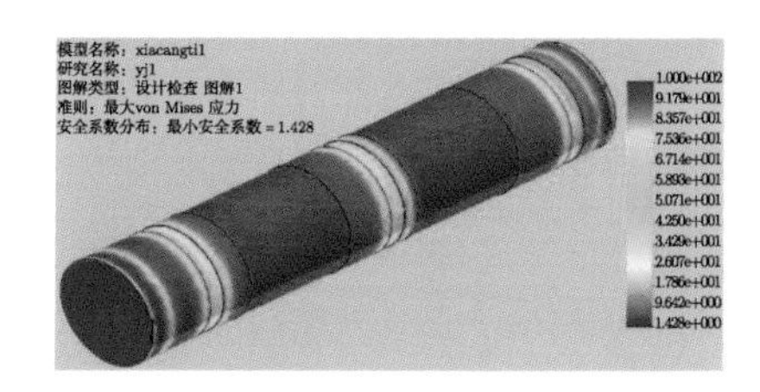

(c) 设计检查图

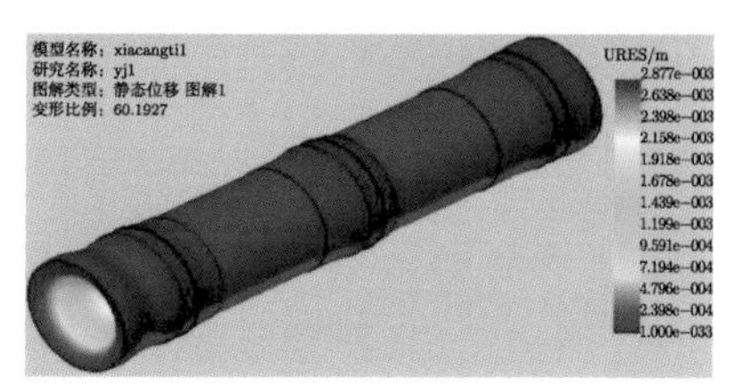

(d) 位移图

图 2-27　下舱体分析结果显示图

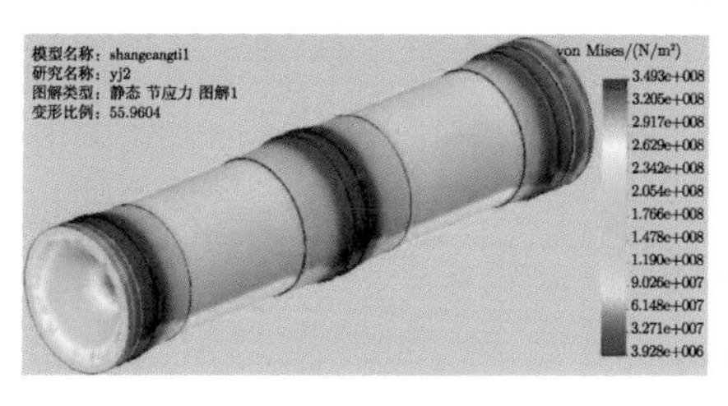

(a) 应力云图

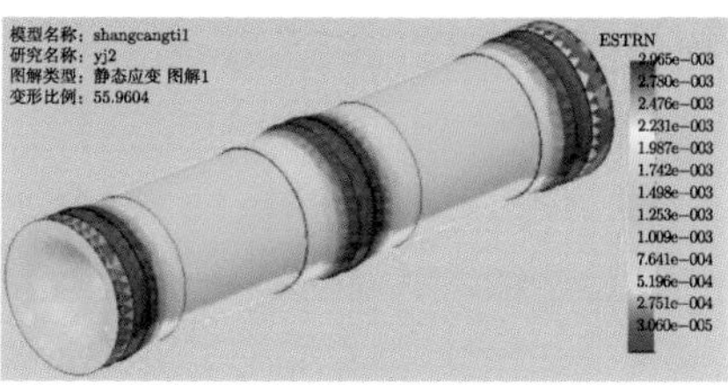

(b) 应变云图

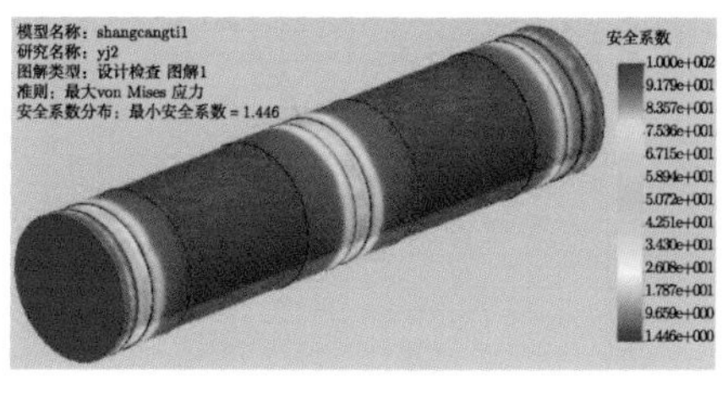

(c) 设计检查图

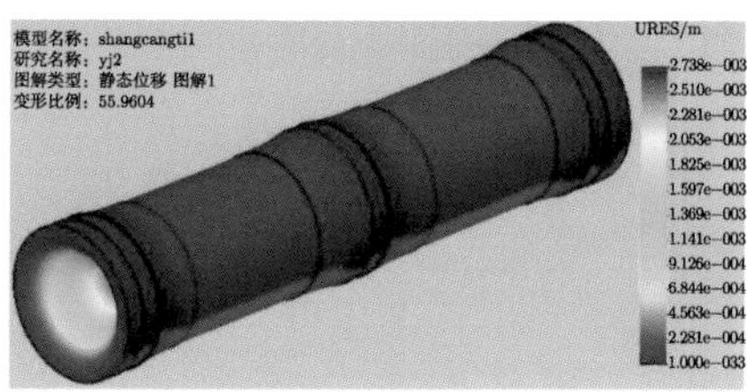

(d) 位移图

图 2-28　上舱体分析图

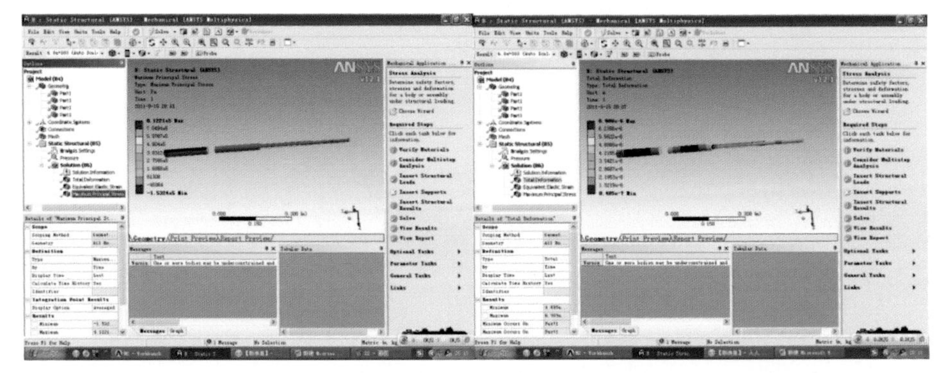

(a) 200m水深

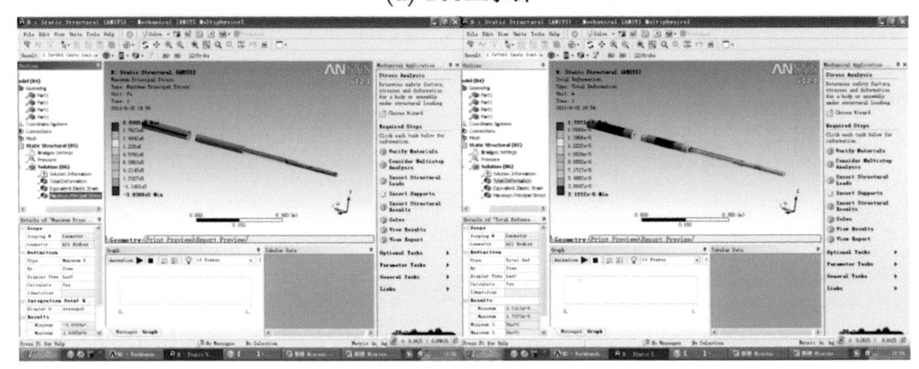

(b) 500m水深

图 3-9　水压分析

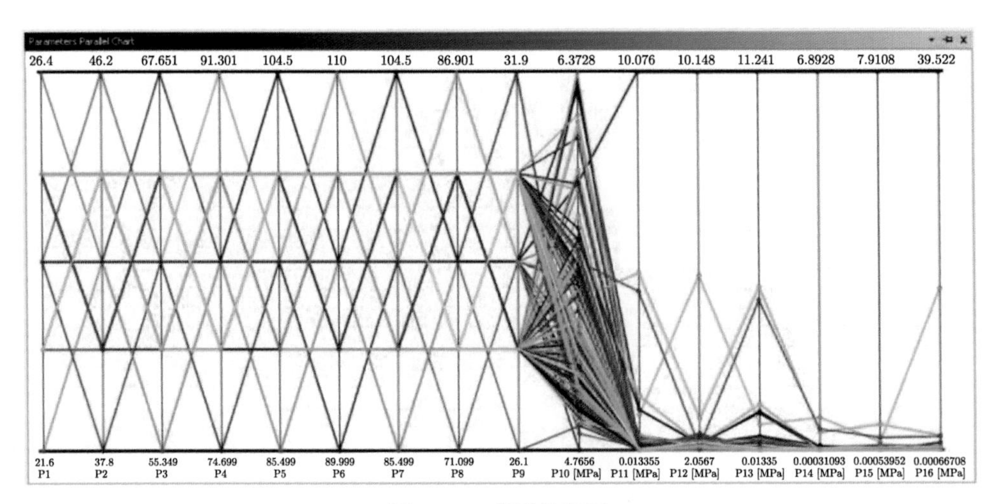

图 3-42　变量并行图

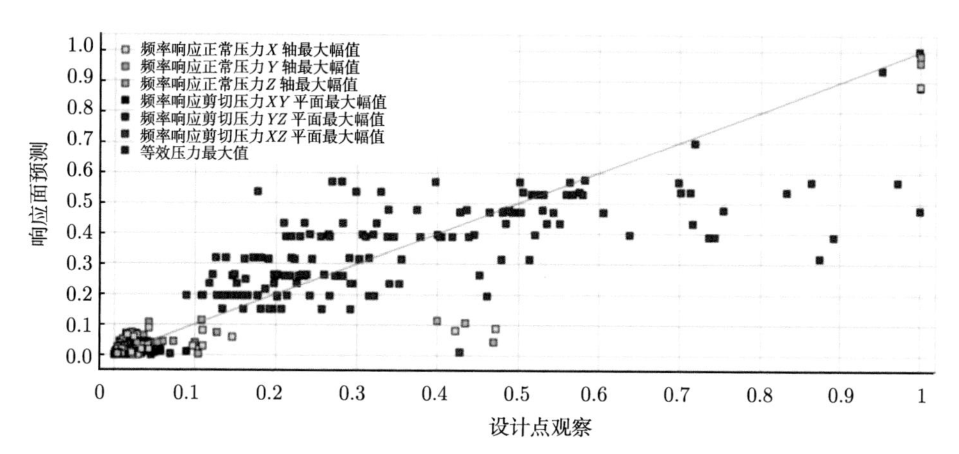

图 3-44　输入输出量拟合优度曲线

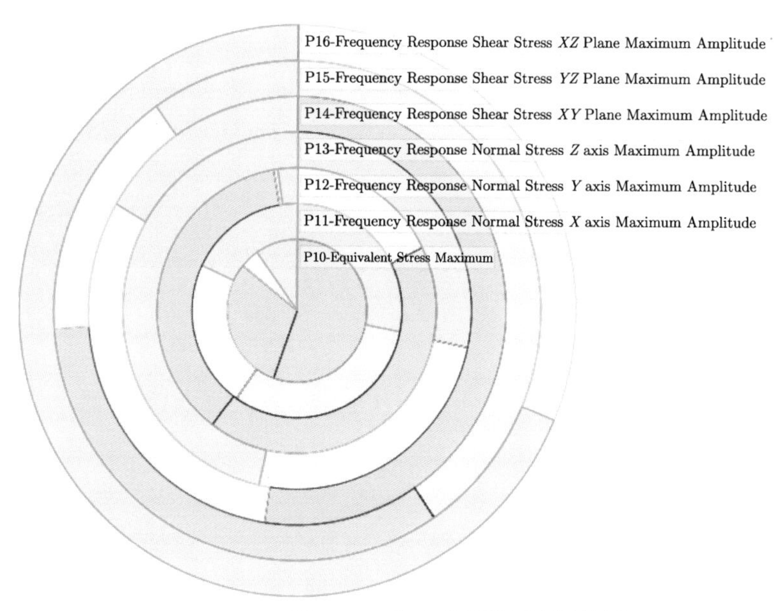

图 3-45　输入变量敏感度饼状图

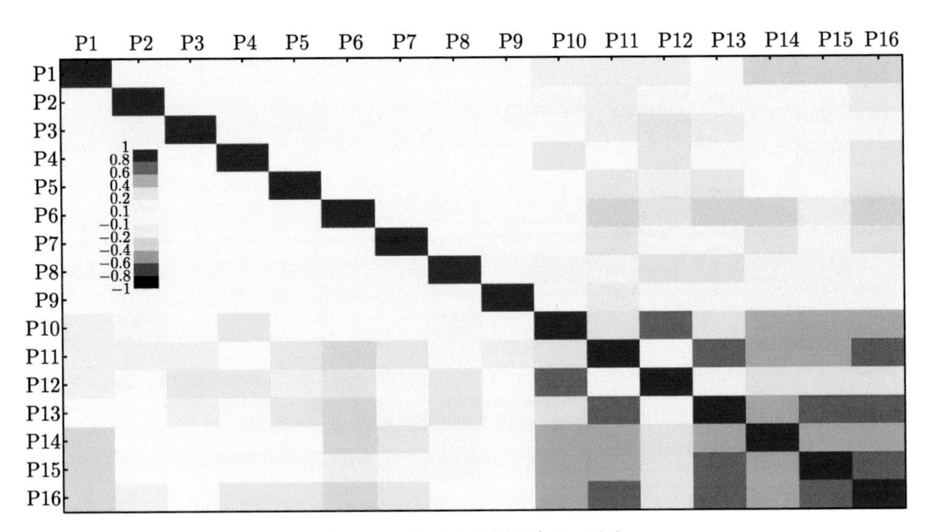

图 3-46　变量相关矩阵方形图

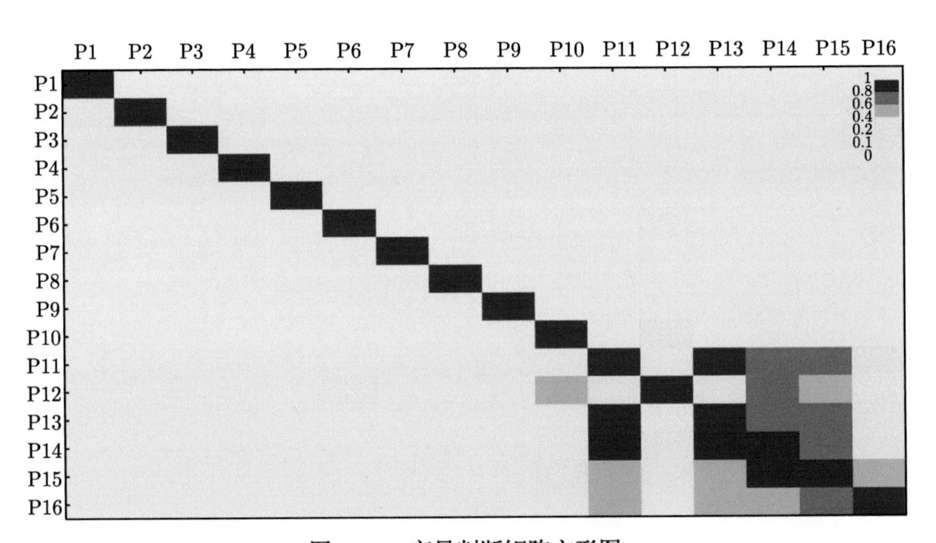

图 3-47　变量判断矩阵方形图

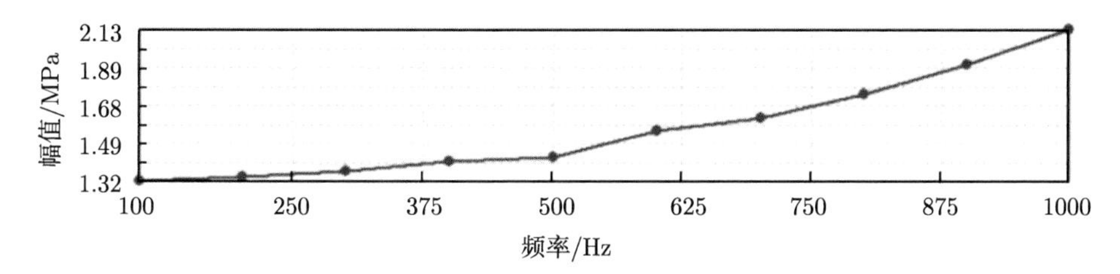

图 3-51　原始应力强度云图与单元 Y 轴向平均应力曲线图

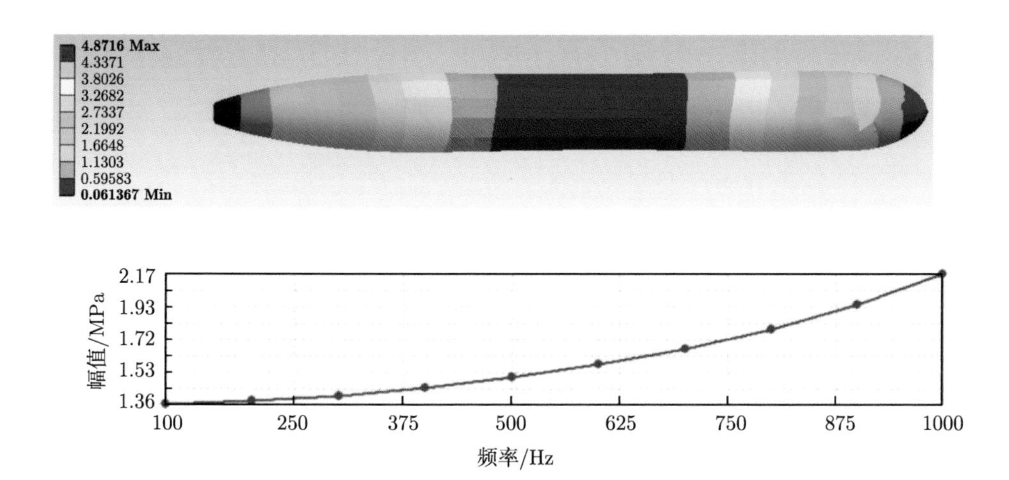

图 3-52　优化尺寸 A 强度云图与单元 Y 轴向平均应力曲线图

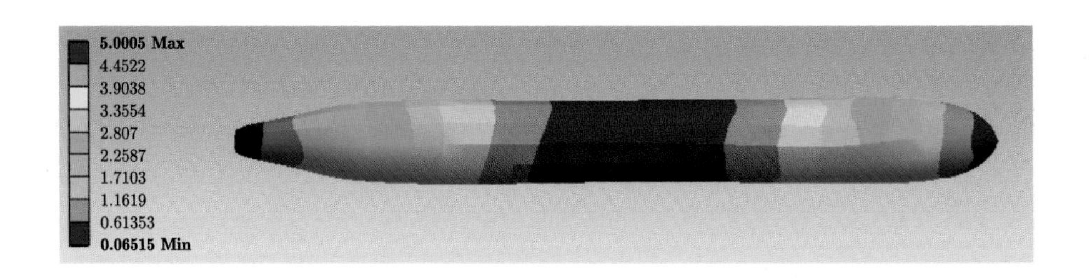

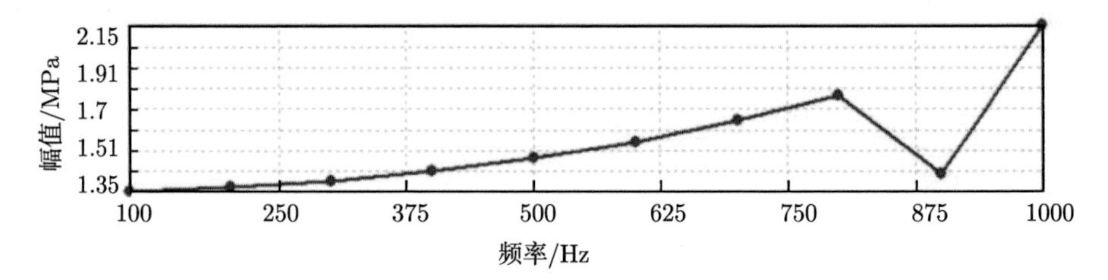

图 3-53　优化尺寸 B 强度云图与单元 Y 轴向平均应力曲线图

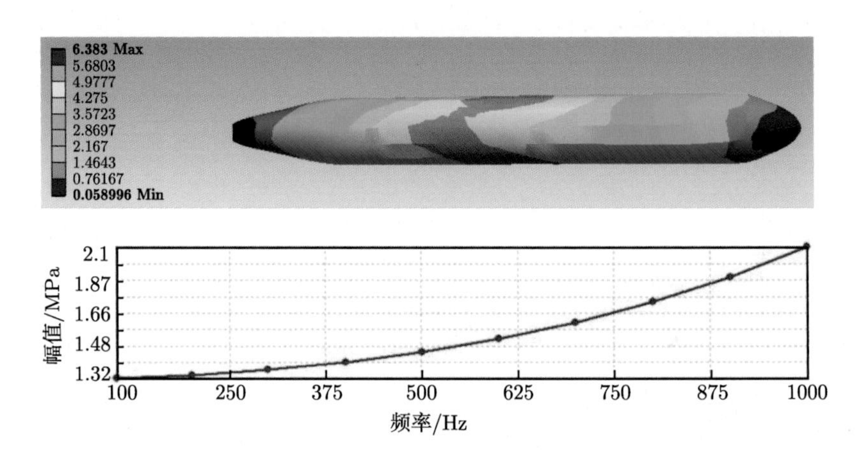

图 3-54　优化尺寸 C 强度云图与单元 Y 轴向平均应力曲线图

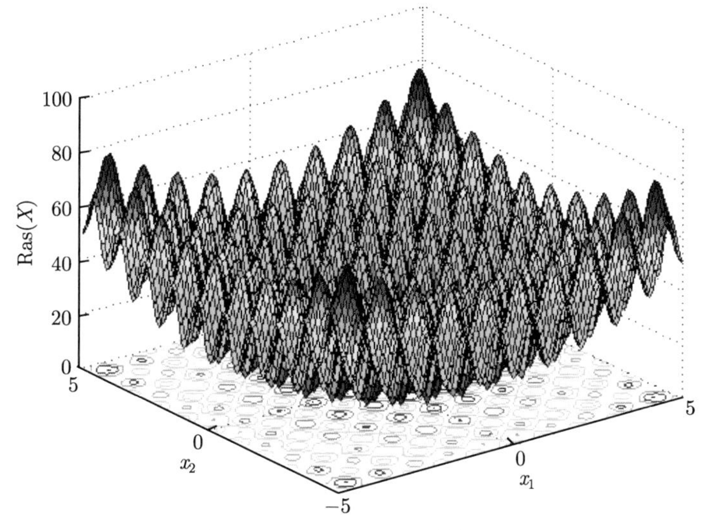

图 5-19 Rastrigin 函数图形

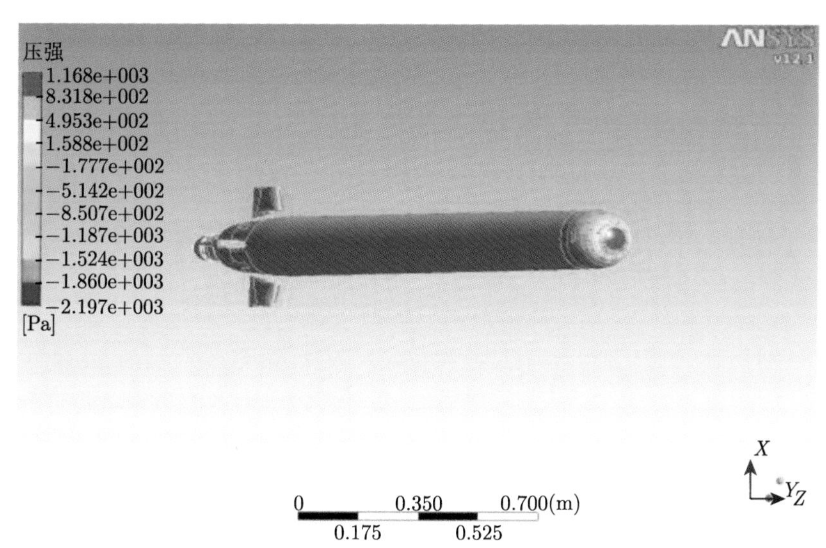

图 7-5 不考虑海水深度的 AUV 壳体表面压强分布图

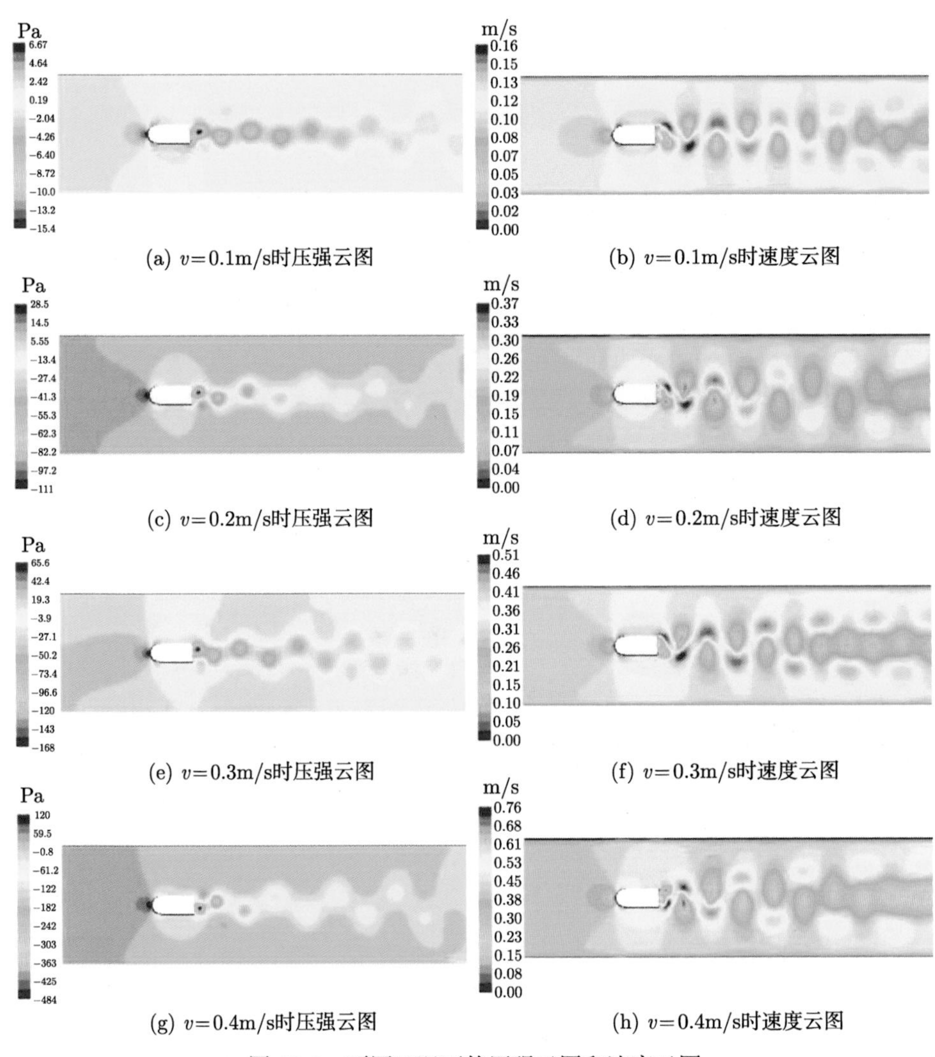

(a) $v=0.1$m/s时压强云图 (b) $v=0.1$m/s时速度云图

(c) $v=0.2$m/s时压强云图 (d) $v=0.2$m/s时速度云图

(e) $v=0.3$m/s时压强云图 (f) $v=0.3$m/s时速度云图

(g) $v=0.4$m/s时压强云图 (h) $v=0.4$m/s时速度云图

图 10-2　不同工况下的压强云图和速度云图

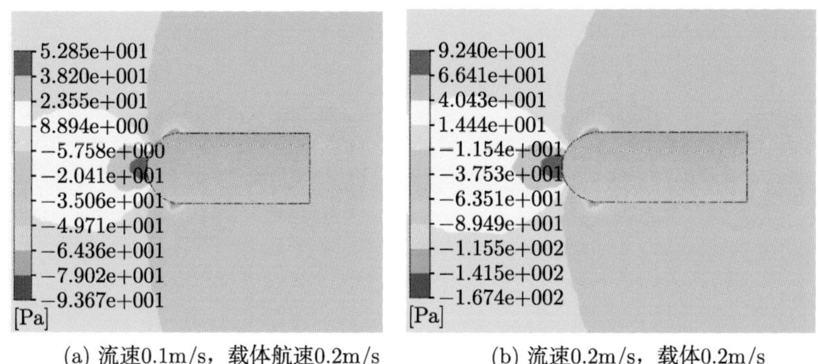

(a) 流速0.1m/s，载体航速0.2m/s　　(b) 流速0.2m/s，载体0.2m/s

图 10-5　载体在不同流速下航行的静压分布云图

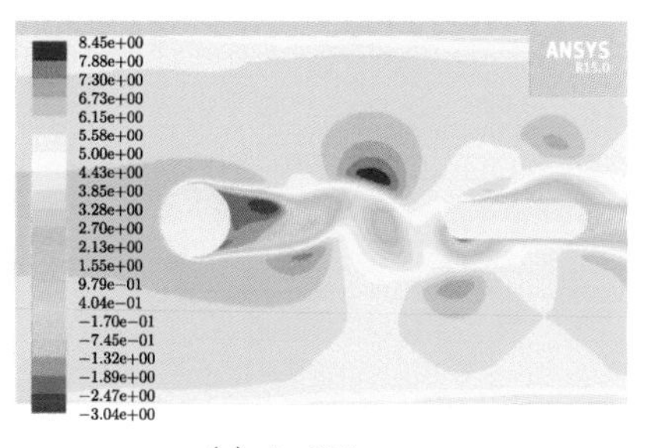

(a) d=200mm

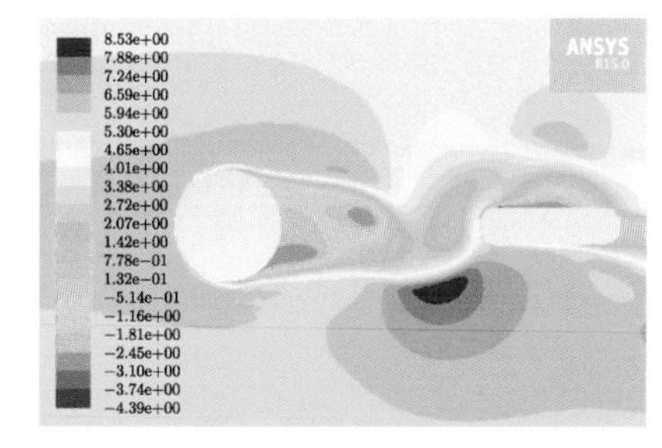

(b) d=300mm

图 10-9　总压云图 (单位：Pa)

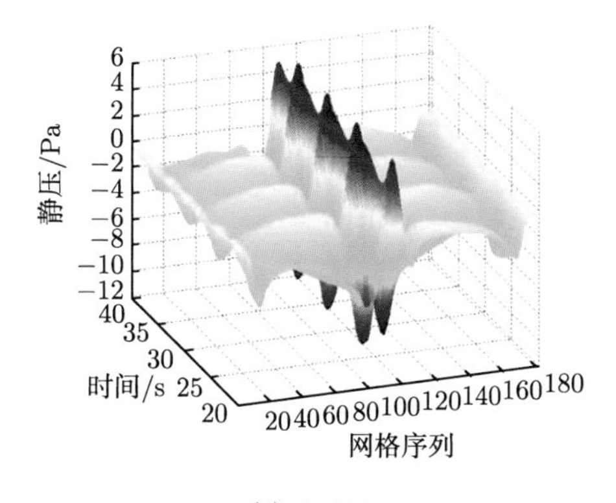

(a) d=200mm

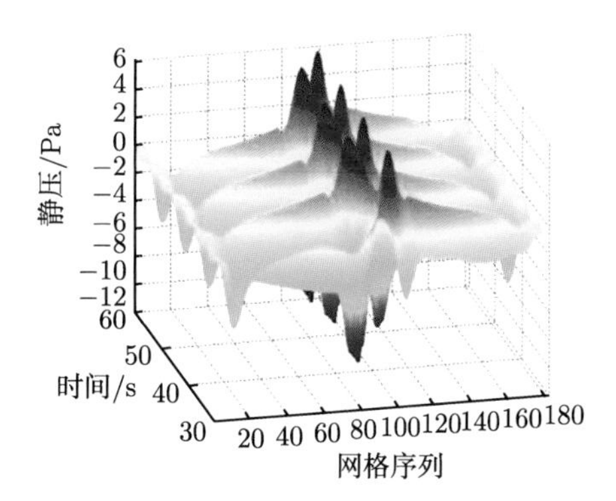

(b) d=300mm

图 10-10　圆形障碍物的静压变化特征

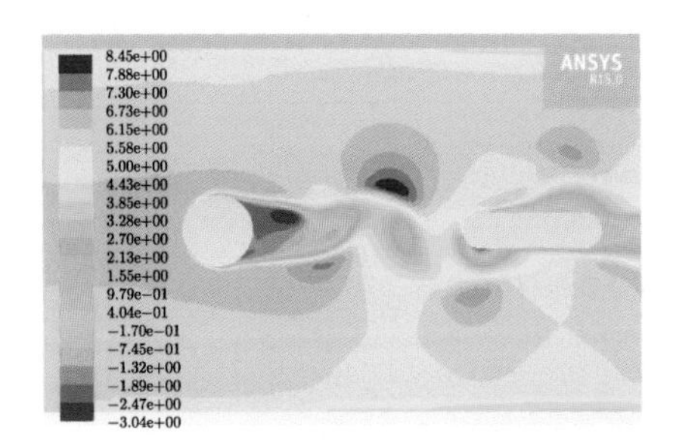

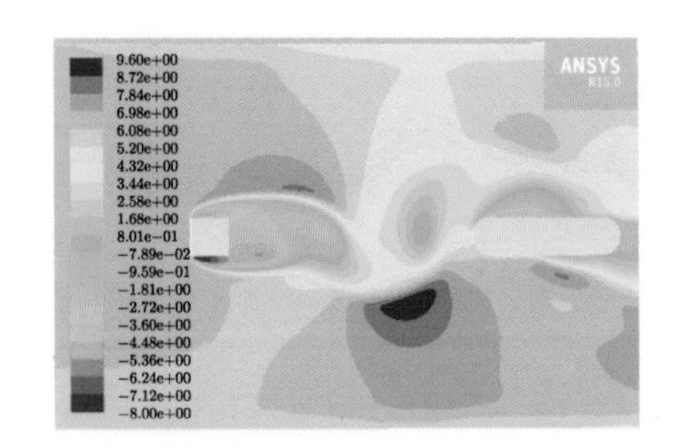

图 10-11　不同形状障碍物下的流场变化特征 (单位：Pa)

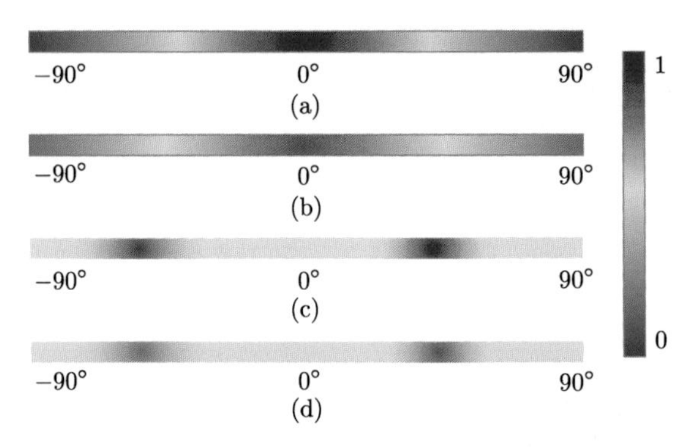

图 10-17　一维色带表示二维水平流场 (颜色为示意，不代表实际值)

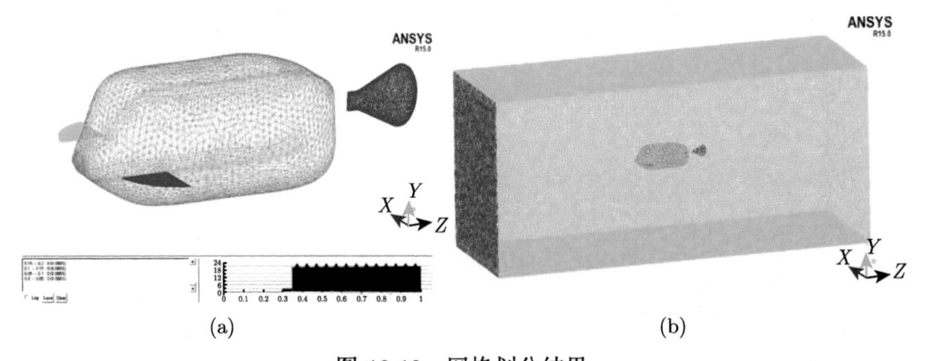

图 10-19　网格划分结果

(a) 盒子鱼载体网格划分结果图，橙色部分代表鱼体，蓝色和绿色部分代表胸鳍，紫色部分代表尾鳍；(b) 水域网格划分示意图，图中的长方体表示载体的游动区域，对应实验的水槽部分

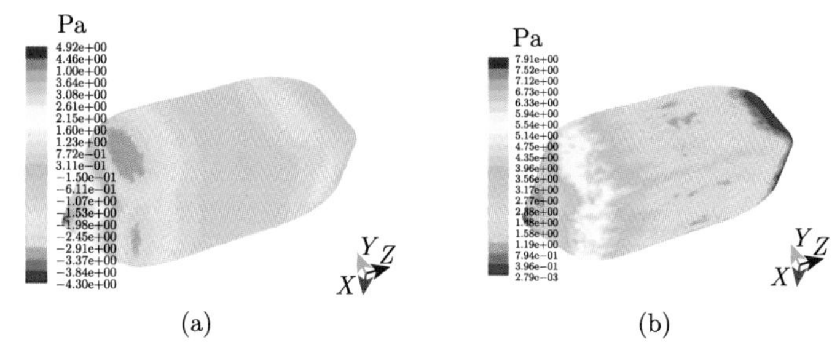

图 10-20　盒子鱼表面的压强分布云图

(a) 静压云图；(b) 动压云图

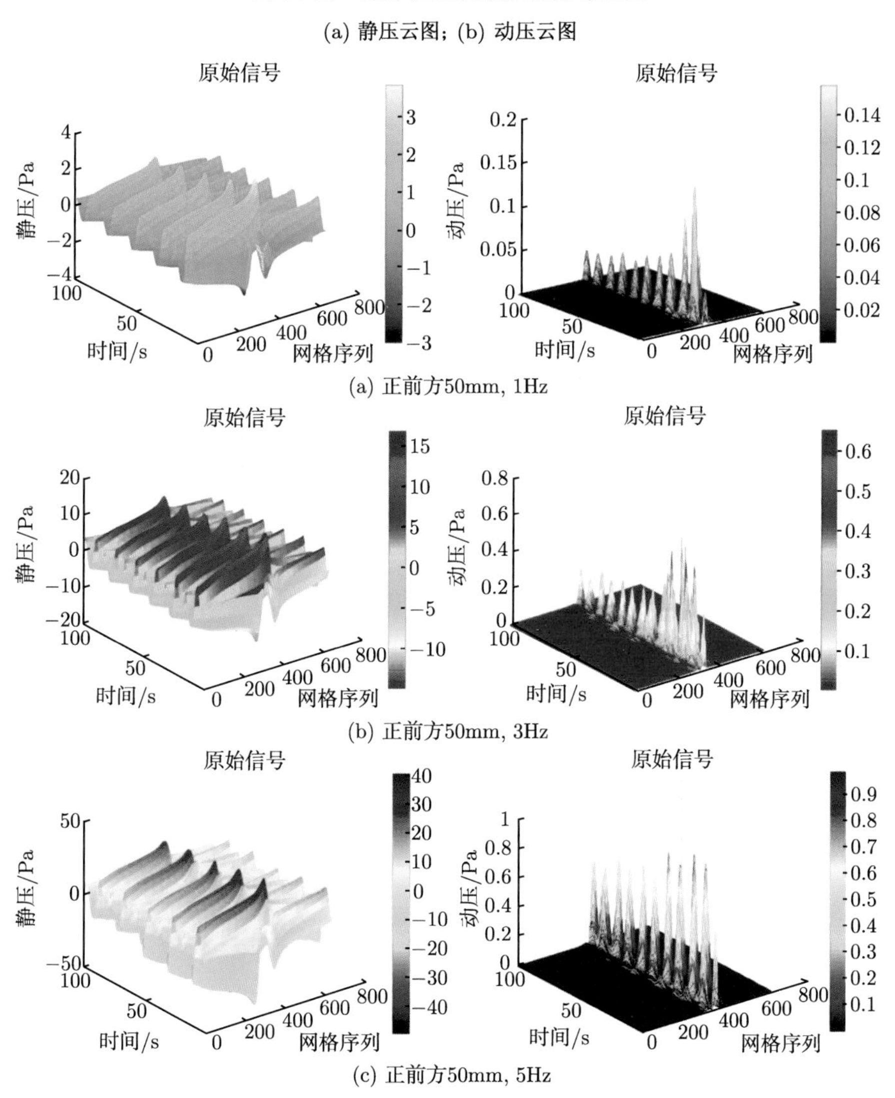

图 10-45　频率不同时的数据分析

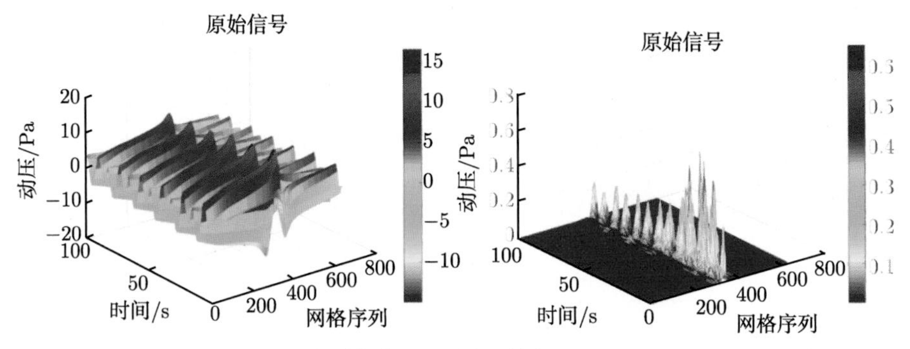

(a) 振动频率3Hz, 距离正前方50mm

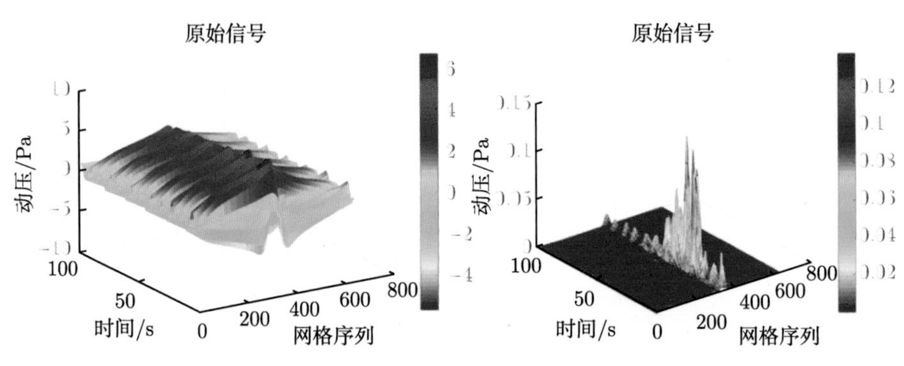

(b) 振动频率3Hz, 距离正前方100mm

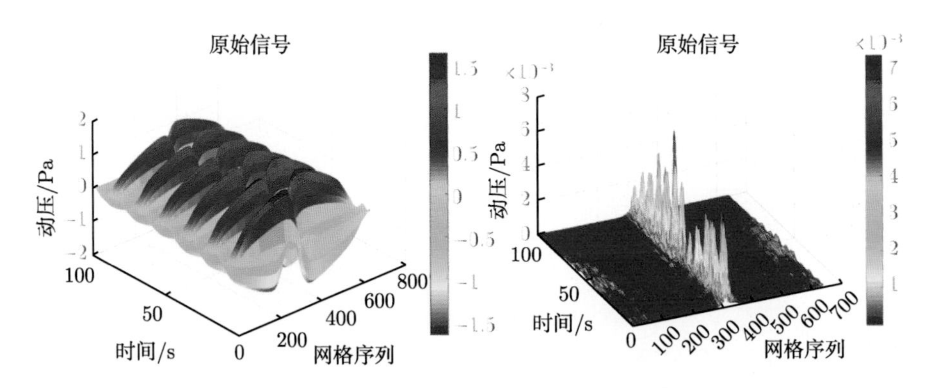

(c) 振动频率3Hz, 距离正前方200mm

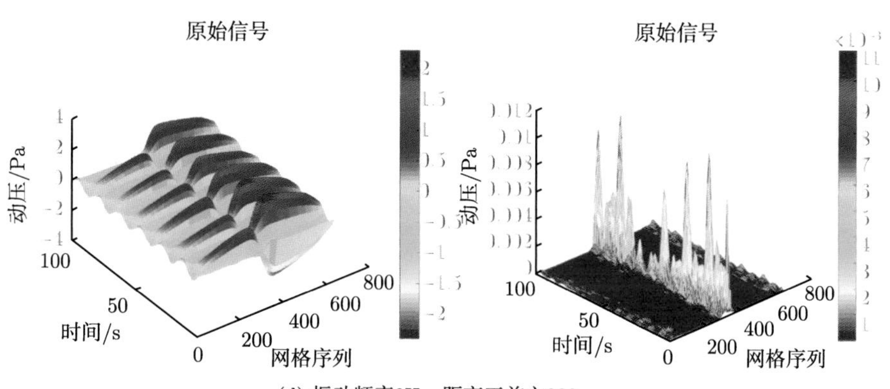

(d) 振动频率3Hz, 距离正前方300mm

图 10-46 距离不同时的数据分析

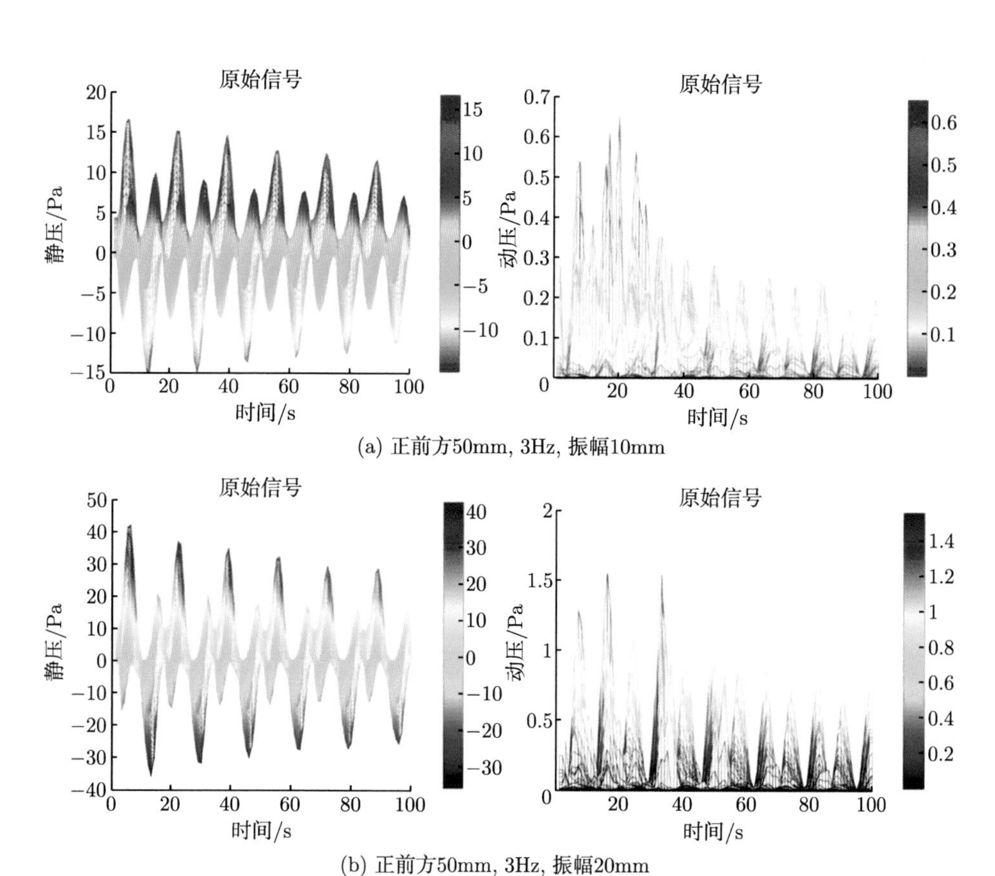

(a) 正前方50mm, 3Hz, 振幅10mm

(b) 正前方50mm, 3Hz, 振幅20mm

图 10-48 振幅不同时的数据分析

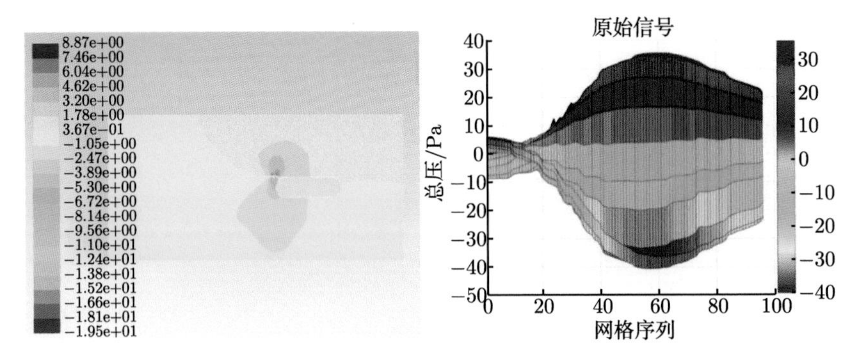

图 10-49　振动源与球头中心成 45°

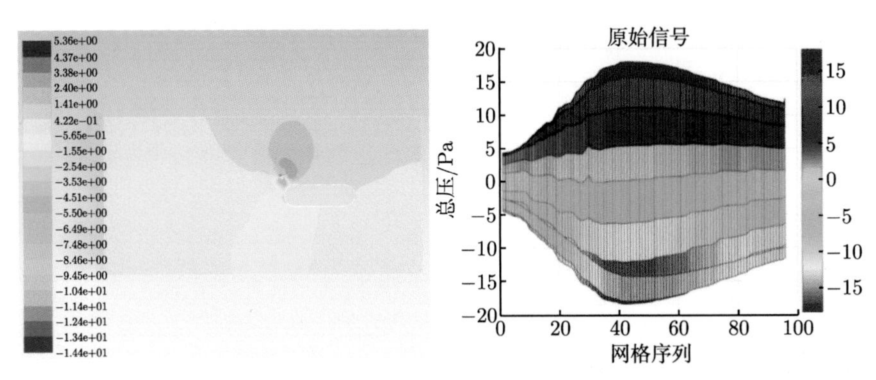

图 10-50　振动源与球头中心成 56.31°

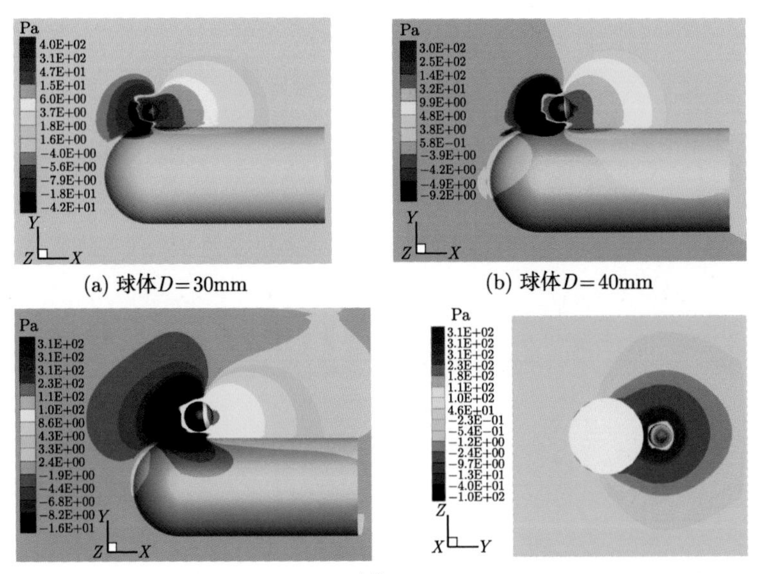

(a) 球体 $D=30$mm　(b) 球体 $D=40$mm

(c) 球体 $D=50$mm

图 10-56　球体振动源的静压云图

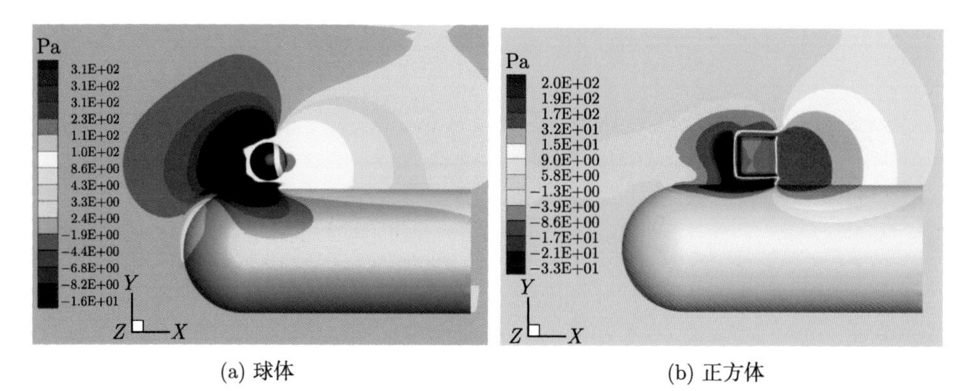

(a) 球体　　(b) 正方体

图 10-57　不同形状下静压云图

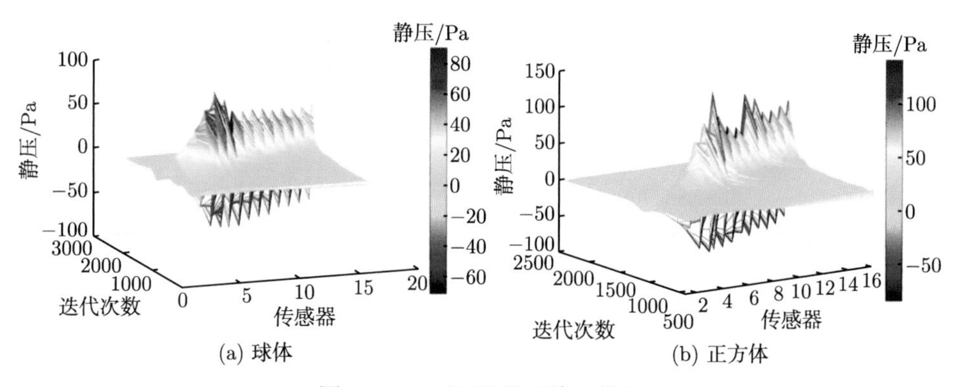

(a) 球体　　(b) 正方体

图 10-58　不同形状下静压数据